断食

MIT ERNÄHRUNG HEILEN

预防和逆转疾病的
营养科学革命

[德] 安德烈亚斯·米哈尔森　著

黄晓萍　译

北京科学技术出版社

Original Titel:

Mit Ernährung heilen: Besser essen – einfach fasten – länger leben

by Andreas Michalsen

Unter Mitarbeit von Dr. med. Suzann Kirschner-Brouns. Herausgegeben von Friedrich-Karl Sandmann

© Insel Verlag Berlin 2019.

All rights reserved by and controlled through Insel Verlag Berlin

Simplified Chinese translation copyright © 2023 by Beijing Science and Technology Publishing Co., Ltd.

著作权合同登记号 图字：01-2021-2909

图书在版编目（CIP）数据

断食：预防和逆转疾病的营养科学革命 /（德）安德烈亚斯·米哈尔森著；黄晓萍译. —北京：北京科学技术出版社，2023.10（2024.12 重印）

ISBN 978-7-5714-3034-4

Ⅰ. ①断… Ⅱ. ①安… ②黄… Ⅲ. ①减肥—基础知识 Ⅳ. ① R161

中国国家版本馆 CIP 数据核字（2023）第 075109 号

策划编辑：	刘晓欣
责任编辑：	田　恬
责任校对：	贾　荣
装帧设计：	旅教文化
责任印制：	李　茗
出 版 人：	曾庆宇
出版发行：	北京科学技术出版社
社　　址：	北京西直门南大街 16 号
邮政编码：	100035
电　　话：	0086-10-66135495（总编室）0086-10-66113227（发行部）
网　　址：	www.bkydw.cn
印　　刷：	三河市华骏印务包装有限公司
开　　本：	720 mm × 1000 mm　1/16
字　　数：	283 千字
印　　张：	18.5
版　　次：	2023 年 10 月第 1 版
印　　次：	2024 年 12 月第 10 次印刷

ISBN 978-7-5714-3034-4

定　　价： 89.00 元

前　言

我在德国柏林的伊曼努尔医院自然疗法科任主任医生迄今已经有十多年了，同时我也是柏林夏里特医学院自然疗法科的临床医学教授。

饮食对我和我的家庭至关重要。我的父亲是一名推崇自然疗法的医生，受父亲以及后来我所接受的教育的影响，我一直深信健康的饮食是医学的一部分，但我以前并没有进行健康的饮食。在我还是助理医生，需要频繁地在急诊室或消防站值夜班、忙碌于急救出诊任务的那段时间里，我会毫无节制地吃快餐、甜食等"垃圾食品"，甚至还吸烟。蔬菜很少出现在我的食谱中，因为我必须快速进食，只需填饱肚子即可。很快麻烦就来了。30岁那年，参加医院内部的体检时，我被查出患有高血压和高血脂。当时，一位同事建议我调整生活方式。我听从了他的建议。之后，在每日的问诊中，我注意到许多患者都患有心肌梗死或脑卒中，这有可能是他们不健康的生活方式所致。我意识到，研究如何通过正确的饮食预防疾病才是重中之重。我开始尝试进行地中海饮食，并且戒了烟。半年后，我的血压、胆固醇水平和甘油三酯水平又恢复了正常。

在内科病房工作期间，我将自己的临床科研重点进行了相应的调整，在治疗时，我根据心血管疾病患者的生活方式为他们制订个性化治疗方案。后来，我进入自然疗法领域，并且意外地发现，改变饮食以及实行断食疗法能够使人恢复健康并始终保持健康的状态。在临床试验中，我研究断食和健康饮食的功效，探索它们具有这些功效的原因。2008年，美国的老年医学和抗衰老研究者得出这样的结论：除了断食，任何一种药物或医疗手段都无法使人健康长寿。我联系了这些研究者和世界各地研究断食的科学家。与同行的交流使我收获颇丰，我们围绕一个问题展开了更深入的研究：为什么断食能够使人健康长寿？

当我结合自己的知识和经验来研究断食和健康饮食的功效时，我意识到，两者作用于身体的相同部位，服务于相同的生理机制，它们就像锁和钥匙一样彼此匹配。通过治疗性断食、间歇性断食以及植物性饮食，我们可以预防和有针对性地治疗大多数慢性疾病。断食与健康饮食相辅相成，完美结合。针对数千名实行断食疗法的患者进行的研究表明，这一疗法具有显著疗效，这也说明，断食和健康饮食是我们给身体的最好的"礼物"。

断食疗法的重点在于，我们所吃的食物、进食时间和进食频率要与我们的生物节律、原始基因以及新陈代谢过程相协调。

在这本书中，我希望以通俗易懂的方式告诉你，如何才能吃得更好，如何简单、正确地断食；健康饮食不仅能够提高你的生活质量，也能够使你更健康长寿。我希望通过这本书，使你对什么是健康的饮食有清晰的认知，这对防治疾病至关重要。在本书的第一部分和第二部分，我会带你了解人类的起源和人类古老的"断食基因"，直至今天，它们依然影响着人类；我会向你介绍世界上最健康的地方，那里的人世世代代保持着传统的饮食习惯，他们比世界上其他地方的人都健康长寿；我会向你解释新陈代谢系统、免疫系统、肠道菌群以及它们对健康的重要性，并带你了解如何通过正确的饮食来强化它们；我会向你介绍对人体最重要的三大营养素（脂肪、蛋白质和碳水化合物）和含有这些营养素的食物，和你探讨许多关于它们的争议和误解。

在本书的第三部分，你将了解关于断食疗法的所有重要信息、不同的断食疗法（治疗性断食和间歇性断食）以及哪种断食疗法对防治哪些疾病有帮助；你还将了解自己适合哪种断食疗法、如何正确安排减食日和断食日，以及如何进行断食。在本书的最后一部分，我总结了一些关于断食的建议和如何用断食疗法防治一些常见疾病。健康的饮食和简单易行的断食疗法能对这些疾病起到很好的治疗效果。

我不仅要让你意识到饮食对健康的重要性，还要教你一些方法，使你能够自己调理身体。健康始终掌握在你自己的手中！

我们不能依靠那些仅仅消除表面症状的药物，而要寻找引发疾病的因素。事实上，70% 的慢性疾病都是由不健康的饮食引发的。在《柳叶刀》（*The Lancet*）上发表的全球疾病负担研究（Global Burden of Disease）表明，基因和医学手段对健康的作用十分有限，生活方式（如饮食）才对大多数慢性疾病起决定性作用。早在古希腊时期，西方医学奠基者希波克拉底（Hippocrates，公元前 460—前 377）和他所创的学派就将改变饮食习惯和 díaita（希腊语，可以理解为"生活方式"）视为所有疾病的基础治疗方法。如今，医学治疗侧重通过药物治疗来缓解症状：医生为高血压患者开降压药，为 2 型糖尿病患者开降糖药，为炎症患者开抗炎药，为高血脂患者开降脂药，为重度肥胖症患者进行缩胃手术。虽说医学界清楚饮食与健康的关系，但并不重视两者的关系。

用健康的饮食和断食来防治疾病成本不高，但效果显著。断食应当成为我们生活的重要组成部分，并在我们的生活中占有一席之地。自从我认识了许多断食研究者，而且在了解了印度的饮食文化后，我决定食素，这样做一方面是为了健康，另一方面是因为我相信，食素将成为我们未来重要的饮食方式。

饮食是我们生命的基础，是一种文化，它能给身体带来诸多益处，给人带来享受；同时，它也是习惯，甚至使人上瘾。如果我们正确地进食，那么饮食就是最有效且没有副作用的药物，是使我们健康长寿的最佳方式。

目　录

Part 1 第一部分
进化、胃肠道与新陈代谢
人类的营养发展史与对营养的误解

重启自然健康的生活方式

大约一万年前，我们的祖先居无定所、四处迁徙，他们靠采集浆果、种子、地下块茎、蘑菇以及狩猎野兔和水牛生存。对我们的祖先来说，采集比狩猎更重要，采集到的水果和种子等足以提供每日身体所需的大部分热量、重要的维生素和矿物质。科学家猜测，当时我们的祖先每天需要花费3~6小时寻找食物，以满足自身每天对热量和营养素的需求，如果所到之处恰好土地肥沃，他们就能很容易地找到食物填饱肚子。

人类食谱的进一步丰富是在我们的祖先发现火和学会用火烹制食物之后，许多生吃有毒性而加热后无毒性的植物成为新的食材。科学界对人类学会击石取火（即用一块石头撞击另一块以产生火花，使火花点燃树叶或树枝）的准确时间尚无定论。但在 100 万年前，直立人（*Homo erectus*）就已经会使用由雷电产生的自然火来加热食物了。通过加热，植物中一部分难以消化的纤维成分会被破坏，许多有毒物质也会因加热而失去毒性。直到今天，主流观点仍然是：加热后的食物更容易被消化，更有益于健康。

生食

生食是否健康？应该吃多少生食？针对这两个问题，营养学家和自然疗法的医生一直争论不休。事实上，加热、咀嚼以及用唾液浸润食物可以大大减轻胃肠道的消化负担。当然，加热食物的首要作用是保护我们免受病原体的侵害，因此，在人类的进化过程中，加热食物的传统延续了下来。但在现代，有了良好的食物储存和冷冻的条件后，我们是否仍有必要加热所有食物呢？有趣的是，在我们的肠道中，帮助我们消化生食和熟食的细菌并不相同。至于能否吃生食，我认为每个人都应该根据自己的体质、健康状况和消化能力来决定。例如，如果一个人因患有疾病而身体虚弱，那么他的胃肠道的消化能力通常也会受到影响。在这种情况下，他应当吃熟食而非生食，以减轻胃肠道的消化负担。

长期以来科学家都认为，吃肉是人类脑容量增长的关键，对人类的进化起决定性作用，这是根据非洲的考古发现提出的。关于非洲的人类化石的研究表明，早期人类从非洲的原始森林迁徙到大草原后，脑容量增加了。生活在原始森林中的早期人类的饮食以植物性饮食为主，而迁徙到新的环境中则要改变饮食种类。在大草原上几乎没有能结出果实的乔木和灌木，但是容易找到野兔等动物，因此动物性饮食成为早期人类的美味佳肴。后来，科学家发现这个观点是有漏洞的：因为早期人类迁徙的地区，也就是我们现在称之为"草原"或"沙漠"的地区，当时并不贫瘠，也有森林覆盖。因此，"吃肉长脑"的观点就站不住脚了。但可以确定的一点是，虽然早期人类是杂食性动物，但肉也很少出现在他们的餐桌上。

人类的进化史证明，早期人类的饮食十分完美，即以植物性饮食为主，饮食种类多样。考古结果表明，生活在石器时代的早期人类，无论是狩猎者还是采集者，几乎都没有营养不良的问题，他们身体健壮，健康状况比后代，即定居的人类要好。他们善于随机应变，如果所到之处发生了干旱，他们就继续迁徙；如果一种植物因虫害而无法食用，他们就吃别的食物。可以说，石器时代的人类生活得很"滋润"。除了进行均衡的饮食外，他们也没有特别大的工作压力，至少他们不需要像现代人一样工作到精力耗竭。他们整天在外面呼吸新鲜空气，身体得到了充分的锻炼。

然而，这并不是说早期人类的生活不艰苦——医疗水平差就是影响早期人类生存的一大问题。不过，我要再次提醒大家，无论是采集者还是狩猎者，早期人类的饮食都以种类多样的植物性饮食为主。如今，有些地区的居民格外健康长寿，他们的饮食就与早期人类的非常相似（第 27~42 页）。

还有一点特别有趣，即早期人类的饮食受到自然的影响。自然决定他们在什么时间吃什么食物：他们如果发现结满浆果的灌木丛，就吃浆果果腹；如果捕获了动物，就吃动物的肉；如果什么都没有找到，就继续迁徙。有时他们必须连续几天忍饥挨饿，等到太阳下山后就去睡觉以保存体力；天亮后，他们必须接着去寻找食物。寻找食物的旅程十分漫长而艰辛。不过，和现代一样，在石器时代，人类在夏天吃到的食物比在冬天更丰富。

给消化系统放个假

早期人类难以有规律地进食，他们时常"饥一顿，饱一顿"，忍饥挨饿的时间时短时长。在近 10 万年的进化史中，人类在很长一段时间内都无法有规律地进食。但是，这不会造成什么问题，这对我们的身体反而是有益的。如今，我们知道，如果一个人长时间没有进食，体内的细胞就会进行休整，并启动自我修复机制。

当早期人类厌倦了颠沛流离的生活，不愿再做采集者和狩猎者后，他们就在土地肥沃的地方定居了下来，形成群落，学会了种植农作物和饲养禽畜，学会了储藏过冬的食物。这样一来，他们就可以更好地应对季节交替和未知的自然灾害。不过，那时的人类还没有"我们吃什么？""我们什么时候吃？"这样的问题。虽然因农作物歉收而造成的饥荒一次又一次地困扰着他们，而且他们从早到晚都要在田间或在饲养禽畜的棚内劳作。此外，他们的生活节奏也变快了，但相比之前，他们的饮食更有保障、进食更有规律。然而，谷物等农作物的广泛种植逐渐使人类的饮食失去多样性，同时，人类开始摄入更多的动物蛋白（通过肉和乳制品）。还有一点：人类变得更依赖自然环境。

这样的生活一直没有发生变化，但随着两次工业革命的开展，人类的生活发生了改变，而且是天翻地覆的改变。电器（如电冰箱）和快速交通工具的出现让人们几乎可以毫不费力地获取食物。如今，我们中的大多数人可以年复一年、日复一日有规律地进食，而不用担心食物短缺的问题。从表面上看，人类战胜了充满未知的自然，但能轻而易举地获取食物却给人类的健康带来了负面影响，那么，我们还能说人类战胜了自然吗？

科技的进步，尤其是食品加工业的进步，其实对人类几乎没有什么积极的影响。古老的进食流程——"进食—饥饿—进食"，仍被刻在人类的基因中。虽然为了适应饮食的"现代化"，人类的基因的确发生了一些变化，但仅限于少数基因。例如，因为畜牧业的发展，欧洲人普遍拥有了消化乳糖的能力，这是因为与消化乳糖有关的基因发生了突变，这个突变的基因使人体内可以一直合成并分泌乳糖酶。乳糖酶（第 63 页）可以帮助人体分解乳糖，因此大多数欧洲人在喝牛奶和吃奶酪时不会出现腹泻、胃痛、胃痉挛等问题。但在早期人类刚开始通过养殖牲畜来获得乳制品时，情况可能并非如此，乳制品会导致绝大多数早期人类出现以上问题。

对新陈代谢需求的忽视

我们的消化和代谢过程在过去近 10 万年的进化史中几乎没有发生显著变化。显然，我们的消化和代谢过程不需要改变。我们的身体一直很聪明，它不断"想出"在食物匮乏和食物过剩时期保持健康的最佳方法，并且竭尽全力保持健康。这也是时至今日，无论我们处于饥饿还是吃饱的状态，身体都能完美适应的原因。

但问题又出现了。现代化的运输工具和冷链系统使得来自世界各地的食物不分早晚、不分季节地供应；一些加工食品含大量糖、盐或食品添加剂；鱼和肉在饮食中的占比越来越大……饮食的全方位改变，尤其是近 200 年来的改变使我们的身体不堪重负，因为我们的消化和代谢过程还停留在"原始"

阶段。

加工食品

加工食品（或所谓的"方便食品"）的种类一直在增加，包括冷冻食品、冷藏食品、罐头、速溶食品、有机熟食等。这些食物帮助我们减少做饭的步骤并节省时间。然而，它们所含的有益于健康的营养素在生产和加工过程中被破坏，同时不益于健康的调味剂、芳香剂、增味剂以及过多的脂肪、糖和盐被添加到它们之中。因营养问题而饱受诟病的"罐头馄饨"①是第一批（于20世纪50年代末）进入德国市场的加工食品。据统计，2018年，德国加工食品的销售总额为37.4亿欧元，这一数字在之后几年还在变大，食品加工业一片欢腾，但加工食品的销售总额上升对我们消费者来说并非好事！健康的食物应当是新鲜的、没有经过加工的。

世界不再出现饥荒固然很美好，然而，对我们来说，问题不仅在于现在的食物供过于求，我们在哪个时间段吃（或不吃）也是个问题。根据德国联邦食品和农业部的数据，2016年，大型超市货架上约有16万种不同的食品。我们只要有点儿食欲，就能立即获得食物，这对我们的祖先来说简直是难以想象的事情。如今，我们中的大多数人并非因为饥饿而进食，而是因为胃里还有空间容纳食物而进食。在这个物质丰富的时代，我们很容易就能获得食物：加餐的小点心、办公室的零食、食堂提供的蛋糕和看上去很健康的奶昔。

这么多食物看似种类丰富，但如果从营养成分来看，我们就会发现，我们的食物过于单调：碳水化合物过多、动物蛋白过多、不健康脂肪过多和食品添加剂过多。

---

① 指用罐头罐封装的方形饺，是一种意大利美食，以肉、奶酪等为馅料。——中文版编者注

慢性疾病发病率激增

实际上，我们已经体会到了饮食过于单调的后果：肥胖症和其他一些可能与饮食相关的疾病（如高血压、关节炎、糖尿病、动脉粥样硬化、肾衰竭和慢性腰背痛等）的患者的数量多年来大幅增加。

在西方国家以及越来越多的亚洲和非洲国家，常见的慢性疾病包括：骨关节炎、风湿病、高血压、2 型糖尿病（我们常说的糖尿病指的都是 2 型糖尿病）、心血管疾病（如冠心病和脑卒中）、呼吸系统疾病、癌症等。德国罗伯特·科赫研究所的一项研究表明：在德国，43% 的女性和 38% 的男性至少患有一种慢性疾病；随着年龄的增长，慢性疾病发病率不断上升（见下面的图表）；从 65 岁起，许多人会患上多种慢性疾病。

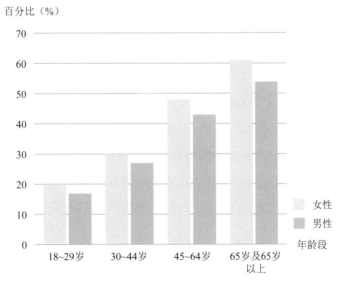

慢性疾病发病率与性别和年龄的关系

然而，这些疾病虽然看上去与人体机能老化有关，实际上更多地与生活方式（特别是饮食）有密切关系。

用食物治疗慢性疾病

过去 200 年中，医学的发展无疑取得了巨大的成就。通过改善卫生条件和接种疫苗，许多曾经难以治疗的疾病得以有效预防；通过对感染和损伤的治疗，很多急重症患者都得到了及时有效的治疗，从而恢复了健康。在全世界范围内，婴儿死亡率大幅下降，人类的平均寿命更长，这些都有赖于医学的发展以及医疗条件的改善。但现代医学缺乏"可持续性"观念，难以治疗因食物过剩和营养过剩而导致的慢性疾病。成千上万的制药实验室正在开发治疗疾病的新型药物，这似乎是理所当然的事，但从根本上说，药物对身体的积极作用远不及健康的饮食。例如，他汀类药物可以用来降低胆固醇水平，然而这种药物的作用机制是阻断体内胆固醇的正常合成。于是，身体只能通过其他方式合成所需的胆固醇，副作用因此而产生。此外，药物并非对每个患者都有效。

降低胆固醇水平的理想方法不是服用药物，而是改变饮食和经常运动——两者不仅可以治疗高胆固醇，而且在预防高胆固醇方面具有显著效果。

如果我们的基因不是现在这样的，也许我们对食物的消化吸收能力更弱，我们就会更瘦，也更健康，但进化"选择"了我们现在的基因。进化的目的不在于"保持原状"，而在于不断适应变化的外部环境。在石器时代，对早期人类来说最重要的就是生存，这意味着他们要成功地适应恶劣的环境。在万物凋零的冬天，或当物产不丰富的时候，早期人类需要采取聪明的方法来应对食物短缺的问题。于是，他们的身体以最快的速度和最高的效率储存大量脂肪，以备不时之需。消化和吸收能力强的动物能储存大量脂肪，脂肪能够帮助他们度过困难时期，他们因此得以繁衍后代，而储存大量脂肪的能力也相应地传给了下一代。如今，我们很少有长期食物短缺的问题，体内储存的脂肪几乎不会被消耗殆尽，所以我们的身体储备大量脂肪的意义不大，但肥胖症及其诱发的疾病却因为体内储存的大量脂肪而"登场"。

如果将我们的身体比作一辆汽车，从理论上来说，我们应该改变"车型"（即新陈代谢方式）以适应现代生活。我们不再需要像早期人类一样在草原上追赶猛犸象，每天消耗的热量比他们少得多，因此，与其开高性能的越野车，不如选择更轻巧、更节能的小轿车。但由于我们的新陈代谢方式在几十万年前就已经确定好了，所以短时间内改变"车型"是不可能的，在可预见的未来，解决方案只能是改变"燃料"。然而，需要改变的不仅是"燃料"的种类，还包括"燃料"的用量。我们应当吃清淡健康的食物、少量进食（或者定期断食），因为我们每天不再需要连续在户外步行 6 小时来寻找食物，而要在室内静坐 8 小时工作或学习。因此，改变"燃料"，即改变饮食，才是保持身体健康的唯一有效方式。

我们如果吃得更健康，定期进行断食，就能更好地保持身体健康。

正如我在前言中所提到的，西方医学奠基者希波克拉底将改变饮食习惯和生活方式视为所有疾病的基础治疗方法。他建议通过体育锻炼和 24 小时内只吃一顿丰盛的饭食（即进行间歇性断食）来治疗肥胖症。

根植于文化中的断食

断食使人耳聪目明。在断食期间，人体会进入一种舒爽和兴奋的状态。这使得早期人类能够看见藏在草丛下的蘑菇，能够听见藏在灌木丛后的动物吃草的声音，他们才能更容易地采集果实和狩猎动物，从而存活下来。

近百年来，定期断食一直是德国的宗教传统。在断食期间，人们进行思考与反省，通过断食来表达自己的虔诚和谦卑。实际上，世界上许多的宗教都有进行断食的传统。例如，许多佛教信徒会在最重要的佛教节日进行断食，在南传佛教传统中间歇性断食非常常见。

断食也被用于战争中。在古希腊，斯巴达人和波斯人通过这样的方式来保持士兵的战斗能力。德国皇帝奥托一世在他的军队与匈牙利军队进行决战前，不给他的军队供餐。

断食的疗效

古希腊作家普鲁塔克（Plutarch，约 46—约 120）也认可断食的疗效。他建议："与其吃药，不如断食。"柏拉图（Plato，公元前 427—前 347）和他的学生亚里士多德（Aristotle，公元前 384—前 322）也有许多类似的名言流传于世。断食在宗教中被赋予重要的意义，并受到许多哲学家的赞美和褒扬，这并不奇怪，因为它可以振奋精神、使人集中注意力、增强感官灵敏度。

近现代不少文人也对断食赞誉有加。马克·吐温（Mark Twain）说："适度饥饿对病人来说可能比最好的药物和医生更有用。"对美国作家厄普顿·辛克莱（Upton Sinclair）来说，"断食是一场救赎"，他甚至专门写了一本书来介绍断食对他产生的效果。他的著作《屠场》（The Jungle）揭露了美国芝加哥屠宰场对工人的压迫和恶劣的卫生状况。为了完成这本小说，辛克莱常年处于巨大的调研与写作压力之下，健康状况急转直下。传统医学治疗无法给他的健康状况带来任何改善，但长期的断食却起到了很好的效果。1911年，他在《断食疗法》（The Fasting Cure）一书中详细讲述了自己的断食经历。直到90岁去世前，辛克莱一直都是断食的推崇者。这一时期，已经有个别医生发现了断食的疗效——他们成了断食疗法领域的开拓者。他们采用断食疗法为病人治病，并将成功的案例记录下来。移居美国的英国医生亨利·S.坦纳（Henry S. Tanner，1831—1918）在1877年第一次体验断食疗法（断食40天）。大约在同一时期，美国医生爱德华·H.杜威（Edward H. Dewey，1837—1904）记录了他成功为病人进行断食治疗的经历。

断食疗法已经有许多成功案例被记录下来，现代分子生物学领域的一些研究者从科学角度证明了其疗效。在下面的内容中，我将介绍断食疗法在治疗慢性疾病方面的卓越疗效。除了有治疗效果，断食疗法也可以预防疾病，这也是断食疗法广受欢迎的原因之一。德国权威民调机构福沙舆论调查所在2017年进行的一项调查显示，断食在德国越来越受欢迎。在德国，2012—2017年间，从圣灰星期三开始断食的人的占比从15%上升到了59%。

2018年，美国南加利福尼亚大学老年病学家瓦尔特·隆哥（Walter Longo）因其对断食的研究，被《时代周刊》（Time）评为全球生命健康领域50位最具影响力人物之一。他在断食方面的科研工作极具开创性，我非常荣幸能和他在一些科研项目上密切合作。

目前，关于断食的主要研究是关于如何进行断食的，而不再是断食是否有利于健康，因为这一点已经得到了充分证明。在第三部分中，你将了解到断食疗法的种类和形式，以及它在防治疾病方面的重要作用。

当然，我不希望任何人被迫进行断食，但为了健康，我们应该积极主动地定期断食。

我们的饮食和我们祖先的饮食完全不同。研究表明，现代人每天进食的次数多达 10 次。几乎没有人知道真正的饥饿感是什么，可以说，现代人一刻不停地从食物中摄取热量。

不停进食带来的问题不仅仅是摄入过多的热量。几百年前，人类只有在吃水果或者蜂蜜的时候，才能品尝到甜甜的味道。而今天，加工食品中的糖"填满"了我们的身体。

除了肉之外，糖也是损害我们健康的食物。"克里特饮食"（die Kreta-Diät）是健康的地中海饮食（第 31~37 页）的原型。然而，2017 年我来到希腊克里特岛时，却发现那里几乎找不到传统的全麦面包，只有散发着淡淡甜味的白面包和大量甜品。难怪如今希腊的肥胖者越来越多，心肌梗死的发病率也比其他欧洲国家的高。在最著名的健康饮食的发源地，肥胖症和心血管疾病的发病率却居高不下——这被人们称为"地中海悖论"。

我们人类从未拥有过如今这样丰富而新鲜的食物，一年四季我们都能买到来自世界各地的食物。然而，食物的全球供应也意味着我们不必再吃应季的和当地种植的水果、蔬菜和香料。这可能会对我们的肠道菌群（第 18~22 页），甚至对我们的基因产生不利影响。

即便不考虑对身体的影响，我们也能品尝出 12 月在超市销售的草莓、番茄和甜瓜的味道有多奇怪。非应季和非当地种植的水果和蔬菜很难保证口感，它们在"发绿"的时候就被装进集装箱，自然成熟的过程被强行打断，这些水果和蔬菜的营养价值不免令人怀疑。

我的建议： 三思而后行！想一想你要购买的水果或蔬菜是否应季或产于本地，如果答案是否定的，最好不要购买！

"聪明"的保护机制

妊娠反应是孕妇的身体为了保护胚胎免受毒素侵害而进化出来的一种保护机制。孕妇因为对某些食物的气味和味道（尤其是动物性食物的气味和味道）反胃而选择其他的食物，可以说，她们本能地放弃了潜在的"有毒"食物。

这就可以解释为什么大多数孕妇会对肉、鱼、蛋反胃，因为动物性食物一直是寄生虫的主要来源。在一项针对全世界 27 个不同地区的研究中，有 20 个地区的孕妇有明显的妊娠反应，而另外 7 个地区的孕妇几乎没有妊娠反应。这 7 个地区的人们的饮食以植物性饮食为主，玉米是他们最重要的食物。因此，对某些食物反胃是女性在孕期的一种自我保护机制，这一点是有据可依的。

但是，加工食品中的食品添加剂以及大量糖和盐往往会抑制这种保护机制。如果没有这些"抑制剂"，我们也许能避免许多现代疾病带来的痛苦。然而，没有人喜欢喝不加糖的柠檬水，不甜的甜品会失去吸引力，也不会有人购买没有增味剂的酱料。

一个有趣的现象是，几乎所有水果都是天然无毒的。许多果实外皮颜色鲜艳，所以容易被动物发现并吃掉，它们的种子也因此被带到世界各处，在这些地方生根发芽。显然，植物结出无毒的果实是为了播种，种子往往藏在果肉中，果肉又被果皮等保护起来。人类在吃果实之前会对其进行处理，将种子和果皮丢掉。这样，植物的种子得以传播，人类因为吃了果肉而不会挨饿。这一切都是大自然的安排。

关于饮食发展和小结

▶ 在人类近 10 万年的进化史中，断食意义重大。种类多样的植物性饮食是早期人类的基本饮食。

▶ 12 000 年前，人类学会了种植作物、饲养禽畜和储存食物。此后，人类的饮食逐渐变得单一，进食变得有规律。动物性饮食逐渐代替植物性饮食成为人类的基本饮食。如今，许多食物都含有大量动物蛋白。

▶ 20 世纪中叶，食品加工业开始蓬勃发展，人们可以更容易地获得食物。富含糖、盐和食品添加剂的加工食品摆满货架，人们再也不用担心挨饿，这些食物以前所未有的方式改变了人们的饮食。

▶ 随着饮食的改变，肥胖症等慢性疾病的发病率也在急剧上升。这并不奇怪，因为虽然人们的饮食发生了彻底改变，但是基因和新陈代谢系统在近 10 万年的进化史中几乎没有变化。这就是现在的饮食对人们的身体有害的原因——数万年来，人们的身体已经习惯了断食，习惯了种类多样的植物性饮食。

胃肠道——营养素进入细胞的通道

我们的器官和细胞只有持续获得氧气和能量才能存活，这就是为什么我们需要呼吸和进食。

要想让食物对身体有益，身体必须能将食物分解成更小的单位，即营养素。食物被分解成碳水化合物、脂肪和蛋白质等营养素的过程就叫作"消化"。营养素经由肠道进入血液，再进入细胞。在酶的作用下，营养素在细胞的动力装置——线粒体中通过化学反应生成能量。这些能量可供身体进行许多活动。

提到消化，我们可能首先想到的就是胃，但是消化并非从胃开始，而是从厨房开始的，这听起来也许很奇怪。炖、烤、煮等烹饪活动其实是消化的第一步。当我们把土豆、西蓝花和胡萝卜切成小块加热后，它们的细胞壁就被破坏了，这有助于我们的胃肠道消化和吸收其中的营养素。

当我们看到食物精美的摆盘、闻到食物诱人的香味时，消化功能就被激活了。当我们闻到用橄榄油炒制的洋葱或大蒜散发的气味时，我们的口水都要流出来了，这是因为我们对食物的想象或食物散发的气味会使大脑发出相应的信号，从而使唾液开始分泌，信息素被传到参与消化的器官中。

咀嚼时，食物会与体内最先参与消化过程的消化酶，即唾液淀粉酶混合。20%~30% 的碳水化合物会在口腔中被分解。食物被咀嚼得越碎，与唾液混合得越充分，胃肠道的消化负担就越小。这也是我建议大家细嚼慢咽的原因。

食物的消化之旅

食物与唾液充分混合后，就开始了在体内的漫长"旅程"。在这之前，大脑早已将信号传送到更深处的消化器官。例如，在粥顺着食管进入胃之前，胃早已做好了迎接它的准备，即分泌胃液。

胃液的 pH 值非常低，断食期间，胃液的 pH 值在 1.5~2 之间，在这样强的酸性下，胃液几乎可以杀死所有随食物进入人体的病原体。但具有强酸性的胃液也是一把"双刃剑"：一方面，胃液可以保护身体不受病原体的侵害；另一方面，胃液很容易给其他器官造成伤害。这就是为什么胃和食管之间的括约肌如此重要——它可以防止胃液和消化物回流，从而腐蚀食管。如果胃和食管之间的括约肌的功能出现问题，人就会感到胃灼热。持续的胃灼热会演变成慢性疾病，除胃灼热、胸骨后有压迫感和打酸嗝外，人还会感到胃痛，这些都是胃食管反流的症状。胃食管反流是最常见的消化道疾病，德国有 10% 的人患有这种疾病。

借助于胃液、酶和胃的运动，胃能有效分解大部分食物。这就是"消化的胃部阶段"。胃壁扩张从而使胃可以容纳食物。胃的活跃度与食物成分有关，比如，当消化高蛋白食物时，胃更活跃。通过胃蠕动和胃部肌肉的波浪式收缩，食物可以与胃液和酶充分混合。

即使在不消化食物的时候，胃也会在某一段时间内较为活跃。当食物进入小肠后，胃经过短暂休息后开始收缩。胃收缩的力度较大，以至于它会带动整个消化道一起收缩。胃中的空气在这样大力度的收缩作用下被排到消化道深处，此时胃会发出声音，即胃鸣。不进行消化时，胃的收缩运动在医学上被称为"胃部清洁反射"（Housekeeper-Reflex）。

胃控制整个消化过程。如果食物没有被充分咀嚼，或者食物非常油腻，那么胃消化食物的时间就较长，肠道开始消化食物的时间就被推迟，来自胰腺和胆囊的消化液就必须在肠道中"等待"。在胃中，碳水化合物的消化时间大约为 2 小时，脂肪的消化时间长达 6 小时。

肠道与肝脏——新陈代谢的中心

食物从胃进入小肠，肠道消化阶段就开始了。小肠长 5~6 m，由十二指肠、空肠和回肠 3 个部分组成。胰腺和胆囊分泌的消化液流入十二指肠，这些消化液能中和胃液，进一步分解蛋白质、碳水化合物和脂肪。

食物被进一步分解后，人体所需的营养素被小肠黏膜吸收，然后进入淋巴循环和血液循环。小肠黏膜有许多突起（即小肠绒毛）、凹陷（即肠腺）和边缘像刷子一样的微绒毛。小肠黏膜的总面积可达 400 m²，这使它能起到很好的吸收作用，因此食物的主要吸收过程在小肠进行。

血液"满载"营养素流向肝脏，肝脏是新陈代谢的主要"中转站"，同时也是体内储存糖的地方，储存的糖被称为"糖原"。人体内的糖原可提供 14~24 小时的能量。糖原提供的能量对断食期间的新陈代谢至关重要（第 22 页）。只有当肝脏中的糖原耗尽时，大脑才会发出分解脂肪的信号。

肝脏的其他功能包括：合成胆固醇和脂肪、生成蛋白质、净化血液。人体自身的成分（如激素、红细胞）和外来物质（如酒精、药物）都在肝脏进行分解，然后被排出体外。这样一来，不含有害物质的血液到达心脏，最后到达各个组织（如结缔组织）、器官和细胞。

大分子的蛋白质和碳水化合物进入小肠后被分解成小分子物质，小分子物质直接进入小肠血管；而脂肪的代谢则比较复杂。由于脂肪不溶于水，所以胃肠道要先将它们初步分解以便运输。其实，在脂肪进入口腔或胃后，脂肪的部分分解工作就已经开始了。在小肠中，脂肪酶将脂肪分解成更小的物质，如游离脂肪酸、甘油、单甘油酯和双甘油酯，然后这些物质被小肠黏膜吸收。短链脂肪酸和中链脂肪酸经肝门静脉直接进入血液循环到达肝脏，长链脂肪酸经淋巴循环进入血液循环，然后到达肝脏。

水也是通过小肠黏膜吸收的，小肠黏膜会对食物所含的物质进行区分：

吸收身体需要的物质，排出多余的物质。

没有被小肠吸收的物质会进入大肠（结肠）。大肠长 1~1.5 m，全程形似方框。正如食管和胃的过渡处有一道"阀门"，小肠与大肠的过渡处也有一道"阀门"，即回盲瓣。它可以防止进入大肠的物质回流至小肠。如果回盲瓣的功能因肠道炎症而受损，人就会胀气、胃痛、腹部有压迫感。

在大肠中，食物中剩下的物质会在这里进行最后的处理，钙等矿物质被大肠吸收，多余的水被进一步排出。之所以人在腹泻时会排出水样粪便，就是因为肠道炎症影响了水的吸收和排出，粪便难以脱水。正常情况下，成形的粪便因粘有肠道黏液（主要成分是水）而变得顺滑，以便与脱落的肠道细胞一起被排出体外。因为有肠道黏液和肠道细胞，所以即使断食数天，我们也能正常排便。

肠道菌群——一个新器官

据统计，肠道中约有100万亿个微生物，肠道中的所有微生物统称为"肠道菌群"。如今，肠道菌群被视为一个独立的器官，它重达 1.5~2 kg。微生物主要存在于大肠中，因此，可以说大肠是微生物的家园。

长期以来，科学家只能在实验室利用粪便样本检测出几种寄生在人体内的微生物。现在，借助于现代新的分析方法，科学家可以对寄生于体内的所有微生物进行检测，这种方法就是"基因解码法"。2012 年，科学家首次对人体内寄生的所有微生物进行了检测，共发现1000 多种微生物，这些微生物几乎只存在于肠道中。

目前，全世界关于肠道菌群的研究多达数千项。毫不夸张地说，关于肠道菌群的研究彻底改变了我们对健康和疾病的认识。

如果说肠道疾病与肠道菌群有关，人们应该不会感到惊讶，但人们很难相信风湿病、脑卒中、帕金森病和抑郁症也是由肠道菌群引发的。科学家发现，无论是在患病的过程中，还是在防治疾病的过程中，肠道菌群都扮演着重要角色。肠道菌群是肠道的"大脑"，它们在我们的免疫系统中发挥着重要的作用，也在很大程度上影响着我们的情绪。

我们的"小室友们"其实特别好相处：它们从我们这里获得食物和住所，反过来帮助我们从食物中获取对我们有益的物质。肠道菌群能分解糖，参与合成对肠道健康有益的短链脂肪酸、维生素和一些可以构成重要蛋白质的氨基酸。这些"肠道小帮手"也会帮我们排出毒素，如胆汁酸分解过程中产生的毒素。此外，它们还能维持肠道的 pH 值，使其呈酸性，保护我们免受病原体（如会导致腹泻的病原体）的侵害。

肠道菌群不是天生的。只有在母亲自然分娩，新生儿通过产道时，寄生于母亲阴道的一些细菌才会转移到新生儿身上。此外，在母乳喂养过程中，寄生于母亲乳房皮肤表面的细菌也会进入婴儿体内，随着婴儿不断长大，外部环境中的细菌也不断进入婴儿体内。2 岁左右幼儿的肠道内细菌的数量基本与成人的相同。肠道菌群的组成会因外部环境、气候、饮食和服用的药物等因素的影响而不断发生变化。我们可以按照肠道内的细菌是否有益于新陈代谢对它们进行分类。有益于新陈代谢的细菌被称为"益生菌"，益生菌能抑制或者消灭病菌，不让它们"为非作歹"。

肠道菌群的组成不仅在不同的生命阶段中有差异，而且在不同个体间存在差异。例如，有些双胞胎的基因完全相同，但他们的肠道菌群的组成不同。有趣的是，大多数人直肠内细菌的种类是相同的。这间接说明人类在遗传上有共同的起源。亚马孙河流域和其他地区的原住民肠道中益生菌的种类数量是西方工业地区居民的 2 倍。这究竟是遗传差异导致的，还是饮食差异导致的，还有待观察与研究。

生物多样性决定生态系统的健康。动物、植物和微生物共同生活在自然界，它们互利共生，彼此依存。肠道菌群与人类的关系也是如此。肠道菌群的种类越丰富，我们就越健康，越能有效抵抗疾病。我们吃得越健康，肠道菌群的种类就越丰富，饮食对我们的好处也就越大。有一点是明确的：如果没有平衡的肠道菌群，人体的各种活动就不能正常进行。健康的饮食非常重要，因为肠道菌群需要正确的食物，正确的食物能促进益生菌的繁殖，这也是为什么我在本书中推荐富含膳食纤维的全麦食品、新鲜蔬菜和其他含有有益于益生菌生存的成分的食物。

许多药物（如抗生素、酸抑制剂）、食品添加剂（如甜味剂）和酒精都会破坏肠道菌群的平衡。不过，也有一些药物（如降糖药二甲双胍）对肠道菌群有益。然而，总的来说，肠道菌群最好的"食物"不是药物，而是膳食纤维。

对肠道菌群有益的做法

▶ 尽可能吃未经加工的食物。

▶ 多吃全黑麦面包、全小麦面包、斯佩尔特小麦面包、燕麦。

▶ 多吃富含膳食纤维的蔬菜，如西蓝花、菊芋、菠菜、白菜、芦笋、鸦葱、洋蓟、甘蓝、茴香、红薯、萝卜、红菜头、南瓜、大蒜。

▶ 将煮熟的土豆放凉再吃，或者放凉重新加热后再吃。煮熟的土豆放凉后会生成抗性淀粉，抗性淀粉有利于肠道菌群的生存和胃肠道健康。

▶ 多吃豆类，如豌豆、鹰嘴豆、菜豆、黄豆、扁豆等。

▶ 少吃盐。

▶ 多吃浆果（如蓝莓、醋栗、黑莓）、樱桃、菠萝、牛油果、柑橘类水果（如金橘）。

▶ 多吃发酵食品，如酸菜、泡菜、酸奶、康普茶（Kombucha）、丹贝（Tempeh，一种豆类发酵食品）、面豉酱。

▶ 多吃含有 ω-3 脂肪酸的食物，如亚麻籽油和绿叶蔬菜。

▶ 多吃杏仁、核桃、榛子、开心果、芝麻。

美国哈佛大学的一项科学研究证实，饮食的改变很快就会反映在肠道菌群的组成上。在受试者将动物性饮食改为植物性饮食的 24 小时后，研究者就可以观察到受试者的肠道菌群的组成发生了变化，短链脂肪酸的含量以及有抗炎作用的细菌种类增加。现在，越来越多的研究表明，断食能提升肠道菌群的多样性水平，这可能也是断食疗法具有卓越疗效的原因之一。

对肠道菌群的研究得出惊人结论

实验表明，当小鼠的肠道菌群多样性因不健康的饮食而遭到破坏后，其后代会出现肥胖和其他健康问题。这一结论令人吃惊，不健康的饮食不仅会伤害我们自己，还会伤害我们的后代！

关于肠道菌群的研究也打破了营养学长期以来的一条铁律。以前，人们会用一条很简单的原理来解释肥胖出现的原因，即热量是不变的，我们如果摄入 1 cal（1 cal=4.18 J）热量，体内就会累积能产生 1 cal 热量的脂肪，正所谓"吃多少就长多少"。如果摄入的热量比消耗的多，人就会发胖。但人们都忽视了肠道菌群的重要性。现在，我们知道，肥胖症患者的肠道菌群不同于健康的人。肥胖症患者的肠道菌群能更好地分解食物和吸收营养素，它们能摄取更多的热量，然后热量以脂肪的形式被储存起来。如果肥胖症患者的肠道菌群缺乏多样性，那么即使他们进行低热量饮食，也无法减轻体重。

位于巴勒斯坦雷霍沃特的魏茨曼科学研究所的研究证实，肠道菌群甚至有自己的生物节律。它们的生物节律是由我们的进食时间决定的。这意味着，频繁进食不仅会打乱我们的作息，也会打乱我们的"小室友们"的作息，从而使我们体重增加。在这种情况下，间歇性断食就可以发挥作用，通过稳定体内的生物钟，来帮助我们控制体重。

肠道菌群对缓解食物不耐受也有一定的作用。例如，乳糖不耐受者的小肠难以消化乳糖，果糖不耐受者的小肠难以消化果糖，这些未被消化的糖就会进入大肠，并在大肠中被腐生菌分解，从而引起腹痛、胀气和腹泻。肠道感染者也会出现类似的症状。

比肠道不适更可怕的是，一旦肠道菌群的平衡遭到严重破坏，人体的免疫系统就会出现巨大问题。现在，科学家普遍认为，类风湿性关节炎、强直性脊柱炎、帕金森病、多发性硬化症和其他慢性疾病都是由肠道菌群严重失衡导致的。如何通过服用益生菌制剂长效防治慢性疾病还需要一段时间的探索。虽然市面上有不少益生菌制剂，它们对某些疾病也有一定的效果，但大多数效果甚微，且效果持续时间短。名噪一时的粪便移植法（将处理后的健康的人的粪便移植到患者的肠道中）也有以上缺点，而且只能用于治疗非常严重的急性肠道感染或炎性肠病。

因此，我们应该重视断食和健康饮食，它们有助于维持我们的肠道菌群的平衡和多样性。

能量从哪里来？

人体的能量来源于 3 种物质：碳水化合物、脂肪和蛋白质。如果将人体比作一个能源库，我们有一个蓄电时间较短的电池和一个蓄电时间较长的蓄电站，它们分别对应糖原和脂肪。糖原是由葡萄糖组成的多糖，多储存在肝脏中，可短时为人体提供能量。脂肪则属于长期储能物质。蛋白质虽然可以提供能量，但不属于储能物质，这也是我们不宜摄入过多蛋白质的原因。过多的蛋白质不仅无法储存在体内，而且会"帮倒忙"，引发体内某些有害物质的生长（第 58~59 页）和炎症。

加拿大肾病专家杰森·冯（Jason Fung）将我们身体里的储能物质比喻成用于冷藏食物的电器。糖原对应的是厨房里的冰箱，脂肪对应的是地下室里的冰柜。冰箱里的食物触手可及，也就是说，我们可以快速获取糖原提供的能量；但要拿到冰柜中的食物，我们就必须去地下室。去地下室是件麻烦的事，只有在冰箱里什么都不剩的时候，我们才会去做。因此，只有在糖原耗尽时，我们才能获得脂肪提供的能量。明白了这一点，我们就能理解为什么我们腹部的脂肪很难消除。

胰岛素——细胞的钥匙

胰岛素在碳水化合物和脂肪的代谢中起重要作用。身体开始代谢脂肪必须同时满足两个条件：其一，肝脏中的大部分糖原已经被消耗完；其二，血液中的胰岛素水平足够低。然而，这两个条件都不容易被满足。当肝脏中的糖原不足时，我们的身体就会发出饥饿信号，如果我们进食，摄入的碳水化合物就又会以糖原的形式储存在肝脏中，这非但不会使脂肪被分解，还会起到反作用：进食使胰岛素水平升高，当胰岛素水平较高时，过多的碳水化合物会转化为脂肪被储存起来。

胰岛素由胰腺合成并分泌，在我们进食时，胰岛素被释放到血液中。不管是碳水化合物代谢产生的葡萄糖，还是糖原代谢产生的葡萄糖，最终都会进入细胞。这时胰岛素就发挥了巨大的作用，可以说，它就像一把钥匙打开了进入细胞内部的大门，如果没有这把"钥匙"，葡萄糖就无法进入细胞。

如果我们总是吃得太多、太甜或摄入太多动物蛋白，胰腺就会不断合成并分泌胰岛素。但细胞已经"满"了，无法接收更多的葡萄糖了，该怎么办呢？细胞无法利用更多葡萄糖生成能量，就会采取保护措施，抑制细胞膜上识别胰岛素的受体，这就会导致胰岛素抵抗。

胰岛素抵抗的结果是，血糖水平升高，但胰岛素不能发挥作用，葡萄糖无法进入细胞。胰腺误判了情况，仍在全速"运转"，合成并分泌更多的胰岛素，胰岛素水平不断攀升。到了一定程度，胰腺也"精疲力竭"，放弃分泌胰岛素，胰岛素抵抗就发展成了 2 型糖尿病。

肥胖和 2 型糖尿病息息相关。胰岛素水平过高会阻碍脂肪的代谢，因为身体认为，体内还有足够的葡萄糖，也就是能量。还记得冰箱和冰柜的比喻吗？如果厨房的冰箱里满是食物，我们就不需要去地下室取冰柜里的食物。因此，重度 2 型糖尿病患者想长期通过控制饮食来减肥是非常困难的。肥胖、胰岛素水平高和 2 型糖尿病会形成恶性循环。

　　此外，2 型糖尿病患者通过吃常见的减肥餐来减肥会让情况更糟糕。患者体内糖原的储存首先被清空，但由于他们的胰岛素水平长期偏高，身体无法（或很难）代谢脂肪。一旦身体认为能量不足，就会采取措施：通过减缓基础代谢来减少能量消耗。于是，患者体重继续增加，或者体重减轻后出现反弹。这就是我为什么坚决反对 2 型糖尿病患者通过吃减肥餐来减肥。

断食与胰岛素

　　如果体内胰岛素的水平较高，脂肪细胞就会收到信号，一直保持关闭状态，脂肪就不能分解，因此，2 型糖尿病患者无法通过吃减肥餐达到减肥效果。而断食是打破"肥胖—胰岛素水平高—2 型糖尿病"这个恶性循环最好的、最理想的方法。在 2 型糖尿病的早期，患者完全没有必要服用药物或注射胰岛素。德国杜塞尔多夫的糖尿病专家斯蒂芬·马丁（Stephan Martin）将 2 型糖尿病称为"胰岛素生意"，因为将注射胰岛素作为 2 型糖尿病的治疗方法对医生和保险公司来说都有利可图，所以医生没有多大兴趣探索用饮食疗法和断食疗法治疗 2 型糖尿病的可能性。在德国，注射胰岛素的费用是在基础医疗保险之外进行结算的，因此，每多一个患者通过注射胰岛素来治疗 2 型糖尿病，保险公司都会额外获得来自政府的高达 2 000 欧元的补贴。

　　1 型糖尿病的情况正好相反：许多患者往往体重偏轻，因为他们的胰腺不能（或很难）合成胰岛素，胰岛素水平一直较低，摄入的碳水化合物也就不容易转化为脂肪。

　　我们的新陈代谢不仅受胰岛素控制，还受循环系统和其他调节因子的控制。在本书第二部分中，我会经常提到胰岛素样生长因子 1（IGF-1）和哺乳动物雷帕霉素靶蛋白（mTOR）。mTOR 和 IGF-1 都是细胞生长因子，在细胞生长中起决定性作用，然而，如果我们吃得太多、太甜或摄入过多动物蛋白，这两种细胞生长因子就会加速细胞的生长和死亡。此外，控制人体新陈代谢进程的调节因子还有腺苷酸激活蛋白激酶（AMPK），它是细胞内的能量"传感器"，相当于汽车的燃油表。

　　如果我们吃得太多、太甜或摄入过多动物蛋白，我们的身体就会通过发胖、炎症和加速细胞生长来清除多余的物质。细胞生长速度过快会导致癌症的患病风险增大，本质上，癌细胞就是生长不受控制的细胞。这也是我一直提倡治疗性断食和间歇性断食的另一个原因！

Part 2 第二部分

吃得更好，活得更健康

对饮食的新认识

世界上最健康的地方

近年来，许多科学饮食建议和流行一时的饮食法都已经被证实没有效果，因为它们无法显著改善人们的健康状况，也无法改变人们不健康的生活方式。2018 年发布的全球疾病负担研究计算了 1950—2017 年全球 195 个国家的国民平均寿命，并评估了国民健康状况，结果令人震惊：在西欧众多国家中，德国的国民平均寿命最短，这与德国肥胖症等慢性疾病的发病率不断攀升，以及德国人饮食不健康、缺乏运动、大量吸烟饮酒等有密切关系。

在过去 10 年中，风靡一时的饮食法五花八门，令人眼花缭乱。一段时间流行美国医生罗伯特·阿特金斯（Robert Atkins）发明的阿特金斯减肥法（提倡减少碳水化合物摄入），一段时间流行低脂饮食法（提倡减少脂肪摄入），一段时间流行原始人饮食法（Paleo Diet，提倡多吃肉，不吃乳制品、谷物、面包和糖果，不饮酒），一段时间流行用果糖代替其他糖的饮食法。点外卖和将食物打包带走成为时代潮流，快餐餐厅随处可见。所有的这些都对我们的饮食产生了影响。

为了让你对健康的饮食有新的认识，也让你知道饮食是可以治疗很多疾病的，我想结合我数十年的临床经验和所掌握的知识，向你介绍一些目前较为重要的研究以及一些健康的饮食。我希望你通过我的介绍意识到饮食对我们的健康多么重要。为了说明这一点，我想先带你去世界各地进行一场简短的探寻健康饮食的旅行。

意大利老年医学专家詹尼·佩斯（Gianni Pes）和比利时天体物理学家、人口学家米歇尔·普兰（Michel Poulain）用一种巧妙的方法研究饮食和健康的关系。通常，研究者会在实验室里给小鼠投喂有可能延长其寿命的特殊食物，然后观察会出现什么结果。但佩斯和普兰采取了另外的方法，他们进行了一项人口统计调查，寻找最健康、最长寿的人生活的地区。他们用蓝色的笔在地图上标出了这些地区，这些地区也因此被称为"蓝色地带"。美国科学记者丹·比特纳（Dan Buettner）了解了这项研究后，与佩斯、普兰、美国马里兰州国家老龄化研究所的研究者一起，进一步丰富和细化了蓝色地带这个概念。他们寻找拥有最多百岁老人（Centenarians，指 100 岁及以上的老人）和超级百岁老人（Super Centenarians，指 110 岁及以上的老人）的地区，并最终确定了 6 个地区。他们想要找出蓝色地带的人健康长寿的原因，当地人拥有怎样的生活方式，除了不吸烟、注重家庭生活、积极社交、进行大量体育锻炼外，饮食在其中扮演了什么角色。他们的结论是：当地的传统饮食是决定当地人健康长寿的关键因素。当然，我们可以在国内随时吃到来自地球另一端的大蒜、牛油果、大米、豆腐、生姜，随时喝上优质的绿茶。从这方面看，我们似乎从商品全球化中获益。但从我们的饮食来看，商品全球化似乎弊大于利，否则我们很难解释为什么蓝色地带的传统饮食能让人健康长寿。接下来，我们一起去这些长寿老人生活的地区看一看。

日本冲绳

日本冲绳又被称为"永生之岛"，因为从数据上看，这里的百岁老人比世界上其他任何地区都多。这是为什么呢？这里的人有什么特别之处？冲绳位于东海，距离日本东京约 1 500 km。虽然岛上只有 130 万居民，但是其中有900 多名百岁老人。他们多数能够独立生活，身体硬朗。也许这就是当地的语言中没有表达"退休"含义的词汇的原因。

在冲绳，几乎所有家庭，尤其是农村的家庭，都自产自足，几乎所有必需品都可以在当地市场上买到。当地人的所有食物都产自本地，而非来自岛外。几十年来，当地人的主食一直是红薯，他们的早餐是蔬菜味噌汤，午餐和晚餐是海带、豆腐、纳豆（由黄豆发酵而成）以及用洋葱、胡椒、姜黄调味的米饭。对欧洲人来说比较难接受的苦瓜和艾草也是他们的主要食物。他们喜欢喝绿茶，很少摄入动物蛋白，通常只在节日才吃肉（多为猪肉）。

> 冲绳的饮食文化中还有一个与众不同之处，那就是提倡只吃八分饱，这是儒家倡导的一种饮食习惯，也是最简单的节食方式。可以说，控制热量摄入是冲绳饮食文化中不可或缺的一部分。

不幸的是，冲绳百岁老人的数量在减少。这与他们的生活方式逐渐西化有关，比如当地人越来越常吃快餐。在他们的饮食中，脂肪含量从 20 世纪 60 年代的 10% 上升至现在的 30% 左右，基本与西方国家的持平。在 20~69 岁的人当中，几乎每 2 人中就有 1 人超重。

冲绳传统饮食中脂肪含量低与红薯是当地人的主食有关。吃红薯被认为是当地人健康长寿的秘诀，研究表明，红薯可以促进血液循环。

尝试烤红薯片！

> 挑选一个个头儿较大的红薯，将其切成片，码在烤盘中，撒上盐和胡椒粉，用 200 ℃烤 15 分钟。

冲绳的传统饮食还含有丰富的藻类。虽然关于 ω-3 脂肪酸对健康的作用依旧存在很多争议（第 49~50 页），但我认为，食用藻类是当地人健康长寿的第二个秘诀，因为它含有丰富的 ω-3 脂肪酸和植物营养素。

冲绳当地人健康长寿的第三个秘诀是食用绿叶蔬菜，如茼蒿、塔菜、金银菜、大阪白菜或野泽菜。绿叶蔬菜含有大量硝酸盐，能够保护血管和促进新陈代谢。绿叶蔬菜属于"超级食物"。

根据经济合作与发展组织 2017 年的数据，不仅冲绳地区的人们平均寿命长，日本人的平均寿命（83.9 岁）也居于世界前列。日本的"百岁老人俱乐部"的规模正在扩大。2017 年，日本有近 7 万名百岁老人。与之形成对比的是，根据德国联邦统计局 2017 年的统计数据，德国仅有 16 500 名百岁老人。

德国人通常通过食用本地产的绿叶蔬菜（如菠菜、芝麻菜、苦苣菜）或红菜头来保持健康。这些蔬菜硝酸盐含量高，可以保护血管和心脏。此外，茴香籽也具有预防血管钙化的作用，可以使血管变得柔软。

茴香籽

大多数印度餐厅都会在饭后提供五颜六色的、用糖调味的茴香籽，顾客可以吃茴香籽以保持口气清新。茴香籽是很好的食材，我们可以将它和蔬菜一起炒，或者和米饭一起煮。茴香籽是很多日用品（如精油）或食品的原材料，是小型"能量包"。

希腊伊卡利亚岛和意大利撒丁岛

让我们离开亚洲，前往欧洲。希腊伊卡利亚岛和意大利撒丁岛是位于欧洲的两个蓝色地带。伊卡利亚岛上居住着大约 8 500 名居民，90 岁以上老人占比是欧洲 90 岁以上老人占比的 10 倍。当地人吃大量豆类、野菜、香草和橄榄。他们每天吃 224 g 蔬菜，每日蔬菜消耗量是德国人的 2 倍。

在撒丁岛，大多数百岁老人都生活在巴尔巴吉亚山区的小村庄里。当地人除了吃各种蔬菜和水果外，还经常喝羊奶和吃奶酪。同样有趣的是，在这里，男性和女性的平均寿命几乎相同。这不免令人感到惊讶，因为通常情况下，女性的平均寿命比男性长 2~5 年。

在撒丁岛，一定量的体力劳动和运动也是当地人健康长寿的原因之一。

此外，一些观察研究表明，Siesta，即午后较长时间的休憩对身体是有益的。一方面，午睡可以避免中暑；另一方面，午睡有助于缓解压力。

意大利和希腊这两个地中海国家的饮食有共同的特点，地中海国家的传统饮食被统称为"地中海饮食"。这种饮食非常重要，接下来我将对其进行详细介绍。

地中海饮食

什么是地中海饮食？它是摩洛哥、土耳其、希腊、意大利、葡萄牙或克罗地亚等地中海国家的传统饮食吗？去这几个国家旅游过的人都知道，这些国家的饮食有很大的不同。地中海饮食广为人知自然离不开地中海优美的风景和游客留下的美好回忆。和其他地区（如德国北部）的饮食相比，地中海饮食可能更诱人。但是，传统的地中海饮食与今天我们在地中海旅游时看到的完全不同。传统的地中海饮食中没有希腊式汉堡（Souvlaki）、烤肉卷（Gyros）、塞拉诺火腿（Serrano）、马苏里拉奶酪（Mozzarella）和葡萄酒，传统的地中海饮食是以大量绿叶蔬菜、水果、坚果、豆类、香料、健康的食用油为原料的高膳食纤维高碳饮食。

作为最著名的传统饮食之一，地中海饮食甚至被联合国教科文组织列入非物质文化遗产。这令人感到意外，因为人们听到"文化遗产"这个词时，往往会想到德国科隆大教堂或希腊雅典卫城，而不会想到饮食。但是意大利和其他地中海国家的申请在2013年获得批准，它们的传统饮食被认定为世界文化遗产。

对于地中海饮食，医生和人口统计学家难得持一致的看法，他们都认为这种饮食非常健康。去过地中海国家的人都知道那里的饮食多么丰富多样，这一点也令我记忆犹新。我第一次接触地中海饮食是在19岁的时候，我和女友经过漫长的火车旅行，终于来到了炎热的西班牙北部。虽然当时那里还不是世界闻名的旅游胜地，但我们也只在城郊的一个小旅馆订到了房间，所有大型酒店的房间都被一抢而空。晚上，几位西班牙老人在我们所住的小旅馆里吃晚餐，我看到菜单上只有一份招牌套餐。

我很激动，以为能吃到想象中的西班牙式地中海美食：鲜美的墨鱼、芒果奶酪和西班牙海鲜饭。但令我惊讶的是，套餐中没有这些，只有蔬菜汤、沙拉、满满两盘素菜（里面有茄子、西葫芦、洋蓟、白豆、芦笋、青椒、菠菜、大量洋葱和大量大蒜）以及用开心果仁、杏仁和蜂蜜制成的甜点。主菜是现烤面包和橄榄。当时，我对这顿"粗茶淡饭"颇为失望。但如今我知道了，我吃到的是非常健康正宗的传统地中海大餐。

安塞尔·基斯发现了地中海饮食的卓越疗效

美国生物学家、生理学家安塞尔·基斯（Ancel Keys）最先关注地中海饮食对健康的益处。但是，他的科学著作在很长一段时间内被误解，甚至遭到诋毁。直到很多年后，基斯的一些研究才获得认可，《时代周刊》将基斯称为"胆固醇先生"，而他的研究重点和最开始的研究兴趣点并非胆固醇。

第二次世界大战期间，基斯想探究人们在极端条件下如何生存，并研究饥饿和脂肪对生理的影响。他想知道，一个人如何在海拔几千米的极度寒冷的山区生存。当时的美国国防部特别关注士兵的身体情况，基斯的研究引起了他们的注意。在这些研究的基础上，基斯发明了著名的"K-Rations"（一种军用应急口粮）。每个防水餐盒里都有一份总热量为 3 200 kcal 的压缩食物（包括奶酪、巧克力、饼干、柠檬粉、口香糖）和香烟，香烟用于提神醒脑、振作士气。

使基斯声名远扬的是他主导的"明尼苏达饥饿实验"（Minnesota Starvation Experiment），这是一项探索长期处于饥饿状态对健康的影响的研究。为了招募健康的男性受试者，他还专门请人设计了吸引眼球的广告语"Will you starve, that they be better fed?"①。在招募到的 32 名男性受试者中，大部分是基督徒或反战者。也许正是他们的价值观使他们愿意参与这项实验。

在几个月里，受试者每天只获得 1 000 kcal 的食物，每天步行 20~30 km。通过这项实验，基斯一方面证明了过度饥饿会对身体和心理造成巨大的伤害；另一方面证明了如果身体曾长期处于饥饿状态，那么谨慎而缓慢地恢复进食对保护内脏格外重要。后来，基斯的这项研究成果常被用来佐证断食疗法会对身体造成严重危害。但基斯的研究与用于治疗或保健的断食疗法毫无关系。而且基斯的研究目的在于寻找有效的手段来消除长期处于饥饿状态给身心带来的影响。

第二次世界大战结束后，基斯获得了很多欧洲国家的人口数据。通过对比数据，他发现在战后，一些国家的人们营养不良的比例与心脏病的发病率呈正相关。此外，随着一些国家不断富裕起来，脑卒中和心肌梗死的发病率急剧上升。他还注意到，在意大利南部，心脏病的发病率仍然很低。

随后，基斯前往意大利，在那不勒斯建立了一个实验室，实地测量当地人的血脂水平，并研究饮食中动物脂肪的含量与胆固醇水平、心脏病发病率之间的关系。1958 年，他开始了自己学术生涯中的第一次系统的大型国际研究，即著名的"七国研究"。尽管经费有限，但他还是成功地对 1.2 万名受试者进行了详细研究，受试者包括日本、芬兰、希腊、美国在内的 7 个国家的人。基斯记录了受试者的检测数据和心电图值，并对他们进行访谈，了解他们的生活习惯。在随后的 5 年和 10 年间，受试者所患的任何疾病都被记录了下来。

研究成果十分惊人：心肌梗死和心脏病的发病率在希腊克里特岛只有0.1%，在日本只有 1%，在美国有 5.7%，在芬兰则高达 9.5%。这并不奇怪，因为我们知道，这些国家人们的饮食有很大的区别。基斯在研究时还发现，77% 的芬兰人胆固醇水平很高，而只有 3% 的日本人胆固醇水平很高。

---

① 广告语意为：你愿意为了让他们吃得更好而挨饿吗？这里的"他们"指士兵。——中文版编者注

此外，并非所有脂肪都对健康有害，这一点也是基斯首先认识到的。克里特岛人的传统饮食含有大量橄榄油，这听起来并不是低脂饮食。然而，与食用大量动物脂肪的国家和地区的人相比，克里特岛人的心脏病发病率非常低。基斯的功劳在于，他发现橄榄油能很好地保护血管，它和动物脂肪所起的作用是不同的。同时，基斯也是第一个认为地中海饮食是健康饮食的人。此外，他得出这样的结论：克里特岛和意大利南部居民的健康秘诀在于食用大量蔬菜、水果等高膳食纤维高碳食物。

基斯的研究也影响了他自己的生活。他一直坚持地中海饮食。他在自己的第二故乡——意大利那不勒斯去世，享年 101 岁。虽然他生前的研究屡遭批评，他提出的"饮食-心脏"假说也备受质疑，但他用自己的健康长寿证明了地中海饮食的确有益于健康。

所有大规模的临床研究均表明，地中海饮食能减少心脏病和脑卒中发作的次数，减小 2 型糖尿病和高血压的患病风险，也可以减轻风湿病和阿尔茨海默病的早期症状。

地中海饮食还能有效预防乳腺癌和结肠癌。

没有任何一种饮食能像地中海饮食一样有这样显著而全面的健康功效。以植物性饮食为主的地中海饮食无疑是最健康的饮食之一。

地中海饮食的特点

2016 年，来自西班牙、希腊、法国、美国和英国的地中海饮食研究者和营养学、心脏病学家接受了著名杂志《BMC 医学》（*BMC Medicine*）的采访，讲述了他们对地中海饮食的看法。根据他们的看法，地中海饮食应该满足以下 10 点。

> ► 将橄榄油作为主要的食用油，每天至少食用 4 茶匙（1 茶匙相当
>   于 5 g）橄榄油。
>
> ► 每周至少食用 3 次坚果，每次最好食用一把的量（约 30 g）。
>
> ► 多吃新鲜水果，最好每天 3 次，水果首选葡萄和浆果。
>
> ► 多吃新鲜的绿叶蔬菜，最好一天 2~3 次。
>
> ► 多吃豆类，最好每天 1 次。
>
> ► 多吃香料、洋葱、大蒜。
>
> ► 多吃富含膳食纤维的全谷物食物（如全麦面包、米饭）。
>
> ► 少吃或不吃甜品，少喝或不喝含糖饮料。
>
> ► 少吃或不吃肉、肉制品（如香肠）。
>
> ► 少吃或不吃乳制品。

地中海饮食中的乳制品

不要食用含有食品添加剂的精加工乳制品，而应首选用相对简单的工艺生产的绵羊奶酪或山羊奶酪。我们可以参照欧洲南部国家的吃法：不将奶酪切成厚片放在面包片上，而只在面包片上涂一点儿菲达奶酪（Feta）、佩科里诺奶酪（Pecorino）或帕尔玛奶酪（Parmesan）。

许多地中海国家的人们经常喝酸奶，如开菲尔酸奶（Kefir）、土耳其酸奶（Ayran）。酸奶含有健康的益生菌。但在地中海饮食中，乳制品的占比是非常小的。

地中海饮食中的鱼

无论是站在健康的角度，还是站在生态的角度，我都不赞成吃鱼（第50~52 页）。当然，鱼比其他任何食物都更能体现地中海饮食的特点，尤其是对地中海沿岸、距离港口近的地区来说。但在远离港口的地区，情况就不同了，那些地区的人们未必吃鱼。如果一定要摄入动物脂肪，那么吃鱼比吃禽畜

的肉更好，正所谓"两害相较取其轻"。地中海地区的人们是否常吃鱼与吃鱼是否对健康有益无关，而与这一地区渔业是否发达有关。在蓝色地带，鱼并非重要的食物，这也是地中海饮食的特点，即主角是蔬菜和橄榄油而非鱼。

地中海饮食中的脂肪

希腊雅典大学医学院院长、希腊健康基金会主席安东尼娅·特里科普洛（Antonia Trichopoulou）开展了一项关于地中海饮食的大型调查。她在调查报告中指出，地中海饮食的核心是植物性饮食，但地中海饮食中脂肪的含量并不低。她还多次强调，橄榄油其实是一种"果汁"。我们当然可以这样认为，因为橄榄油是通过压榨橄榄得到的。不过可能有人要问，完整的橄榄是不是不如橄榄油那么健康呢？这个问题其实还没有研究清楚。当然，作为一种水果，橄榄肯定是健康的。

人们经常说，橄榄油不能被加热，它不宜用于煎炸。事实并非如此。最新研究表明，即使在高温下，橄榄油中的化学成分也能保持稳定，因此长时间加热橄榄油也没问题，油中不会生成有害物质。

关于橄榄油的问题我在本书的后面还会再谈，但有一点我想在这里提一下。在胆固醇的问题上，基斯犯了一个错误。事实上，地中海饮食中胆固醇的含量并不低，但地中海饮食仍可以预防心肌梗死和脑卒中。最新数据显示，如果我们多吃健康的食用油和富含有益脂肪的坚果，而非吃含大量有害脂肪的动物性食物，那么无论饮食中胆固醇的含量是高是低，我们的心脏都会很健康。

地中海饮食中的酒

想象一下，在夏日的夜晚，坐在海边，桌上摆着面包、橄榄油、海盐和西班牙甜椒。你还想来点儿什么？一杯葡萄酒？在温暖的地中海地区，酒无疑是饮食中不可或缺的一部分，但是酒在地中海饮食中所占的比重并不大，这一点大多数人并没有意识到。愉悦的心情并不是酒精的作用，而是受到温馨欢快的氛围的影响。在所有蓝色地带的饮食中，酒都不重要。

现在，许多营养学家和医生都建议人们控制酒精的摄入量，我也认同他们的观点。长期以来，人们一直都认为葡萄酒有益于健康，因为大量对外公布的数据都来自针对心血管病的研究。但从2018年开始，人们对葡萄酒的看法逐渐发生了转变。2018年的一项调查结果显示，即使是摄入少量的酒精，也能使患癌症的风险增大。虽然有规律地适度喝葡萄酒对心血管有好处，但因为酒精有致癌风险，所以葡萄酒对健康弊大于利。

你如果想在用餐时饮酒，就要明白一点：饮酒是为了佐餐。葡萄酒还有一个重要作用，它能促进脂肪更好地代谢，避免啤酒肚的形成。

地中海饮食在德国

经济合作与发展组织每年都会发布关于一些国家的饮食报告。在蔬菜消耗方面，德国总是比西班牙、意大利、希腊、法国、葡萄牙和瑞士这些国家表现得差。在这些国家，人们吃的蔬菜明显更多，他们的平均寿命也更长。所以德国人需要改变现在的饮食。

同时，我们也看到，与日本冲绳的情况一样，在希腊和意大利，还进行传统饮食的年轻人越来越少，这些国家的代谢性疾病的发病率不断上升。

我上一次去希腊克里特岛度假是在2018年，那时，克里特岛的生活似乎还是老样子。当我在当地的小商店拿着绿豆、薄荷和一罐橄榄准备结账时，老板娘还夸奖我说："你都变成克里特人了。"

亚洲式地中海饮食

虽然地中海饮食很健康，但这并不意味着其他饮食不健康。越来越多的研究表明，亚洲饮食同样有益于健康。一些营养学家甚至提出，亚洲饮食与地中海饮食相结合的亚洲式地中海饮食是最理想的饮食。

在日本国民的膳食宝塔中，按照从下往上的顺序，谷类、面条、米饭等高碳食物是膳食的基础，位于第一层；第二层是蔬菜；第三层是鱼、蛋、大豆和肉，这些食物日本人吃得比较少；乳制品和水果在第四层，它们也极少出现在日本人的食谱中。2016 年发表在著名的《英国医学期刊》(*British Medical Journal*) 上的一项研究表明，传统的日本饮食有利于延长寿命和预防心血管疾病。

美国生物化学家 T. 柯林·坎贝尔 (T. Colin Campbell) 曾于 1983—1989 年开展了一项对中国中部地区居民健康状况的调查，并将调查结果编写为《救命饮食》(*The China Study*) 一书。调查发现，中国农村地区的饮食以谷物和蔬菜为主，肉和鱼只占饮食的一小部分，动物蛋白只占 10%，脂肪的含量也很低，而膳食纤维的含量很高。在调查的 130 个中国中部农村地区中，人们的肥胖症、高血压、高胆固醇、心血管疾病、乳腺癌、结肠癌和自身免疫性疾病（如多发性硬化症和 1 型糖尿病等）的发病率极低。坎贝尔还发现，美国男性的心肌梗死的死亡率是中国男性的 16 倍。

美国加利福尼亚州和哥斯达黎加尼科亚半岛

离开欧洲，我们来到美国西海岸加利福尼亚州的洛马林达镇，探寻这里的健康饮食。在这个临近洛杉矶的小镇上，并非所有居民都健康长寿，只有那里的素食主义者才是。他们非常重视健康的生活方式，不吸烟、不饮酒，主要吃坚果、绿叶蔬菜、豆类和水果。对研究者来说，这里具有理想的研究环境：研究对象多，他们的饮食基本一致且生活方式差别不大。因此，不同于其他的研究，在这里进行的研究几乎不存在数据偏差。

在 1974 年和 2002 年，研究者各进行了一次调查，分别对美国加利福尼亚州洛马林达镇的 60 000 名和 97 000 名受试者进行了长期跟踪调查。结果令人惊讶，当地的素食主义者的平均寿命比美国人的平均寿命长 10 年。"十年光阴"(Ten years more of life) 因此成为这项研究的报告的题目。这项研究得出结论：长寿的 5 个决定性因素是不吸烟、进行植物性饮食、吃坚果、经常锻炼和积极参加社交活动。

除了证明植物性饮食对健康有积极作用外，这项研究还有其他有趣的发现，如吃番茄可以预防卵巢癌和前列腺癌；每天喝 5 杯（1 杯相当于 250 mL）水可以保护心脏。

另一个蓝色地带位于中美洲哥斯达黎加的尼科亚半岛，岛上生活着许多百岁老人。与伊卡利亚岛、撒丁岛和克里特岛相似，由于位置偏远，与外界交流不频繁，尼科亚半岛的传统饮食也保留了下来。这里的饮食和其他蓝色地带的一样，以蔬菜（主要是豆类）和水果为主。玉米是该当地人的主食，是他们热量的主要来源。除了植物性饮食，当地人长寿的另外一个秘诀是他们每天都进行间歇性断食。按照传统，当地人晚上吃得很少，晚餐轻断食（Dinner-Cancelling "Light"）在这里很常见。我将在第三部分详细介绍间歇性断食（第 180~216 页）。

其他传统饮食

除了蓝色地带之外，世界上还有其他许多地区的人同样健康长寿。在医学数据库中，有很多关于非洲传统饮食与健康的有趣数据。1959 年，流行病学家报告了一个惊人的发现。他们比较了来自美国和乌干达共 600 多份尸检结果（死者年龄相近），其中，136 个美国人死于心肌梗死，但只有 1 个乌干达人死于这一原因。在进一步的研究中，流行病学家发现饮食的差异可能是出现这一结果的原因。与美国人相比，乌干达人吃更多的绿叶蔬菜、豆类、谷物，很少吃肉，也不吃加工食品。

在肯尼亚，科学家也进行了类似的观察研究。早在 20 世纪 20 年代，科学家测量并记录了约 1 000 名肯尼亚人的血压，发现他们的血压并没有随着年龄的增长而升高。60 岁以上的肯尼亚人血压值普遍较低（平均 110/170 mmHg，1 mmHg=0.133kPa），而西方人的血压值普遍较高（高于 140/190 mmHg）。在另一项研究中，科学家对在医院接受住院治疗的 1800 名肯尼亚人的病因进行了调查，没有发现一例高血压和心脏病的病例。与前面提到的乌干达人类似，肯尼亚人也主要实行高膳食纤维饮食法。

对玻利维亚热带雨林地区进行的调查也支持了蓝色地带的研究结果。在这里有约 80 个村庄，生活着约 10 000 名提斯曼原住民。2001 年，研究者展开了名为"提斯曼人健康和生活史研究"（Tsimane Health and Life History Project）的研究项目，对提斯曼人的生活方式进行详细的调查。丛林生活简单而艰苦，没有电和自来水。提斯曼人每天都要进行长时间的劳作。他们会采集水果和根茎，种植粮食和木薯（一种淀粉类块根）。热带雨林中昆虫和寄生虫很多，很容易传播疾病或引发炎症，并且当地医疗条件极其落后。尽管如此，他们的平均寿命还是比较长，能达到 72 岁。

提斯曼人健康和生活史研究的研究目的之一是探究炎症的原因及其对心血管疾病（如心肌梗死和脑卒中）的影响。人们很早就知道，炎症会引起血管钙化。研究者想了解提斯曼人的心血管健康状况。他们对 80 个村庄中 705 名 40~94 岁的提斯曼人进行了心脏检查，包括冠状动脉的计算机断层扫描。

检查结果在学术界引起了轰动：85% 的受试者直至老年都不曾患有心血管疾病！2017 年研究结果公布时，提斯曼人被认为是世界上心脏最健康的人群。

80 岁的提斯曼人的平均血管钙化程度与 50 岁出头的美国人的平均血管钙化程度相当。虽然提斯曼人的炎症指标确实很高，但这并不影响他们的心脏健康。此外，他们的体重、胆固醇水平、血糖水平和血压直到老年都没有明显变化，而体重增加以及胆固醇水平、血糖水平、血压升高是美国人和欧洲人必然出现的"衰老迹象"。提斯曼人的饮食是怎样的？绝对的高热量饮食！在他们摄入的膳食热量中，72% 来自碳水化合物（玉米、大米、木薯和大蕉），14% 来自脂肪，14% 来自蛋白质（豆类、种子和鱼）。当然，他们的食物都是新鲜的，没有经过工业加工处理。

近年来，提斯曼人与外界的接触越来越多。由于公路的修建和汽艇的使用，来自西方工业国家的商品也能到达这个偏远的地区，这改变了提斯曼人的饮食。加工食品中的糖和油脂进入提斯曼人体内，同时这里的医疗条件也有所改善。但是两者之中哪个对提斯曼人的健康影响更大，还有待观察。

关于蓝色地带的小结

乌干达人和肯尼亚人的健康状况令人称奇。亚马孙地区的提斯曼人的生活和医疗条件不好，但通过吃传统食物和使用当地食材，他们身体强壮，不易患心血管疾病。蓝色地带饮食研究的参与者丹·比特纳还留意到，蓝色地带的人幸福指数很高，当然，这基于很多因素。不过，对蓝色地带人们的健康长寿，传统饮食绝对发挥了重要的作用。

健康长寿的人：

▶ 吃天然食物，不吃加工食品；

▶ 吃大量蔬菜和水果；

▶ 吃较多坚果；

▶ 少吃或不吃鱼、肉；

▶ 少吃或不吃乳制品；

▶ 吃较多含复合碳水化合物的高膳食纤维食物；

▶ 少吃或不吃含糖的食品；

▶ 实行低脂饮食法；

▶ 食用健康的植物油（如橄榄油）。

此外，长寿的人：

▶ 往往吃得少（摄入的膳食热量少）；

▶ 大量运动；

▶ 积极参加社交活动。

营养素和食物

在现代营养学中，脂肪、蛋白质和碳水化合物被称为"宏量营养素"。关于是否要在本书中讲解何为宏量营养素，我考虑了很久。我认为现代营养学最大的问题之一就是将营养素和食物割裂开来。这是因为，如果我们只谈脂肪而不谈含脂肪的食物，比如我们只谈饱和脂肪酸而不谈炸猪排或动物黄油，我们就容易忽略食物中其他含量较低但对健康有益的营养素，最后得出关于食物的完全错误的结论。

多年来，脂肪都被贴上"禁止摄入"的标签，但不摄入脂肪对任何人都没有好处，因为脂肪能保护我们的心脏。如果我们不摄入脂肪，却摄入大量碳水化合物，那么我们患心脏病的风险也会增大。只有当我们吃低糖或无糖食物时，不摄入脂肪才有意义。许多号称"健康食物"的低脂食物并不是有益于健康的食物，因为它们没有饱腹作用，无法为身体提供足够的热量。接下来，我将分别介绍重要的营养素和富含它们的食物。

哪些是健康的脂肪？

现在我们知道了，脂肪并不像它的名声那样差，脂肪本身不会让人变胖。尽管如此，人们对脂肪的看法仍然没有彻底改变。"脂肪"或者"油腻"都不是人们喜欢的词语，但我认为这是市场营销人员对人们的误导。事实上，脂肪作为一种宏量营养素，对人体有一定的益处。

脂肪能给食物增添风味。土豆裹上一层黄油后，法式长面包刷上一层橄榄油后，都会更可口。除此之外，没有其他营养素比脂肪更能让人产生饱腹感：当我们饥饿难耐时，油炸食品就会对我们产生神奇的吸引力。脂肪也是帮助人体吸收维生素 A、维生素 D、维生素 E、维生素 K 的不可缺少的物质，例如，维生素 A 只有在和脂肪一起摄入后才能被人体吸收。

脂肪独特的储存能量的能力既具有积极作用，也有消极影响。前面我提到，身体不能储存蛋白质，但能储存少量碳水化合物和大量脂肪。人类的历史已经证实，在食物匮乏的时期，身体上有些赘肉的人有明显的生存优势。即使是在今天，脂肪也能在我们患有重疾（如癌症）时发挥作用，帮助我们维持生命。我们即使不按照一日三餐的规律进食，也能存活很久，因为用脂肪储存能量这种重要的生存能力已经根植于我们的基因中。

虽然在食物匮乏的时期脂肪是好东西，但在食物过剩的时期，脂肪对健康有害。今天，脂肪对健康是否有益在世界范围内仍是一个具有争议性的问题。针对超重是否有益于健康，专家曾经进行过激烈的讨论，但就我们今天的生活条件来看，这个问题的答案显然是否定的，超重是不健康的。

科学界对脂肪的态度可以用一句话来概括：总摄入量不必减少（心脏病、2 型糖尿病等患者除外），但应多摄入"好脂肪"，少摄入"坏脂肪"。萨拉米香肠（Salami）中的脂肪对健康没有太大好处，而用牛油果、番茄、洋葱、核桃仁以及大量橄榄油制成的沙拉含有对健康有益的脂肪。

少摄入饱和脂肪酸

肉、动物油脂（如黄油）以及一些植物油脂（如棕榈油、可可脂）含有大量的饱和脂肪酸。根据目前的研究，摄入大量饱和脂肪酸会增大心肌梗死或脑卒中的患病风险。

> 虽说饱和脂肪酸不一定有害健康，但它对我们的健康也没什么好处。用植物油脂中的不饱和脂肪酸或全谷物中的碳水化合物代替动物油脂中的饱和脂肪酸，对健康更有益。

营养专家总是试图收回之前发出的关于饱和脂肪酸的警告。虽然饱和脂肪酸并不像几十年来人们所认为的那么不健康，但这并不意味着它就是健康的。大多数研究表明，大量摄入饱和脂肪酸会引发很多疾病，尤其是心血管疾病。在工作中，我每天都能看到这种情况：一旦心血管疾病患者改变饮食，少吃富含饱和脂肪酸的动物油脂，多吃植物油脂，几周后就会有明显的效果，如患者的血压下降、皮肤症状减轻、炎症（如关节处的炎症）减轻、消化功能恢复正常。简单来说，患者变得更健康，看起来更年轻、更精神。

有些研究得出的结论是饱和脂肪酸有益于健康。其中一项著名的研究是全球前瞻性城乡流行病学研究（The Prospective Urban Rural Epidemiology，简称 PURE），这项新近的研究在科学界掀起了很大的波澜（恕我直言，这项研究让我感到很生气）。研究者记录了来自 5 个大洲 18 个国家的共 13.5 万名受试者的饮食，并对他们的健康状况进行了为期 7 年的跟踪观察。结果表明，每天摄入大量饱和脂肪酸的人的心血管疾病死亡率比摄入大量碳水化合物的人的低一些。但仔细阅读这份研究结果后，我们就能发现，除了饮食结构外，社会经济状态（如学历、收入等）和生活习惯（如是否吸烟、饮酒）也是影响疾病死亡率的重要因素。更令人费解的是，该研究没有进一步区分碳水化合物的来源，比如来自全谷物食品或垃圾食品。因此，我认为这项研究是将不健康饮食（比如吃垃圾食品、甜食和大量米饭）与能获得均衡营养的健康饮食进行比较。这项研究既不准确，又不严谨。该研究的结果也不适用于德国，因为大多数德国人都可以通过吃全麦面包和谷物获得健康的碳水化合物。

大量实验室实验得出了与 PURE 研究完全不同的结论，即饱和脂肪酸对血管、心脏和大脑有不利影响。这并不奇怪。更令人信服的是，双盲临床试验表明，低饱和脂肪酸饮食可以预防心脏病、脑卒中、2 型糖尿病、癌症（如乳腺癌）。只有极少数研究得出相反的结论，而这些研究都是由美国肉类行业资助的，我并非在开玩笑。我们如果看看蓝色地带的传统饮食，也可以发现，他们都没有摄入大量饱和脂肪酸。

为了健康，我们应尽量减少饱和脂肪酸的摄入，我建议不要吃肉和香肠。吃少量有机乳制品（如有机动物黄油）没有什么问题，它们也是蓝色地带传统饮食的组成部分。

植物油脂中的饱和脂肪酸

除了动物油脂外，一些植物油脂（如棕榈油和椰子油）也含有大量饱和脂肪酸。

我们应该完全不食用棕榈油，因为它不健康，而且为了生产棕榈油，大片热带雨林遭到破坏。棕榈油经常被添加到加工食品中，甚至许多宣称健康的有机食品也含有棕榈油。购买前，要仔细阅读食品标签。棕榈油与龙舌兰糖浆的混合物常常作为"水果甜味剂"被添加到食品中，这类食品最好不要出现在你的购物车里。

椰子油中含有大量饱和脂肪酸，科学界对椰子油有很多荒唐的争论。有些人认为椰子油是灵丹妙药，有些人则认为它是毒药。椰子油究竟是灵丹妙药还是毒药，还需要更多证据。椰子油无疑富含饱和脂肪酸（含量高达90%），但也含有大量中链脂肪酸。根据最新的研究结果，中链脂肪酸对肠道健康大有益处。椰子油并不像其他富含饱和脂肪酸的油脂那样不健康，但它是否特别健康，还有待进一步的研究。

单不饱和脂肪酸有益于健康

最著名的含单不饱和脂肪酸的食物是橄榄油，它是地中海饮食的象征。在古代，橄榄油还被称为"液体黄金"。关于地中海饮食及橄榄油的最大规模的研究是在西班牙进行的地中海饮食预防研究（Prevencióncon Dieta Mediterránea，简称 PREDIMED）。这是一项长期营养干预研究，旨在评估地中海饮食在预防心血管疾病方面的功效，其成果在医学界广受好评。在该研究中，受试者被分成两组，第一组受试者实行地中海饮食法，大量食用橄榄油或坚果，第二组受试者的饮食没有任何改变。5 年后，第一组受试者的健康状况基本良好，其中心肌梗死、脑卒中和 2 型糖尿病患者的占比较小，患乳腺癌的女性也很少。他们每天食用 50 g 橄榄油，10 天的食用量就达到 500 g（约 0.5 L）。这个量不算少，你不必按照这个量食用橄榄油，但我建议，你可以在制作沙拉或炒菜时加入大量橄榄油。我经常用橄榄油、阿拉伯混合香料（Zaatar）、番茄、红洋葱和橄榄制作开胃小菜，配上新鲜的全麦法式长面包，好吃极了。

其他含单不饱和脂肪酸的食物还有菜籽油、花生油、牛油果。坚果也是很好的单不饱和脂肪酸来源，最健康的吃法是吃坚果泥，原料可以选择杏仁、榛子仁、腰果仁、巴西坚果仁或核桃仁。我总是在餐桌上或抽屉里放着混合坚果，当然，它们是不加盐的。

橄榄油小知识

橄榄油的品质往往不能一眼识别。选择哪种橄榄油其实也是口味偏好问题。最重要的是应选择有机橄榄油。可能的话，购买前先品尝和观察一下：橄榄油尝起来是有水果味还是有苦辣味？看起来是清亮的、浑浊的还是微微结块的？另外要注意，优质的橄榄油不可能花3欧元就买得到。

我喜欢尝起来辛辣苦涩的橄榄油。如果橄榄油含有大量植物营养素，如多酚和油甘醇，辛辣苦涩的味道就更重。在家里，我们可以准备一种适合成人的橄榄油，以及一种口感比较温和的适合孩子的橄榄油。如果你被橄榄油辣得直咳嗽，不必担心，这反而证明了橄榄油的好品质。如果橄榄油几乎没有呛人的味道，那么可以肯定，它的质量不太好，对健康没有益处。

与人们普遍的想法相反，橄榄油可以在高温下长时间加热，而不会产生有害物质。即使是富含多酚的特级初榨油也适合加热。令人惊讶的是，在加热时多酚有助于橄榄油中的成分维持稳定。不过，不要用精炼橄榄油来做菜，那纯粹是浪费钱，加热后，油的味道和营养价值都会受影响。还要注意的是烟点：用橄榄油（或其他油）炒菜时，锅里冒出烟后，就要调小火力。特级初榨油的烟点通常在180~230 ℃。一个特例是未过滤的瓶装优质橄榄精华油"Flor de Aceite"，它的烟点是130 ℃。这种油不能用来煎炸，只能用于凉拌。无论什么种类的橄榄油，都要放在阴凉避光处保存。

多不饱和脂肪酸

多不饱和脂肪酸对心脏和血管具有很好的保护作用。最具代表性的多不饱和脂肪酸是 ω-3 脂肪酸和 ω-6 脂肪酸，它们是根据化学结构式中碳碳双键的位置命名的。

ω-3 脂肪酸

亚麻籽、核桃、亚麻籽油、菜籽油、大豆油、小麦胚芽油、绿叶蔬菜都含有大量中链 ω-3 脂肪酸，如 α-亚麻酸（ALA）。长链 ω-3 脂肪酸，如二十碳五烯酸（EPA）和二十二碳六烯酸（DHA）常见于海产品中。它们也被称为"海洋 ω-3 脂肪酸"。鲭鱼、鲱鱼等海鱼中 EPA 和 DHA 的含量特别高，EPA 和 DHA 都来自鱼的食物——藻类。

很少有人知道，乳制品和草饲动物的肉中也有丰富的 ω-3 脂肪酸。

EPA 可以减小心肌梗死和高血压的患病风险，还有抗炎作用（可治疗风湿病）。DHA 对大脑有保护作用，能预防阿尔茨海默病，还能促进儿童和青少年的大脑发育。在美国，孕妇经常服用 ω-3 脂肪酸补剂。

你可能经常听到这样一种说法：植物性饮食不能满足人体对长链 ω-3 脂肪酸的需求。这是不对的。我们的身体可以将来自植物的 ALA 转化成 EPA，但两者的转化比例并非 1:1，大量的 ALA 只能合成少量的 EPA。古巴霍尔金大学医院的德尔芬·罗德里格斯（Delfin Rodriguez）的研究证实了这一点，该研究也被称为"松饼研究"。研究者准备了两种松饼，一种里面"藏"有 30 g 亚麻籽，另一种中没有亚麻籽。从外观看，两种松饼是一样的。一组受试者每天吃一块有亚麻籽的松饼，而另一组则吃没有亚麻籽的松饼。两组受试者都不知道松饼中有哪些成分，这就是所谓的"单盲试验"。几周后，与吃没有亚麻籽松饼的受试者相比，吃有亚麻籽松饼的受试者的收缩压下降了近 10 mmHg。此外，研究者还有一个意外的发现：在吃有亚麻籽松饼的受试者的血液中，EPA 水平明显升高。显然，亚麻籽中的 ALA 在很大程度上被转化成 EPA。这项研究证明，植物性饮食可以满足人体对 EPA 的需求。

另外一项类似的研究表明，我们的身体能够将姜黄中的 ALA 转化为DHA。

我们也可以通过藻类来摄取 ω-3 脂肪酸，这也是日本国民（尤其是冲绳当地人）都健康长寿的原因之一。早晨，他们会喝热腾腾的裙带菜味噌汤或者吃海苔包饭。希望你在读完本书后，开始尝试吃藻类。未来，藻类也许会在我们的饮食中扮演重要角色。

吃鱼真的有益于健康吗？

一些早期的大型研究的确表明，鱼油及其提取物能减小心肌梗死和心律失常的患病风险。一些关于"鱼油具有保护作用"的观点似乎确凿无疑。在所有实验室实验中，鱼油都能抑制致炎因子类二十烷酸的产生。但现在许多关于鱼油的研究并没有证明鱼油对健康有多少有益之处。

此外，几年前，美国哈佛大学的研究者证明：鱼肉蛋白虽然比肉中的蛋白质更健康，但与植物蛋白相比，还是不健康的。如果用植物蛋白提供的热量代替饮食中鱼肉蛋白提供热量的 13%，那么心脏病的患病风险就会减小 12%。虽说鱼肉蛋白对健康的危害小于香肠中的蛋白质（香肠中的蛋白质会使心脏病的患病风险增大 39%），但吃鱼不能对心脏起到保护作用。

其实，在提出"吃鱼有益于健康"这个假说之前，一直流传着"因纽特传说"。丹麦研究者汉斯·奥拉夫·邦（Hans Olaf Bang）和约恩·戴尔伯格（Jørn Dyerberg）前往因纽特人的居住地进行调查研究，发现因纽特人的心脏非常健康。他们的报告颠覆了以往所有的营养学研究，因为因纽特人几乎不吃蔬菜和水果，这完全不是我们熟知的对心脏有益的饮食，因此研究者得出结论，他们之所以有健康的心脏，是因为摄入了较多的 ω-3 脂肪酸。

事实上，研究者根本不是在研究因纽特人的心脏健康和血管钙化情况，而是在分析他们血液中脂肪酸的水平。根据官方登记的死亡数据，研究者推测，死于心肌梗死的因纽特人并不多。但仔细思考我们就会发现，当时因纽特人的平均寿命还不到 60 岁，大多数因纽特人根本活不到心肌梗死的发病年龄。后来的研究表明，因纽特人患心肌梗死这种老年病的概率并不比丹麦人小。有趣的是，自从因纽特人与外界接触，开始进行典型的西方饮食后，他们的寿命延长了。因纽特人可能是世界上唯一一个受益于现代西方饮食的民族！

　　随后，丹麦的研究者又开展了一系列研究，来研究吃鱼对健康的作用。在饮食和心肌再梗死实验（Diet and Reinfraction Trial）的一期实验中，2033名心肌梗死患者参与了实验，他们被分为两组，实验组患者每周至少吃2次脂肪含量高的海鱼（或服用鱼油胶囊），对照组患者饮食保持不变。初步评估的结果十分乐观：几个月后，实验组患者的死亡风险减小了30%。但3年后的结果却截然相反，这些患者的死亡风险增大了30%。在二期实验中，实验组患者的结果更糟糕。3314名心脏病和心绞痛患者参加了二期实验。一段时间后，实验组患者的病情并没有好转，一些服用鱼油胶囊的患者的死亡风险甚至增大了。此外，一些观察研究（这类研究缺乏足够的证据）提到，每周吃2~3次脂肪含量高的海鱼能够略微减小2型糖尿病和心血管疾病的患病风险。但是，我们需要注意这些研究是拿什么和什么进行对比的。与肉或香肠相比，鱼是更健康的食物，但并不能说吃鱼就是健康的。我的观点没有改变，吃鱼对健康并无益处，要想通过饮食摄入ω-3脂肪酸，植物性饮食就足够了。

　　还有一点别忘了，海洋污染问题也影响着鱼肉的质量。几个世纪以来，海洋"吞噬"了大量垃圾，海洋污染正在成为一个越来越严重的生态问题。我们餐桌上的鱼正受到越来越多有毒物质的侵害。二噁英、多氯联苯（一种有毒和致癌的氯化合物）、DDT（杀虫剂）和其他农药，以及汞、镉和铅等重金属会在位于食物链顶端的鱼的体内大量累积，这也被称为"生物放大作用"。尤其是经常受到推荐的脂肪含量高的冷水鱼，如鲑鱼、鲭鱼，以及很受欢迎的越南巴沙鱼，都会受到这些有毒物质的污染。经常吃鱼的人体内重金属的浓度都偏高。此外，检测发现，鱼肉中微型塑料的含量也越来越高。在栖息于北海的鱼中，每7种鱼中就有5种鱼含有微型塑料。微型塑料是能吸引其他有害物质（如二噁英和多氯联苯）的"磁铁"。鲜美的鱼排就像特洛伊木马，挟带众多有害物质，被端上餐桌，进入人体。在我看来，更重要的一点是，捕鱼业已经呈现出不可持续的发展趋势。根据德国联邦自然保护局的统计，全球近60%的鱼类种群已经达到了生物存续能力的极限，还有30%

的鱼类种群被过度捕捞。几年前，联合国粮食与农业组织就已明确表示，全球只有 13% 的鱼类种群有足够多的数量维持繁衍生息。几乎所有的统计数据都表明，到本世纪末，除非对现行的海洋捕捞条例进行彻底修改，否则大海里将不再有鱼。长远来看，鱼很难再成为我们的主要食物。我认为，水产养殖并非一个好的解决方案，甚至可以说是一个糟糕的解决方案。在挪威的水产养殖场中，巨大的养殖区里饲养着多达 20 万条鲑鱼。和其他所有养殖业一样，水产养殖也存在空间有限的问题。在养殖场，寄生虫四处传播，人们用农药来杀虫，杀虫剂进入鲑鱼体内和大海。泰国和越南的海虾养殖场的情况更糟糕，而超市里销售的冷冻海鲜大多来自这些养殖场。因此，要想补充ω-3 脂肪酸，最好的方式是进行植物性饮食。

捕鱼业是不可持续的，随着海洋污染的不断加剧，吃鱼甚至会给健康带来损害。如果你想吃鱼，那么最好吃有机养殖的鱼，当然，它的价格相对昂贵。我建议你不要吃鲑鱼、鲭鱼、鳕鱼、青鳕鱼和金枪鱼，这几种鱼的野外生存和养殖情况都比较糟糕。有些鱼虽然被认为有益于健康，但名不副实，你应避免食用它们。

ω-6 脂肪酸

ω-6 脂肪酸多存在于家庭自制的食用油以及市面上售卖的葵花籽油、玉米胚芽油和红花籽油中。芝麻油也富含这种多不饱和脂肪酸，并且含有多种抗氧化剂，研究表明，抗氧化剂可以降低血脂水平。这类食用油也很适合煎炸。我在烹制所有的亚洲菜时，几乎都使用芝麻油，最后我还会在菜上再撒上烘烤过的芝麻。

反式脂肪酸

有一种化学结构特殊的不饱和脂肪酸，即反式脂肪酸。反式脂肪酸天然存在于油脂中，也会在食品加工过程中形成。

液态的食用油可以转化为可涂抹的、较硬的固态食用油，如人造黄油，这就是为什么它也被称为"硬化油脂"。反式脂肪酸是脂肪酸中的"坏孩子"，它会大量增加体内低密度脂蛋白胆固醇和甘油三酯的水平，还会加重体内炎症，引发胰岛素抵抗，并增大患心血管疾病和癌症的风险。丹麦、奥地利、拉脱维亚和匈牙利对加工食品中反式脂肪酸的含量设定了上限；美国 2015 年出台了反式脂肪酸禁令，要求食品加工企业在 3 年内调整其生产线，食品中不得再出现反式脂肪酸。然而，德国既没有出台禁令，也没有规定食品中反式脂肪酸的含量上限，消费者要自己去了解食品在生产加工过程中是否使用了硬化油脂。此外，德国的肉类和乳制品行业的说客集团在政府部门进行了大量游说工作，为肉类和乳制品行业的企业争取利益。游说的结果是，相关企业不必申报食品中反式脂肪酸的含量。我建议，你应当避免食用薯片、油炸饼圈、甜甜圈和蛋糕等加工食品。

几乎零脂肪的欧尼斯饮食法

研究植物性饮食的先驱之一是美国心脏病学家迪恩·欧尼斯（Dean Ornish）。他用植物性饮食法或严格的低脂饮食法，对那些无法通过现代医疗手段治疗的严重心脏病患者进行治疗，并取得了惊人的成效。欧尼斯的治疗方法也受到了其他心脏病专家的肯定。在实行欧尼斯饮食法时，你需要有坚强的意志。由于这种饮食法中脂肪的含量低，你一开始会感到很饿。我认识的大多数实行欧尼斯饮食法的患者常常一顿会吃好几盒蔬菜沙拉来充饥。

但欧尼斯饮食法无疑是治疗冠状动脉硬化的有效方法，这一点在我为患者治疗的过程中一再得到证实。我的患者不仅体重减轻、低密度脂蛋白胆固醇水平有所下降，而且病情能很快得到控制，冠状动脉狭窄的问题也有所缓解。在我看来，欧尼斯饮食法在降低低密度脂蛋白胆固醇水平方面具有很好的效果，在降低胆固醇水平方面，只有高剂量的他汀类药物或其他新型药物才能与欧尼斯饮食法媲美。一般来说，低密度脂蛋白胆固醇水平应低于 2.6 mmol/L，而实行欧尼斯饮食法的患者的低密度脂蛋白胆固醇水平非常低，在 1.3~1.82 mmol/L 之间。这通常是新生儿或心脏病发病率极低的原住民才有的水平。

是否实行这种"药力较猛"的饮食法，你需要根据自己的情况来决定。你如果觉得欧尼斯饮食法太过极端，地中海饮食预防研究提倡的植物性饮食法可能更适合你，它是一种包含丰富的蔬菜、水果、橄榄油和坚果的饮食法。

食用油的另一种用法——漱口

早晨用食用油漱口的做法源于印度阿育吠陀医学。虽然用油漱口并不像人们认为的那样能帮助身体排出废物，但通过漱口，消化系统能在唾液的作用下被"唤醒"，开始工作。研究表明，用油漱口能治疗牙周病，能对抗口腔内的病原体，还可以预防口臭。同时，食用油的化学成分比漱口水的化学成分单一，引起的不良反应也较少。

用油漱口的步骤

▶ 口中含 1 茶匙食用油（如有机葵花籽油）；

▶ 漱口 3~5 分钟，使食用油在齿缝间来回穿过；

▶ 将食用油吐出，用清水漱口；

▶ 刷牙。

关于脂肪的小结

▶ 应尽量避免摄入饱和脂肪酸，最好不要吃肉和香肠。如果你不能做到完全不吃乳制品，那就尽可能地少吃，并且选择有机产品。

▶ 多不饱和脂肪酸比饱和脂肪酸更健康，但一些研究表明，多不饱和脂肪酸有轻微致炎作用，因此我建议，炎症或风湿病患者尤其要避免食用葵花籽油和玉米油。

► 单不饱和脂肪酸比较健康，橄榄油、菜籽油和坚果泥都富含单不饱和脂肪酸。你还可以食用杏仁、榛子、腰果、巴西坚果或核桃来补充单不饱和脂肪酸。

► 应大量摄入 ω−3 脂肪酸，但最好不要通过吃鱼摄入。一项新研究表明，血脂水平高的心脏病患者可以通过服用浓度高的 EPA 补剂来缓解症状。在人体中，EPA 可以由植物性饮食提供的 ALA 转化。可以通过食用亚麻籽、亚麻籽油、核桃和绿叶蔬菜来摄入 ω−3 脂肪酸。

摄入多少蛋白质最健康？

在观点碰撞不断的营养学界，蛋白质一向有着良好的声誉。蛋白质对人体细胞有着非常重要的意义，这一点毫无疑义，同时它也是构成人体很多器官和组织（如心脏、大脑、肌肉、皮肤和头发）的重要成分。此外，大部分酶、激素和抗体都是蛋白质。蛋白质这种宏量元素比碳水化合物或脂肪复杂得多。简单来说，碳水化合物和脂肪主要作为能量来源，而蛋白质则执行更复杂的任务。

氨基酸是蛋白质的基本组成单位。人体内有很多种蛋白质，但它们都是由 20 种氨基酸构成的。一种蛋白质最多可由 1000 多个氨基酸构成。其中，有 8 种氨基酸（缬氨酸、异亮氨酸、亮氨酸、赖氨酸、甲硫氨酸、苯丙氨酸、苏氨酸、色氨酸）是必需氨基酸。曾经，人们认为人体只能通过食物来摄取必需氨基酸。然而，研究发现，人体能够自行合成部分必需氨基酸，但合成速度不能满足人体的需求。

人体能够储存脂肪和碳水化合物（且过多的碳水化合物可以转化为脂肪），却不能储存蛋白质，因此蛋白质并不能算是储能物质。然而，在紧急情况下，如极长时间处于饥饿状态下，构成肌肉的蛋白质会分解并转化为糖，为我们的身体，尤其是大脑，供应能量。然而，通过消耗肌肉来获得能量既不明智，也不健康。在进行长时间的断食时，为了避免肌肉中的蛋白质分解，断食者需要通过喝果汁或蔬菜汤来为身体补充最低限度的能量。在欧洲，除了极度营养不良和患有严重疾病等特殊情况之外，人们几乎不会缺乏蛋白质。

但是在一些发展中国家，许多人（特别是儿童）患有蛋白质营养不良综合征，又称"夸希奥科病"（Kwashiorkor），它会导致饥饿性水肿与腹胀，甚至会威胁生命。

饮食中含有过量蛋白质也是不健康的，过量蛋白质会引发肾脏疾病和消化系统疾病，尤其是炎症。因此，不要喝蛋白质奶昔，很多健身房会像推销训练课程一样推销蛋白质奶昔，但它对健康并无益处。此外，不要吃蛋白粉，它既不健康，还价格高。应该多摄入植物蛋白，最好摄入纯天然的植物蛋白，如坚果、豆类、全谷物、绿叶蔬菜、种子等中的蛋白质。也不要吃罐头、速冻食品或方便食品。

蛋白质的三大作用

蛋白质使人更有饱腹感

蛋白质是比碳水化合物和脂肪更好的能量来源。1 g蛋白质能提供约4000 J热量，1 g脂肪能提供约9000 J热量。这样来看，在质量相同的情况下，脂肪似乎比蛋白质能提供更多的能量，但研究表明，如果摄入相同热量的蛋白质和脂肪，那么蛋白质带来的饱腹感能持续更长时间。从进化的角度来看，这是有道理的。虽然蛋白质不能作为人体内的储能物质，但它对人体的代谢有极其重要（比脂肪更重要）的作用，所以在进化过程中，蛋白质"聪明"地选择了一举两得的方式——为人体提供养分，同时使人体产生更长时间的饱腹感。如果可以选择，我肯定首选能给我带来更持久的饱腹感的食物。

蛋白质能快速减轻体重

蛋白质的摄入不会引起血糖水平升高，因此在摄入蛋白质后，胰腺不会分泌胰岛素。当胰岛素水平较低时，人体会"燃烧"脂肪，所以如果饮食中蛋白质的含量高，而脂肪和碳水化合物的含量低，那么这样的饮食的确可以起到减肥的作用。

经常有报道称，饮食中蛋白质的含量若达到 30% 以上，会对减肥有奇效。实行这种饮食法的确可以在短期内迅速减轻体重。实行一段时间的高蛋白饮食法后，脂肪肝的症状也能得到缓解。然而，长远来看，饮食中蛋白质的含量一直很高对健康是不利的。

蛋白质既能促进生长，也能加速衰老

著名的意大利籍美国老年医学研究者瓦尔特·隆哥在 2018 年接受《明镜周刊》（ *Der Spiegel* ）的采访时说："我没有听说过哪个进行高蛋白高脂饮食的人群是长寿的。"他对蛋白质的批判基于他参与的一项以探究细胞衰老为目的的长期研究。在与其他研究者的合作中，他意识到，药物和维生素补剂对抗衰老是没有作用的。相反，减少热量摄入或经常进行断食可以延缓生物（无论是酵母细胞还是小鼠）的衰老，而且延缓的幅度可以达到 20%~40%。

随后，瓦尔特·隆哥对抗衰老进行了系统性研究。在医学上，所谓的抗衰老往往只是试图掩盖衰老的痕迹，他希望了解：能否通过减少热量的摄入来延缓衰老？减少个别食物成分的摄入是否也能实现这个目的？结果显示，加速衰老的果真是一种食物成分，即动物蛋白。这个结果让人大吃一惊：对生长和发育至关重要的蛋白质，竟然会加速我们的衰老？

有两种蛋白质对生长和衰老至关重要，它们控制着人体细胞的生长，调控着人体衰老的"时钟"，即 mTOR 和 IGF-1。mTOR 是细胞生长的控制因子，它负责调节细胞的分裂和分化。IGF-1 是（肌肉）生长因子，由肝脏合成并分泌，它的主要合成原材料就是动物蛋白。IGF-1 常被添加到兴奋剂以及用来增肌的蛋白质饮料中。

从出生后，我们就在不停地生长，但到了某个阶段，我们就会完成生长发育。如果一个成年人摄入大量的蛋白质，例如喝蛋白质饮料，就有可能促进癌细胞的生长。实验室实验证明，mTOR 和 IGF-1 与癌细胞的生长有关。如果给患癌症的实验动物投喂高蛋白食物，它们的死亡率比被投喂低蛋白食物的实验动物高很多倍。

身体的生长发育固然重要，但对已经完成生长发育的生物来说，体内生长信号过强很危险，因为癌症的特点就是细胞不受控制地增殖。此外，研究发现，个子非常高的人患癌症的风险略大。

高蛋白饮食会为癌细胞提供生长的温床。同时，血管钙化和动脉硬化等也是由摄入过多动物蛋白引起的。细胞层面的炎症可能是导致细胞衰老的主要原因之一，这就是所谓的"炎性衰老"。

蛋白质的最佳摄入量

摄入多少蛋白质才既能饱腹，又能保持健康和为人体提供充足的重要的氨基酸呢？摄入多少蛋白质是有害的呢？答案非常简单：我们应当摄入大量植物蛋白，但绝不能摄入大量动物蛋白，因为动物蛋白和植物蛋白对我们的健康有不同的影响。

根据科学家的计算结果，在蓝色地带的传统饮食和其他健康的饮食中，蛋白质提供的热量通常占总热量的 14%~17%。1950 年，研究者第一次发现日本冲绳的人格外健康长寿时，计算出在他们的饮食中，蛋白质提供的热量只占 9%！

远离高蛋白饮食

在西方国家，动物蛋白仍然是人们蛋白质的主要来源，人们吃很多肉、香肠、奶酪、黄油、凝乳和鱼，喝大量牛奶。我认为这是一场灾难。实行高蛋白饮食法的人，如实行阿特金斯减肥法的人，会有很严重的健康问题。

罗伯特·阿特金斯是美国心脏病学家和营养学家。在 20 世纪，他大力推广高脂高蛋白饮食法。一些肥胖症患者通过实行他发明的阿特金斯减肥法成功减肥。但他不知道，或者说他不想知道的是，这些肥胖症患者尽管成功减轻体重，但在短短几个月后，便出现新陈代谢和血液循环问题，并患上高血压。美国芝加哥伊利诺伊大学教授尚恩·A. 菲利普斯（Shane A. Phillips）的一项临床研究显示，在实行阿特金斯减肥法仅仅 6 周后，受试者就出现了血管壁的大规模损伤。

罗伯特·阿特金斯 72 岁去世，去世之前他患有冠状动脉硬化、严重的心脏功能不全和肥胖症，而他的追捧者在很长一段时间内都试图隐瞒这一点。

糖蛋白

特殊情况下，蛋白质会转化成糖蛋白，即所谓的"晚期糖基化终末产物"（AGE）。糖蛋白是糖化或焦糖化的蛋白质，它们主要是在蛋白质与碳水化合物被过度加热时生成的。例如，把裹着鸡蛋液和面包屑的鸡排放进油锅里油炸时，糖蛋白就会生成。它会引发 2 型糖尿病、肾脏损伤和血管钙化等老年慢性疾病，还会导致骨质疏松。前几年，关于薯条和薯片所含的糖蛋白丙烯酰胺有可能增大癌症患病风险的新闻引发了极大关注。

血液中糖化血红蛋白（HbA1c）的水平能反映过去几周的平均血糖水平，因为如果血液中的糖过多，HbA1c 将无法通过肝脏或肾脏排出。因此，HbA1c 对 2 型糖尿病患者是一个重要的指标。

在显微镜下，糖蛋白就像一堆残渣，通过断食，它能够逐渐被分解并排出体外，这也是断食对健康有益的原因之一。

老年人对蛋白质的需求

从 40 岁开始，我们的肌肉量会逐渐减少，这在医学上被称为"肌肉减少症"，但它是可以避免的。我建议，最晚从 50 岁开始，我们就要进行有针对性的力量训练，它是防止肌肉量减少的最好方法。65 岁之后，我们的肌肉对蛋白质的需求会大幅增大。

因此，我们要根据年龄来调整蛋白质的摄入量：儿童和青少年在生长发育阶段需要较多蛋白质；青壮年和中年人对蛋白质的需求较小；随着年龄的增长，老年人对蛋白质的需求又逐渐增大。一项美国的观察研究成果备受关注，瓦尔特·隆哥也参与其中。共有超过 6 000 名受试者接受了这项为期 18 年的跟踪研究，他们的年龄均在 50 岁以上。

结果显示，50~65 岁的受试者当中，每天通过饮食摄入大量动物蛋白的受试者患癌症的风险增大了 4 倍，死亡风险增大了 75%。而每天摄入大量植物蛋白的受试者患癌症的风险和死亡风险均没有增大。

65 岁以上的受试者的情况则完全不同。饮食富含蛋白质（无论是动物蛋白还是植物蛋白）的受试者都比较健康。但对 2 型糖尿病患者来说，不管他们在哪个年龄段，动物蛋白都是影响他们健康的不良因素。

正常情况下，肾脏主要承担平衡人体内酸碱度的任务。然而，随着年龄的增长，肾功能减弱，中和体内酸性物质的任务则由肌肉和骨骼来完成。动物蛋白会增强酸性，而植物蛋白可以中和酸性，这也许是因为蔬菜是碱性食物，能中和体内的酸性物质，从而减缓肌肉减少的速度。

如果体内酸碱失衡，会发生什么？

要想让我们的新陈代谢处于最佳状态，血液的 pH 值应维持在 7.4 左右。我们可以通过测量 pH 值来判断溶液的酸碱度。由于吃的食物不同，人体内的酸碱度可能会失去平衡。碱可以中和酸，如果人体的缓冲体系[①]因过多的酸性物质而无法正常运行时，人体就会"调用"骨骼中的矿物质（钙、锌、磷、镁等）来帮助人体恢复酸碱平衡，但这样会导致骨质疏松。还有一种方法是用结缔组织中和酸，但在酸性过强的情况下，结缔组织会对疼痛更敏感。

含酸性物质较多的饮食，即酸性饮食会引发肾结石和肌肉减少症。酸性饮食对肾病患者的影响很大，因为体内酸性过强会直接损害肾脏。肾脏会产生氨—— 一种能中和酸的碱性物质；但长此以往，氨会损害肾脏，因为它也

---

① 弱酸或弱碱与其盐的混合物，具有中和酸碱的作用，人体内用这种机制调节酸碱度的体系被称为"缓冲体系"。——中文版编者注

是一种细胞毒素，这就形成了恶性循环。此外，随着年龄的增长，我们的肾功能普遍会减弱，肾脏中和酸的能力也会减弱。

打破我们体内酸碱平衡的主要是动物蛋白，它来自肉、鱼、蛋和乳制品（如奶酪，尤其是软干酪和奶粉）。位列酸性食物榜首的是金枪鱼罐头，可乐、谷物、面包等是弱酸性食物（但意大利面不是）。谷物之所以呈弱酸性，是因为其中的磷呈酸性。

保持体内酸碱平衡	
增强体内碱性的做法： ● 吃水果、绿叶蔬菜、土豆； ● 喝水果汁或蔬菜汁； ● 喝富含碳酸氢盐的矿泉水； ● 运动和放松。	增强体内酸性的做法： ● 吃肉、香肠和鱼； ● 吃乳制品（如奶酪）、鸡蛋； ● 吃面食、谷物； ● 保持快节奏的生活方式。
现代饮食含有大量动物蛋白，它往往会导致体内酸性过强。碱性食物和健康的生活方式（如多运动）能帮助人体恢复酸碱平衡。	

我们无法准确判断某种食物在体内能产生多少酸性物质，但通过计算潜在肾脏酸负荷（PRAL），我们可以评估食物对肾脏和尿酸水平的影响，计算 PRAL 的公式中包括硫酸、氨基酸和磷酸等酸性因子以及矿物质（如钾和钙）等保护因子的含量。这个评估方法是由营养学家托马斯·雷默（Thomas Remer）和肾病专家弗里德里希·曼茨（Friedrich Manz）共同发明的，它为我们了解人体内的酸碱度提供了很多有价值的数据。如果因为吃大量肉或鱼而导致体内酸性物质较多，那么喝一杯橙汁或蔬菜汁有助于中和酸性物质，保持体内酸碱平衡。喝富含碳酸氢盐的矿泉水对治疗慢性肾病很有帮助。在许多戒瘾诊所里，医生经常会推荐患者服用碱性冲剂；在我所在的医院中，医生用断食疗法为患者进行治疗时偶尔也会使用碱性冲剂。不过，在平时，维持人体酸碱平衡的最好方式就是多吃天然的碱性食物（如水果和蔬菜），而非服用碱性补剂。

牛奶并不健康

由于乳制品行业的工业化发展，牛奶的保健作用已经受到质疑。奶是世界上所有哺乳动物幼崽的"生命之源"，所有哺乳动物在出生后的一段时间内都只能喝奶。事实上，在生命的最初几个月，母亲的乳汁含有幼崽成长所需的所有成分。几千年来，奶被认为是特别珍贵的食物，这是有道理的。然而，我们要认识到一点，人类和其他哺乳动物的生长速度是不同的：小牛出生后体重增长极快，每天增长约 700 g，而婴幼儿的生长速度要慢得多，这些都是由基因决定的。人类乳汁中蛋白质的含量只有牛奶的 1/3，人类乳汁是所有哺乳动物乳汁中蛋白质含量最低的，但这与婴幼儿的生长速度相匹配。相比之下，蛋白质含量非常高的牛奶对人类来说就像强力化肥。牛奶中的激素会导致成年人的身体出现更多炎症，并且会加速衰老。因此，至少根据现有的研究，牛奶对成年人来说是不健康的。

科学家认为，在几千年前，所有成年人对牛奶都不耐受，只有婴幼儿才能合成较多乳糖酶——它对消化牛奶中的乳糖十分重要。如果孩子是母乳喂养的，那这一点是说得通的，人类只有在婴儿期才会大量合成乳糖酶，因为成年人并不需要喝奶，他们可以吃其他食物。然而，8000 年前，一部分人的某个基因发生了变异，这使得这部分人直到成年都能合成乳糖酶。能够消化牛奶中的乳糖成了一种生存优势，于是这个突变的基因被保留了下来。而这个突变的基因主要出现在北欧人的体内。如今，80%~90% 的北欧人都能合成乳糖酶，但全世界只有 30% 的人有这种能力。

乳糖不耐受

乳糖不耐受并不是过敏。如果是过敏，那么即使是微量过敏原（乳糖）也会引发明显的过敏反应，有些反应甚至危及生命。而乳糖不耐受的人通常可以消化少量乳糖，只有当他们喝了一定量的牛奶后，肠道才开始"咕咕"叫，因为乳糖在肠道中不能被分解和消化，肠道菌群就会攻击乳糖。乳糖不耐受者在喝完牛奶后的 15~30 分钟就会出现胀气和腹泻。

判断一个人是否患有乳糖不耐受，主要借助于呼气实验。乳糖不耐受者也应该吃少量的乳制品，这样身体才不会完全停止合成乳糖酶。人体通常可以很好地消化充分发酵的、有颗粒感的奶酪（如帕尔玛奶酪）以及开菲尔酸奶。市场上，很多商家向乳糖不耐受者出售乳糖酶粉，但研究表明，这类产品只能被当作安慰剂。

直到几年前，营养学家都一致认为，整体上牛奶对健康有益。人们能够从牛奶中吸收很多营养素，如维生素、矿物质和蛋白质，毫无疑问，这些都是宝贵的营养素。不过，老年病学家有不同的看法：牛奶中的生长因子和蛋白质对婴幼儿来说固然重要，但对成年人来说，它们的含量过高，对健康有害。动物实验表明，牛奶及其中的蛋白质能促进细胞的衰老和癌细胞的生长。尽管动物实验很明确地得出了这些结论，但不能简单地把这些结论套用到人类身上。科学家怀疑，乳制品可能会导致多发性硬化症、风湿病和炎性肠病等自身免疫性疾病。还有科学研究表明，牛奶能导致痤疮。

长期以来，牛奶由于含有大量钙而作为预防骨质疏松症的良药被推荐给更年期女性。在斯堪的纳维亚半岛进行的一项研究表明，事实恰恰相反：喝太多牛奶会导致骨骼更"脆"，钙强健骨骼的作用被牛奶中磷蛋白和含硫氨基酸（蛋氨酸和半胱氨酸）的致炎作用抵消。磷蛋白和含硫氨基酸是酸性物质，人体会用钙来中和这些酸性物质，于是钙从骨骼中被"释放"出来。日本人几乎不喝牛奶，日本更年期妇女患骨质疏松症的概率要小得多。

科学家反对喝牛奶的另一个理由是，牛奶中的脂肪主要由饱和脂肪酸构成。在美国哈佛大学的一项研究中，研究者对 20 多万人进行了调查，如果用植物脂肪代替牛奶中 5% 的动物脂肪，受试者患心肌梗死和脑卒中的风险就会减小 24%。瑞典的一项研究也证实了这一点。实验组受试者在 3 周内一直吃大量乳制品，如黄油、奶油和奶酪，对照组受试者则食用大量菜籽油和用菜籽油制成的植物黄油。结果是对照组受试者的血脂情况得到明显改善。在前面提到的在斯堪的纳维亚半岛进行的研究中，受试者除了有较高的骨质疏松程度外，他们的死亡风险也较大，因为他们喝大量的牛奶。

市面上的无乳糖牛奶虽然不含乳糖，但仍含有半乳糖。半乳糖也会导致炎症，加速细胞衰老。科学家通过动物实验检测半乳糖是否会加速衰老和引发老年病，结果发现，动物出现了认知障碍问题，生殖能力也下降了。奶酪和酸奶含有以乳糖为食的益生菌，因此这两类乳制品中乳糖和半乳糖的含量较低，它们比牛奶更易于消化。

少吃乳制品

奶牛只有处于怀孕期间才能产奶，因此，为了提高牛奶产量，奶牛会一直接受人工授精。这样一来，奶牛在怀孕期间产生的大量性激素就会不断进入奶水中，即便是有机牛奶也含有激素。大量激素随着牛奶进入我们体内，只有一部分会在肝脏的作用下失去活性。痤疮就是牛奶中的激素所引发的，喝牛奶也会导致男性生育能力下降。

通过牛奶进入我们体内的生长因子主要有生长激素、胰岛素、IGF-1 和 mTOR，它们在血液中的浓度不断升高，并且极有可能引发癌症，如前列腺癌——这是 70 岁以上的男性最常患的癌症。许多模拟癌细胞在牛奶中生长状况的实验都证实，正是牛奶的"浇灌"使得前列腺癌细胞不断增殖。杏仁奶则可以减缓癌细胞的生长速度。虽然实验结果不能 100% 用于对癌症的治疗，但这些结果可以证明，牛奶具有一定的致癌风险。

到目前为止，并没有充分的理由说明牛奶有益于健康，科学家研究的重点不在于一两杯牛奶是否对健康有益，而是长期饮用牛奶是否对健康有益。此外，即便牛奶只作为"配料"，少量牛奶也足以"煞风景"，比如咖啡对健康有益，但如果在 1 杯咖啡中加入 2 杯牛奶，咖啡对健康的促进作用就会被完全抵消。奥地利研究员弗兰克·马代奥（Frank Madeo）发现，咖啡可以促进细胞自噬，即细胞的自我清洁。饮用咖啡后的 4 小时内，体内的细胞自噬明显更活跃。无论是咖啡因含量很高的咖啡，还是咖啡因含量较低的咖啡，都有这种效果。然而，一旦咖啡中加了牛奶，这种效果就几乎不存在了。

向红茶中加牛奶也存在类似问题。德国柏林夏里特医学院心脏病学家维蕾娜·斯坦格尔（Verena Stangl）和她的团队研究了茶叶对血管的影响。一组受试者每天喝 500 mL 纯红茶，另一组喝加了低脂牛奶的红茶。结果表明，纯红茶能促进血管扩张，而加牛奶的红茶则没有这种效果。在进一步的实验中，科学家证明，牛奶中的蛋白质能抑制茶叶对血管的扩张作用。牛奶中的酪蛋白与茶叶中的儿茶素发生化学反应，使儿茶素不能发挥作用。如果将蓝莓和掼奶油一起食用，蓝莓中的有益成分同样也不能发挥作用。

同样，黑巧克力比牛奶巧克力更健康。牛奶巧克力的可可含量较低、牛奶含量较高，可可的健康功效被牛奶中的蛋白质所抑制。此外，吃黑巧克力时，也不宜喝加牛奶的咖啡或茶。

建议： 如果你喜欢在喝咖啡时加牛奶，不妨试试用杏仁奶、燕麦奶或豆奶代替牛奶。豆奶和杏仁奶也容易起泡，它们不但不会抵消咖啡的健康功效，还富含有益于健康的植物蛋白。

很多人认为，为了健康放弃或控制食用奶酪可能会很困难，其原因在于，脂肪和盐混合产生的味道对我们极具诱惑力。奶酪含有丰富的脂肪，并且含有用来防止有害微生物产生的盐，奶酪的味道会让我们"上瘾"。奶酪还含有酪啡肽，它是酪蛋白分解后生成的，它和吗啡等一样，会使人产生依赖性。只不过奶酪中的酪啡肽是自然产生的，成瘾性更弱，但其成瘾性仍能达到吗啡的 1/10。酸奶、绵羊奶酪和山羊奶酪所含酪蛋白较少，建议食用这 3 类乳制品。

一些研究表明，乳制品有轻微的降压作用。但许多临床研究证实，2 型糖尿病和高血压只有通过植物性饮食才能得到有效防治。在一些实验中，研究者将 2 型糖尿病患者饮食中的动物蛋白替换为植物蛋白，结果发现，植物蛋白对 2 型糖尿病具有一定的疗效，受试者的血压和血糖情况稍有改善，胰岛素和其他激素的水平也维持在正常范围内。

酸奶在很多研究中都有优异的表现，比如在控制体重方面，这也许要归功于酸奶中的益生菌。现在市场上也有含有这些益生菌的大豆酸奶和杏仁酸奶。发酵食品（如酸菜、泡菜、酸奶等）都含有益生菌。我们不应该只关注食物中的宏量营养素，而应该关注食物中的所有营养素。

如果你不想完全放弃乳制品，那就请减少食用量，首选有机牛奶、无糖有机酸奶（如开菲尔酸奶）；或者将奶酪作为调味品，在烘焙时撒点儿菲达奶酪，在意大利面上撒点儿帕尔玛奶酪或佩科里诺奶酪。

鸡蛋

自从安塞尔·基斯发现胆固醇会极大地增大心肌梗死的发病率，鸡蛋的声誉便一落千丈，因为蛋黄含有大量胆固醇。但后来人们才明白，通过食用蛋黄来摄入胆固醇并不会显著提高心肌梗死的发病率，那些由食物中的脂肪转化的胆固醇才是引发心肌梗死的"罪魁祸首"。在人们认识到这一点后，鸡蛋又恢复了声誉。

随后，许多观察研究结果都表明，鸡蛋对健康既无好处也无坏处。唯一可以肯定的是，我们的祖先并不常吃鸡蛋。早上吃鸡蛋是后来才形成的饮食习惯。另外，很多食物中都会加入鸡蛋，来给食物上黄色。在制作面食或蛋糕时，鸡蛋也被当作"黏合剂"，以增加面团的黏性，但很少有人能从这些食物中品尝出鸡蛋的味道。

也有一些反对吃鸡蛋的观点。和牛奶中的营养素一样，鸡蛋中的营养素对雏鸡的生长发育至关重要，但它不一定是人类必需的食物。鸡蛋中丰富的蛋白质和胆固醇对婴幼儿很有营养价值，但对成年人可能是有害的。实验室实验发现，和牛奶一样，鸡蛋也会引发炎症。越来越多的研究表明，鸡蛋会加快血管钙化速度及增大患心肌梗死的风险，其中发挥作用的成分并非胆固醇，而是胆碱和磷脂酰胆碱（即通常所说的卵磷脂）。这些物质集中出现在肉、奶酪、鸡蛋中。胆碱和磷脂酰胆碱被肠道菌群转化为氧化三甲胺（TMAO），这一过程进一步增大了患动脉粥样硬化、前列腺癌和慢性炎症的风险。

美国克利夫兰州立大学的一项实验证明了胆碱和磷脂酰胆碱可以转化为 TMAO。研究者为受试者提供了富含磷脂酰胆碱的食物，然后测量他们的 TMAO 水平，发现受试者的 TMAO 水平急剧上升。然后，精彩的一幕来了：研究者给受试者服用了一种可以破坏肠道菌群的抗生素（破坏肠道菌群是抗生素常见的副作用），并重复了这个实验，但这次在受试者血液中没有测出 TMAO。

这说明了什么？说明在肠道菌群正常工作的情况下，磷脂酰胆碱会导致体内的 TMAO 水平升高。我们应当控制鸡蛋的食用量，最好不吃鸡蛋。实验还表明，吃 2 个煮熟的鸡蛋就足以使人体内生成大量 TMAO。我建议不吃鸡蛋，还因为工业化养殖有许多问题。病毒感染和食物中毒大多与工业化养殖有关，食品丑闻频频爆出，一条引起广泛关注的丑闻是，鸡蛋中被发现有植物农药成分——氟虫腈。

也许其他可口的早餐，比如夹着新鲜蔬菜的面包、加了浆果或坚果的燕麦粥能帮助你忘记鸡蛋。不要吃煎鸡蛋，可以吃煎豆腐。现在，有很多食物可以代替鸡蛋成为食物的"着色剂"和"黏合剂"。

肉

"最好的肉是果肉。"我在举办讲座时经常引用营养学家克劳斯·莱茨曼（Claus Leitzmann）的这句话，用开玩笑的方式来呼吁人们放弃吃肉。我知道，对很多人来说，放弃吃肉不是一件容易的事。

大量研究数据为植物性饮食有益健康的观点提供了有力证据。大量营养学研究都发现，纯素食或含肉较少的高膳食纤维饮食是最健康的。早在几十年前，莱茨曼就已经开始推荐以上两种饮食。

莱茨曼还指出，吃肉不仅涉及健康问题，还涉及生态问题。生态学、社会学和动物伦理学领域的学者一致认为，一个不吃肉的世界会少很多问题！

吃肉会破坏生态环境。世界上70%的耕地被用于畜牧业，生产1 kg牛肉需要15 000 L水。此外，15%~20%的温室气体是由肉制品加工业产生的。1头奶牛每天会产生235 L甲烷，气候学家估计，甲烷对气候变暖的影响是二氧化碳的21倍。

放弃吃肉可能是既解决全球饥饿问题，又不破坏地球生态的唯一选择。尽管素食主义者越来越多，但放弃吃肉对很多人来说依然难以接受，吃一块维也纳炸肉排或烤牛排对大多数人来说依旧是极致的享受。保护动物、保护生态环境（减少温室气体排放）、节约资源（尤其是水资源）、解决全球饥饿问题等都为放弃吃肉提供了充分的理由。虽然我们的饮食受到文化和教育的深刻影响，但在每天的问诊中，我都深切地体会到，我们确实应该改变饮食了。

我的很多患者在接受治疗后都感到后悔：为什么不早点儿放弃吃肉？与以前不同，现在每家超市都能提供新鲜的绿叶蔬菜、豆类、其他富含植物蛋白的食物、水果和香料；几乎每家餐厅都可以制作素菜。在13年前我刚开始放弃吃肉时，我意识到最好事先告诉餐厅服务员自己是素食主义者，不然的话，我总会引来别人的关注。点菜时服务员会问："不要肉？那加点儿培根的酱汁可以吗？什么？也不行？那鱼呢？也不要？"我的同事听到来自服务员的一连串的"审问"后，就会开始热烈地讨论我的饮食，而我不想引起这么多人的关注。而现在，同事都纷纷告诉我，他们不像从前那样吃那么多肉了。

在德国、奥地利和瑞士，肉几乎是每一餐的核心。我的家乡在德国的施瓦本，位于德国和奥地利边境的阿尔卑斯山区，除奶酪面疙瘩外，这里所有的传统菜肴都包含肉或肉制品（如香肠、培根）。虽然奶酪面疙瘩不含肉，但奶酪是它的主要原料，因此它也是不健康的。但现在，我家乡的饮食发生了一些变化，几乎每家餐厅的菜单上都至少有一道素菜。有时，我和朋友外出吃饭，他们看见我吃素食，也特别想试一试。

当然，吃肉并不意味着一定会得病，没有人因为只吃了一块咖喱香肠就从椅子上摔下来猝死。但长期食用大量肉是很多现代流行病（如心肌梗死、脑卒中、2 型糖尿病、高血压、关节炎、阿尔茨海默病、大肠癌、乳腺癌和前列腺癌）的罪魁祸首。长期食用肉是不健康的，这一点毋庸置疑。

对健康危害最大的是肉制品，如香肠。香肠中的食品添加剂是引发许多疾病的根本因素。香肠含有大量硝酸盐、食品添加剂和饱和脂肪酸，这些都是有害物质。每天吃 50 g 香肠（相当于 1 根维也纳小香肠或 1 片熟火腿）就会使肠癌的患病风险增大 18%，心血管疾病的患病风险增大 42%，2 型糖尿病的患病风险增大 51%。即便是未经加工的肉也不利于健康：每天吃 100 g 牛肉、猪肉、羊肉或其他动物的肉，会使 2 型糖尿病的患病风险增大 19%，肠癌的患病风险增大 17%。新近的研究显示，每天食用超过 100 g 红肉，会使死亡风险增大近 30%！

原始人饮食法——旧石器时代的饮食法

原始人饮食法指按照旧石器时代人类的饮食来吃饭，即吃大量的肉、鱼、根茎类蔬菜和香草，与此同时放弃谷物、乳制品、压榨油、添加糖和酒等现代饮食。我非常反对原始人饮食法，这主要是因为它给很多人（尤其是男性）无节制的吃肉行为开了绿灯。这种饮食法在 20 世纪 70 年代一经推出，便受到进化医学研究者的广泛推崇。原始人饮食法的英文名称中的"Paleo"是"Paleolithic"的缩写，"Paleolithic"指从公元前 250 万年到公元前 8000 年的旧石器时代。这种饮食法的推崇者认为，人类作为采集者和狩猎者时的饮食应该对我们的消化系统有益。这个观点是正确的，但我们的祖先可能更多的时候是采集者，而非狩猎者。

红肉和白肉

红肉指牛肉、猪肉、羊肉等。想少吃肉的人一般都会先放弃吃猪肉，因为他们认为，相比其他红肉，猪肉对健康的负面影响更大。实际上，牛肉和羊肉不一定比猪肉健康。

白肉指家禽肉、鱼肉、虾肉等。它们对健康的负面影响较小，至少它们不会在很大程度上增大心脏病的患病风险，但对肥胖症和癌症来说则不然。

不过，家禽肉也会带来其他问题，比如工厂化养殖的家禽的肉会引发传染病，肉中时常可以检测到药物残留。

工厂化养殖还导致肉的质量下降。肉曾经是贵族的食物，这使肉的"贵族形象"深入人心，尤其是在男性心中。调查显示，与男性相比，女性更少吃肉，更喜欢素食。吃牛排和烤肠是石器时代的人类作为狩猎者流传下来的饮食习惯，现在还有很多人用"每天能吃肉"来衡量社会阶级和富裕程度。在神话故事中，肉代表"阳刚之气"。事实上，实行植物性饮食法或者低脂饮食法的男性的睾丸激素水平更高。所以，男性们，别再找借口吃肉了！

如果不吃肉和鱼，会怎么样？

任何单一的饮食都有缺点。无论是原始人饮食法还是植物性饮食法都有各自的优缺点，当然，后者比前者健康一些。健康的饮食的关键在于，膳食纤维含量要高，因此膳食纤维含量高的地中海饮食和植物性饮食越来越多地被推荐给大众，包括儿童和孕妇。饮食中缺乏膳食纤维的素食主义者被称为"布丁素食主义者"，他们早上吃甜麦片或涂了果酱的面包，中午吃小麦意大利面配番茄酱，晚上吃豆腐香肠和薯片，这样的植物性饮食当然不健康。

素食主义者必须注意自己的维生素 B_{12} 水平。维生素 B_{12} 在很多重要的代谢过程中以及在维持神经细胞功能方面起重要作用，同时它还有助于造血。能够提供维生素 B_{12} 的优质食物是肉、鱼、蛋和乳制品，如果不吃这些食物，就要额外服用维生素 B_{12} 补剂，或使用富含维生素 B_{12} 的牙膏，也可以注射维生素 B_{12}。科学家推测，早期人类即使仅进行植物性饮食也不会缺乏维生素 B_{12}，因为他们在吃水果和蔬菜时很少冲洗，这些果蔬表面天然就有维生素 B_{12}。当然，我们如今可不能这么做！

素食主义者也可能缺铁。肉和肉制品中的铁以二价铁或所谓的"血红素铁"的形式存在，它比植物中的三价铁更容易被小肠吸收。然而，对大多数德国人来说，他们的问题不是缺铁，而是铁超标。大量吃肉导致体内铁的水平过高，就会引发 2 型糖尿病、高血压、脂肪肝和心血管疾病，甚至会引发癌症。我们可以通过进行植物性饮食或通过定期献血来解决这个问题。月经量多的女性素食主义者要特别注意自己是否缺铁。全谷物食品、豆类、种子、坚果和绿叶蔬菜都含有丰富的铁。服用维生素 C 补剂或吃酸性食物有助于更多的三价铁离子转化为二价铁离子，从而促进铁的吸收。缺铁的人应该在吃全麦面包的同时吃青椒或喝橙汁。

不吃肉，过健康的生活

你可能愿意调整饮食，不再吃肉，但也担心自己"意志坚定，而肉体软弱"。那么，有没有可以轻松摆脱吃肉欲望的技巧或秘诀呢？

说实话，我的方法只有一个——别想太多，直接做。人类难以摆脱习惯，我们大脑中的奖励中枢和愉快中枢会按照我们多年来养成的习惯被"编码"。吃炸肉排时我们就会产生快感，这是大脑中被编码好的"程序"。我们之所以会进行某些活动，是因为进行这些活动时我们大脑中的奖励中枢会被激活，使我们产生快感。这是大脑在进化过程中"发明"的一个巧妙机制：如果我们充满了期待，或者我们的愿望被满足，我们的大脑就会释放神经递质或激素，于是，我们就会感到快乐，再进行相同的活动时，我们的大脑就会让我们回忆起这种快乐的感觉。我们会一次又一次地产生快乐的感觉，甚至对它"上瘾"，所以要想改变某个习惯，势必要"戒瘾"。放弃吃肉不仅要放弃吃肉的行为，还要从心理上改变对吃肉的态度，这一点很重要。只有这样，我们才不会不断地"戒瘾"失败。请记住，因习惯被改变而产生的失落感并不会持续很久。

我在决定成为素食主义者的时候，已经 40 岁了。我至今还清楚地记得，一开始时放弃吃肉对我来说是多么困难，尽管我也不太爱吃肉。大多数患者出于健康的原因而放弃吃肉和鱼，他们"戒肉"的过程反而比较轻松，因为他们很快就看到了植物性饮食对健康的好处。"戒肉"一年后，不吃肉对他们来说就不是什么问题了。在"戒肉"的过渡阶段，我并不反对食用一些经常被人批判的豆腐香肠、面筋香肠或者维也纳炸素肉排，因为餐桌上有一些外观与肉相似的菜品能给人带来一些安慰。而长期实行植物性饮食法的人已经有了属于自己的食谱，他们很少吃肉的替代品。

一个可行的"戒肉"的方式是逐渐减少吃肉的量，从每天都吃肉减少到每周或每两周吃一次肉，比如只在周日或节假日才吃一次烤肉。注意一定要选择有机饲养的动物的肉。

我建议你先挑战一下自己，尝试实行植物性饮食法 3 个月！在此期间，观察自己的精力是否改变、是否出现身体不适、旧有疾病是否得到缓解，同时留意一下你是否真的想吃肉、什么时候想吃肉。

鲜味

成为素食主义者并不代表你不能品尝鲜味，也就是煎肉或烤肉的特有味道。鲜味是甜味、酸味、咸味、苦味之外的第五种味觉。鲜味主要是由谷氨酸提供的。谷氨酸是一种氨基酸，它的单钠盐——谷氨酸钠就是味精的主要化学成分。作为一种增味剂，味精的名声一直不太好。

番茄、芹菜、蘑菇、大蒜、蔬菜高汤和酱油都能产生鲜味，熟奶酪也能产生鲜味。当你对品尝鲜味产生极强欲望时，你可以吃大蒜烤牡蛎蘑菇或者吃用烤箱低温慢烤的芹菜。你如果特别想吃肉排，可以吃用羽扇豆做的素肉排或者素肉卷。

品尝鲜味并不一定非得吃肉。比起烹制方法相对单调的荤菜，素菜的烹制方法更多样。此外，没有动物因此而丧命，你也为保护地球生态环境和保护动物尽了一份力。

一位患者的故事

马丁·H.，56 岁，来自柏林，人力资源顾问和培训专家，曾险些死于主动脉破裂，后来将断食和蔬菜汤作为自己的"天然降压药"。

"我太晚才意识到，我必须做出一些改变。"

因为突发肾梗死，我被送到了急救室。幸运的是，我的主治医生曾在心血管疾病科室工作过，他找到了我的病因：高血压引发的主动脉大面积破裂。

多年来，我的血压一直都不正常，在 190/100 mmHg 上下浮动，我一直服用降压药，但这并不奏效。我的工作需要我经常去拜访客户，因此我总是在旅途中吃饭，不但吃得很快，而且吃得很随意，只要吃饱就行。我的体内现在还有一个近 20 cm 长的金属支架支撑着我的主动脉，可以说，它是我曾经不健康的饮食的"纪念碑"。在这次惊心动魄的急救经历之前，我也曾尝试断食，这对我的健康的确有帮助，但之后我又恢复了原来的饮食。结果，我的血管遭到了"报应"。

我的主治医生告诉我，我应该尝试做一些改变。于是，我决定进行第二次断食，便来到米哈尔森教授的诊所。如果有人能有理有据地向我解释一些看上去很难坚持的事情（比如好几天不进食）的原理，并且我能够听懂和接受，那么我就能坚持下去。我很快就明白了，为什么断食能让我的身体彻底地更新，为什么它能让我从"盐瘾"和"糖瘾"中解脱出来。现在，我已经习惯了少盐少糖的饮食。

在断食的同时，我开始在医院参加营养学和饮食方面的培训，我决定趁这次机会，戒掉大部分肉、精制谷物、乳制品、盐和糖。但这并不是说，我连每个月吃一两次丰盛的大餐，和妻子一起享用鹅胸肉配紫甘蓝或者吃肉丸的权利都没有；而是说，我把品尝这些美味当作一种享受，而不把它当作一种习惯！我现在的日常饮食都比较简单方便：早上我喝鲜榨胡萝卜橙汁；在办公室吃午饭的话，我就吃混合沙拉或喝蔬菜汤；有时我也吃一个三明治，因为三明治中含有谷物；我不吃香肠或奶酪，而吃沙拉和鸡蛋；外出时，我会带水果蔬菜汁；当我必须在餐厅吃饭时，我会点鱼；晚上5点之后我就不吃东西了，但我也不会感到饥饿。对我来说，间歇性断食（连续16小时不进食）效果很好，我也不会产生任何不适感。

我还进行一些锻炼耐力的运动（如游泳）。我将一些其他城市的业务转交给了同事，不再经常出差。这些改变再加上健康的饮食使我在不吃药的情况下，血压一直保持在收缩压130~140 mmHg、舒张压80 mmHg的水平。我身高186 cm，体重从100 kg减到了94 kg，这个状态几乎完美。我太晚才意识到，我必须做出一些改变，而且做出改变可以如此简单，我差点儿就来不及了。

培养肉或将成为肉食爱好者的新选择

德国哲学家理查德·戴维·普雷希特（Richard David Precht）曾在接受采访时说道："我们很快就不再需要工厂化养殖了，因为未来我们可以在较短的时间内通过细胞培养技术来生产肉。"培养肉，又称"离体肉"或"干净肉"，是从动物身上通过活体切片提取肌肉干细胞，并在实验室的培养基上培养出来的肌肉组织，是未来饮食的一个重要课题。肉的味道对大多数人来说如此有吸引力，我们可以想见，无论我们多么提倡素食，都还是会有人不愿意放弃吃肉。

在这样的背景下，荷兰马斯特里赫特大学的药理学家马克·波斯特（Mark Post）生产培养肉的想法就非常有意义。这位荷兰科学家经过多年努力"制作"出了世界上第一个培养肉汉堡，这花费了 25 万美元——要知道，波斯特在分子材料和实验设备上投入巨大。但如今，培养肉的成本大幅降低。也许 3~5 年后，我们就能用 5~8 欧元买到一个培养肉汉堡。

在实验室中培养的肉可否代替来自动物的肉，一直争议不断。波斯特估计，要想用培养肉满足全世界对肉的需求，只需要 3 万只动物即可。虽然吃培养肉的设想与提倡吃天然食物和自然疗法的理念相悖，但在我看来，这个设想很有意思。如果人类不能完全放弃吃肉，那培养肉将是人类既能享受美味又能保护动物的唯一方法，畜牧业造成的生态问题也能由此得到解决。此外，工厂化养殖动物肉中的有害物质（如抗生素、生长激素、杀虫剂）以及病原体（如病毒、细菌）都不会出现在培养肉中。

在不久的将来，肉食爱好者或动物蛋白制品爱好者可能有两种选择，培养肉和昆虫。相比昆虫，培养肉可能更有吸引力，但也许最后大多数人都会选择植物性饮食。

关于蛋白质的小结

植物蛋白的食物来源数不胜数，这也是大部分素食主义者没有蛋白质缺乏问题的原因。在关于蛋白质的讨论中，我认为还有一点非常重要：蛋白质并非单独存在的物质，而是食物的组成成分。换句话说，蛋白质可以是良药，也可以是毒药，这与蛋白质和什么食物成分一起进入我们体内有关。

我们吃植物性食物（如扁豆、豌豆、全谷物食品、绿叶蔬菜、豆腐、种子和坚果）时，植物蛋白与健康的膳食纤维一同进入体内，这是植物蛋白比动物蛋白更健康的一个原因。

而我们吃肉（有机饲养动物的肉除外）时，动物蛋白总是和大量饱和脂肪酸一同进入体内。

人体对蛋白质的需求量取决于年龄。婴幼儿、儿童、青少年以及 65 岁以上的老年人需要更多的蛋白质，而其他年龄段的人对蛋白质的需求量较小。此外，要避免进行高蛋白饮食或喝蛋白质奶昔——你虽然可以通过这种方法更快地减轻体重或增加肌肉量，但会牺牲自己的健康。

碳水化合物是好是坏？

不少营养咨询师将所有碳水化合物混为一谈，对他们来说，碳水化合物就是导致肥胖症、2 型糖尿病、心脏病、脂肪肝等疾病的罪魁祸首。但我们如果多读几份来自较为权威的国际医学会的饮食建议，就会知道，每天摄入的膳食热量中至少有一半来自碳水化合物才是健康的。在进行了一场世界上最健康的地方——蓝色地带的旅行后，我们了解到，健康的饮食都含有大量碳水化合物。如果饮食中除碳水化合物外还有大量膳食纤维，且营养均衡，这种饮食就是健康的。

我们不能仅仅根据"低热量""高热量"等简化的概念评价含有大量碳水化合物的食物是否健康，不能将碳水化合物"一竿子打死"，因为全麦面包、全麦意大利面、欧洲防风草、胡萝卜、苋菜、荞麦、苹果、浆果这些高碳食物都很健康。实行以全谷物为基础的饮食法能使脑卒中和心肌梗死的患病风险减小 20%，使糖尿病的患病风险减小 50%。然而，土豆在减小患病风险方面的作用不尽如人意，它对健康没有什么坏处，但也没有什么好处。一项大型研究显示，每日三餐最少分别吃 90 g 全谷物食品（相当于两片全谷物面包和少量燕麦片）能明显减小癌症和心血管疾病的患病风险。

但不含膳食纤维的高碳饮食中的碳水化合物，也就是软饮料、冻酸奶、冰激凌、精面、果酱面包、含糖玉米片和全脂巧克力棒等中的碳水化合物，都有害健康。有害健康的碳水化合物是"简单"的碳水化合物——主要指由葡萄糖分子和果糖分子组成的糖。此外，合成甜味剂的热量几乎为零，因此很多人建议肥胖症和糖尿病患者用合成甜味剂代替糖加到咖啡中。现在我们知道，这个建议是错误的。

除了糖，淀粉也是碳水化合物，但是它的结构较为复杂，是由成千上万的葡萄糖分子聚合而成的。

下面，我们就来仔细了解一下"好碳水化合物"和"坏碳水化合物"。

糖

我们的祖先对糖非常熟悉，因为香甜的水果一直是人类饮食的一部分。水果之所以有甜甜的味道，是因为它们要吸引其他生物来吃它们，这有助于传播种子——这是植物生存繁衍的重要保障。这一"甜味策略"主要针对鸟类（人类当时还完全不在植物的"考虑"范围内），因为鸟类本就依靠果实生存，即使在今天，鸟类也对有酸涩味道的果实"敬而远之"，它们会在霜降之后吃果实，因为这时的果实已经变软变甜了。果实中的种子会被鸟类排出体外，从而在其他地方生根发芽。

人类也从"甜味策略"中获益。我们的大脑需要糖来提供能量进行运转。甜味能极大地激活前面提到的大脑中的奖励中枢和愉快中枢（第72~73页），这也为食品加工业巨大的糖消耗提供了前提。香甜的果实作为一种难得的美食，过去只在果实成熟时，或者被制成水果罐头后才能被人们享用。而如今，人们吃糖成瘾，几乎所有食物中都有糖。毫无疑问，糖的消耗量攀升会造成非常可怕的后果。大脑研究者多年前就发现，甜食能使人上瘾，儿童特别容易对糖产生依赖。然而，就在脂肪备受指责、胆固醇问题频繁被提起的那几年，糖并没有引起营养学界的注意。

与盐以及脂肪类似，糖能让劣质食物味道更佳、销量更高，更重要的是，糖很便宜。有一点确定无疑，高糖饮食会增大心血管疾病的患病风险，造成致命的后果。不同的研究结果都显示，高糖饮食会使心血管疾病的患病风险增大10%~40%，如果糖摄入量极大，患病风险甚至会增大2~3倍。人们通常从早餐就开始摄入糖了。早餐麦片由威尔·基斯·凯洛格（Will Keith

Kellogg）发明，后由美国医生、自然疗法专家约翰·哈维·凯洛格（John Harvey Kellogg）改进。发明这种食物本来是为了让人们吃得更健康（当时的早餐常常是培根和鸡蛋），但现在，早餐麦片变成由零膳食纤维的精面和大量糖制成的不健康食物。即使是在有机食品商店，健康的燕麦片也越来越少见，而不健康的泡芙、松软的蛋糕和脆玉米片越来越常见。

如果你喜欢在早上吃麦片，我建议你自己用燕麦片、亚麻籽、坚果和浆果制作燕麦粥。每次入住酒店，我都会看看酒店餐厅是否提供真正的伯彻麦片（Bircher Müsli）。这种麦片是由瑞士医生和自然疗法专家马克思·伯彻-本纳（Max Bircher-Benner）发明的，原料就是燕麦片、苹果干碎和坚果。它的味道很好，不过要注意食用量，如果吃多了，就容易胀气。

当我们吃糖时，身体会发生什么？

我们吃的糖越纯，糖进入血液的速度就越快。最糟糕的糖是果糖、葡萄糖或蔗糖等添加糖。当我们食用大量添加糖时，身体会慌乱地做出反应，因为它担心大量进入体内的糖不能迅速转化为能量。因此，胰腺合成并分泌大量胰岛素（胰岛素水平会迅速达到峰值），胰岛素在糖进入细胞的过程中起重要的作用。大量的糖如果源源不断地进入体内，就会造成严重的后果。长此以往，胰腺将不堪重负，细胞无法接收如此多的糖，就会产生胰岛素抵抗，关闭"大门"。于是，糖只能留在血液中，导致血糖水平升高，从而损害血管和细胞。

更为严重的是，身体内过量的糖会使端粒[①]缩短，从而加速细胞衰老。事实上，最不健康的就是含添加糖的软饮料（如汽水），它们应该和烟酒一样被征收重税。

像使用香料一样使用糖

过去，人们会像使用香料一样，少量且有目的地使用糖，比如用于烘焙。

---

① 位于染色体末端的特定的重复 DNA 序列。——中文版编者注

曾经，食物提供的热量中只有 3%~4% 来自糖，而现在，糖提供的热量可以占 15%~20%。糖不仅会损害牙齿，还会损害心脏和大脑。血糖水平较高时，记忆力和注意力就会下降。以美国生物化学家刘易斯·C.坎特利（Lewis C. Cantley）为代表的一些研究者甚至认为，摄入大量糖会引发癌症，因为肥胖者和 2 型糖尿病患者患癌症的风险更大。美国加利福尼亚州新陈代谢研究者罗伯特·卢斯蒂格（Robert Lustig）对糖的谴责最为强烈，他通过动物实验证明，一旦动物习惯了吃糖，它们在戒糖时就会出现和戒毒时一样的戒断反应。

你如果尝试过连续几天不吃甜食，就应该知道戒糖有多难，5 天不吃土豆或西红柿是不会让人产生这么难受的感觉的。这就解释了为什么每年德国都要生产超过 2 亿个复活节巧克力兔子和 1.5 亿个巧克力圣诞老人，平均每个德国人每年会消耗 30 kg 蔗糖，此外还会消耗大量果糖、乳糖和半乳糖。

> 基因决定我们的身体并不适应摄入如此多的糖，因此，越来越多的人出现胰岛素紊乱的问题也就不足为奇。胰岛素可以调节身体对碳水化合物的利用，它是一种敏感的激素。至 2020 年，已有 600 多万德国人患有 2 型糖尿病。

如果无法通过对食品加工业征收糖税来降低每年的糖消耗量，那么我们还能做些什么呢？我们应该约束自己，立刻行动，改掉每天吃糖的习惯，只在必须吃糖的时刻吃。想吃糖时，可以来一块黑巧克力。事实上，由于黑巧克力含有多酚，它是唯一有益于健康的甜食。而牛奶巧克力对健康的益处不大，每周吃超过 50 g 牛奶巧克力对身体毫无益处。一项研究证实，每天吃 100 g 黑巧克力对控制血脂和血压以及保护心脏和血管都有好处。你喜欢吃黑巧克力吗？我喜欢吃，但我每天吃不了 100 g，也许这正是黑巧克力的好处，通常吃三四块黑巧克力就会使人感到满足。如果你在吃黑巧克力的同时还吃杏仁，那么这会对你的健康更有益。黑巧克力配榛子也是不错的选择。

你也许发现了，我并非绝对的禁糖主义者，偶尔吃一块牛奶巧克力或者周末吃一块蛋糕都能让生活更有滋有味。现在的问题是，糖无处不在，甚至会出现在你想不到的食物中，如薯片、火腿、比萨、番茄酱、速食汤中。购物时你要好好研究一下食品标签，我经常这样做，而且总能发现让我意外的事，每次看到水果酸奶中添加了大量糖和食品添加剂，我都感到很震惊。

天然甜味剂和合成甜味剂

- **果糖：** 果糖是一种单糖，天然果糖存在于水果中。果糖可引发脂肪肝，容易使人产生饥饿感。你可以适量食用果糖，但不应该食用纯果糖，如龙舌兰糖浆。
- **葡萄糖：** 葡萄糖是一种单糖，天然葡萄糖存在于水果中，我们也可以通过工业生产的方式获得葡萄糖。我建议你只在出现低血糖症状时（如在运动时）食用葡萄糖。
- **半乳糖：** 半乳糖是一种单糖，存在于各种乳制品中。半乳糖会引发炎症、促进衰老、导致骨质疏松，因此不建议食用。
- **蔗糖：** 蔗糖是一种双糖，由一分子葡萄糖和一分子果糖构成。甘蔗和甜菜中蔗糖含量丰富。蔗糖对健康无益处，但可以适量食用。
- **乳糖：** 乳糖是一种双糖，由一分子葡萄糖和一分子半乳糖构成。非发酵乳制品含有大量乳糖，酸奶和熟奶酪等发酵乳制品几乎不含乳糖。普通人可以适量食用乳糖，但乳糖不耐受者应避免食用。通常随着年龄的增长，乳糖不耐受者对乳糖的不耐受程度会增加。
- **麦芽糖：** 麦芽糖是一种双糖，由两分子葡萄糖构成。啤酒、大麦芽、早餐麦片都含有麦芽糖。不建议食用。
- **山梨糖醇：** 天然山梨糖醇存在于苹果、梨、李子和干果中，我们也可以通过工业生产的方式获得山梨糖醇。工业生产的山梨糖醇属于合成甜味剂，即代糖。在人体内，山梨糖醇能转化为果糖和葡萄糖，易引起腹泻和胀气。不建议食用。

- **木糖醇：** 木糖醇少量存在于蔬菜和水果中，它热量略低于糖，可以预防蛀牙，因此很多口香糖都含有木糖醇。但木糖醇不易被人体吸收，会引起腹泻和胀气。不建议食用。

- **果葡糖浆：** 果葡糖浆是一种工业产品，它以玉米淀粉为原料，甜度高。果葡糖浆易引发脂肪肝和造成肥胖。不建议食用。

- **红糖：** 红糖是一种工业产品，它以甜菜或甘蔗为原料，蔗糖纯度不高，含糖蜜、少量维生素和矿物质。红糖其实不见得比蔗糖健康，但因为它还含有微量营养素，我们可以大量食用。我喜欢红糖的焦糖味，它特别适合放在咖啡里。红糖的缺点是不易溶解，易结块。

- **三氯蔗糖：** 三氯蔗糖一直被认为对健康"无功无过"，但后来证明，它会引发和加重 2 型糖尿病。不建议食用。

合成甜味剂不宜作为糖的替代品

虽然糖精、甜蜜素、阿斯巴甜和三氯蔗糖没有热量，但有观点称，它们的甜味会刺激小肠内的激素分泌，从而促进胰岛素的分泌，而胰岛素又会使人产生饥饿感。也就是说，摄入合成甜味剂无法达到减少热量摄入的目的。与糖相比，合成甜味剂会使大脑混乱。它让我们尝到了甜味，但并没有为大脑提供能量，于是形成了恶性循环——我们对甜食的需求越来越大。

研究表明，用合成甜味剂代替糖并不能降低 2 型糖尿病或肥胖症的发病率，相反，合成甜味剂促进了肥胖和 2 型糖尿病的"流行"。现在，也有人认为，合成甜味剂对肠道菌群的负面影响是引发这些疾病的主要因素。合成甜味剂会破坏肠道菌群平衡，使那些干扰人体新陈代谢的细菌大量繁殖。因此，最好不要摄入合成甜味剂。如果你喜欢吃甜食，那么最好只吃含甜菊苷或赤藓糖醇（这两种合成甜味剂的副作用较少）的食物。

果糖更好吗？

一直以来，2 型糖尿病患者都被建议摄入果糖，因为它可以避免胰岛素水平上升，果糖能直接从胃肠道进入肝脏。但几年前，德国联邦风险评估研究所突然建议 2 型糖尿病患者应避免食用含果糖的食物，因为如果体内果糖水平超过一定数值，果糖就会立即在肝脏中转化为脂肪。在德国有几百万脂肪肝患者，现在我们已经知道，脂肪肝可能并不是由摄入过量脂肪导致的，而是由摄入过量果糖导致的。但越来越多的食物和饮料中都添加了浓缩果糖，比如果葡糖浆（食品标签中常出现的"水果甜味剂"指的就是果葡糖浆，甜度很高）。

也有很多人患有果糖不耐受。和乳糖不耐受一样，果糖不耐受不是过敏。人体能消化一定量果糖，一般为 30~50 g，但如今，很多食物中果糖的含量都超过了人体能消化的量。结果就是，果糖未经消化就进入大肠，在肠道菌群的作用下发酵，从而引起胀气、腹痛和腹泻。有些人因此干脆不吃新鲜水果。但我要说的是，没有必要放弃所有新鲜水果。你如果患有果糖不耐受，那么最好避免一切含有果糖添加剂的食物，然后测试一下自己能否消化新鲜水果（注意：是带皮的完整水果，而非果汁）中的果糖。

水果中的果糖不会损害健康，因为除果糖外，水果还含有膳食纤维、维生素和植物营养素，能为人体提供健康均衡的营养。水果的甜味非常诱人，对我来说，吃新鲜的无花果或大枣是一种享受。不过要注意，水果干所含的果糖比新鲜水果所含的多得多。研究表明，喝果汁会增大 2 型糖尿病的患病风险，而吃新鲜水果则不会。

一种特别糟糕的果糖添加剂是果葡糖浆（第 83 页），它又叫"高果糖玉米糖浆"。因为保鲜期长、价格便宜，所以果葡糖浆在食品加工业中被大量使用。但是它会增大许多疾病（如高血压和癌症）的患病风险。一直以来，果葡糖浆主要在美国使用，但自 2017 年起，它的使用在欧盟国家也越来越广泛。由于果葡糖浆不健康，因此我认为不应该对玉米种植进行补贴。

龙舌兰糖浆也是不健康的，它的主要成分就是果糖，因此它比蔗糖更不健康。

最后再说一说果糖的另一个缺点。由于果糖能直接被肝脏吸收，不会引起胰岛素水平上升，因此大脑会认为"我没有摄入足够碳水化合物"，这会导致与产生饥饿感有关的激素大量分泌。这也是添加了果糖的饮料或食物很难让人产生饱腹感的原因。

果汁中的糖

一些研究者对果汁的评价很低，因为它含有大量果糖、热量很高，而且在生产过程中，大量健康的膳食纤维流失，所以果汁的健康价值比新鲜水果的低得多。我建议吃新鲜水果。如果你爱喝果汁，建议喝鲜榨果汁，鲜榨果汁能最大限度地保留水果中的天然成分。在购买榨汁机时请注意，要购买压榨式榨汁机，而非离心式榨汁机。虽然挤压会使一部分膳食纤维流失，但鲜榨果汁依然含有许多维生素和植物营养素。不过膳食纤维的流失还是很可惜的，因为膳食纤维将果糖包裹起来，从而使体内果糖的水平不会迅速升高。我建议你制作水果、蔬菜（如菠菜或芝麻菜）和香草的混合饮料，这样的饮料既好喝又不会太甜。

血糖指数

有研究者开发了一种衡量食物中碳水化合物水平的指数，这就是所谓的食物血糖生成指数（GI，也称"血糖指数"）。GI越低，说明食物对血糖的影响越小。你可以用GI计算吃50 g某种食物会使血糖水平上升多少。GI高的食物是对血糖影响大的食物，反之则是对血糖影响小的食物。葡萄糖的GI最高，为100，它可以直接进入血液，白面包的GI为75，花生的GI为14。

事实上，GI并不代表体内葡萄糖水平和胰岛素水平的实际上升情况。饭后血糖水平上升的程度不仅取决于食物的GI，还取决于食物的碳水化合物密度和食物的加工方式，如蔬菜是否切碎、食物加热的温度、烹饪方式、烹饪时长。食物在胃中停留的时间与食物中膳食纤维和维生素的含量也有一定关系。因此，GI 并不是衡量食物对血糖水平影响的好标准。

如果一定要准确评价食物对血糖水平的影响，我倾向于计算"血糖负荷"。它的计算方法是将 GI 与食物的碳水化合物含量相乘（计算结果小于等于 10，代表血糖负荷低；计算结果在 11~19 之间，代表血糖负荷在中等范围内；计算结果大于等于 20，代表血糖负荷高）。计算血糖负荷的优点是考虑到了食物的碳水化合物含量。思路上的转变会带来很多不同的结果，我可以通过一个例子来说明这一点。胡萝卜和白面包的 GI 差不多，都在 70 左右。然而，胡萝卜的血糖负荷只有 4，但白面包的血糖负荷却高达 20，因为胡萝卜的碳水化合物含量比白面包低得多。

因此，我们应当尽量吃血糖负荷值小于等于 10 的食物，包括所有的蔬菜和水果。

然而，影响血糖负荷的因素有很多。如果将谷物磨碎或将蔬菜切碎，它们的血糖负荷就会升高；如果将面食、土豆或米饭放凉了再吃，它们的血糖负荷就会下降。下面，我们围绕影响血糖负荷的因素，去了解一下膳食纤维和抗性淀粉。

膳食纤维

植物性饮食中一个极为健康的营养素是膳食纤维，膳食纤维的英文名称是"fiber"。但是我认为用"fiber"指代膳食纤维并不准确，因为"fiber"还可以表示织物或其他材料的纤维，这个单词会使人们认为胃肠道无法很好地消化膳食纤维。过去人们认为，膳食纤维无法被消化，最后会被排出体外，因此只能给胃肠道带来负担。但事实恰恰相反，膳食纤维对胃肠道健康极为重要，它是我们体内 100 万亿个肠道细菌的食物，这些细菌是保障免疫系统良好运转的关键。健康的肠道菌群能有效预防代谢性疾病、自身免疫性疾病和肠道疾病（如结肠癌）。

每日膳食纤维摄入量为 30 g 左右。植物性饮食能轻而易举地满足这个摄入量。膳食纤维最重要的来源是全谷物食品、蔬菜和水果。令人惊讶的是，咖啡也含有膳食纤维，1 杯咖啡含有约 1 g 膳食纤维。

除此之外，还有一种"假膳食纤维"——抗性淀粉。抗性淀粉的性质与膳食纤维的相似，它不能被小肠分解，可以直接进入大肠，与膳食纤维一起成为肠道菌群的食物。如果你因为减肥而必须少吃高碳食物，但又容易产生饥饿感，那么富含抗性淀粉的食物是一个不错的选择。

淀粉是一种多糖，有直链淀粉和支链淀粉两种形式。土豆、面食、米饭中的淀粉分子在潮湿的条件下会受热膨胀，变得可以溶于水。食物煮熟后，淀粉的分子结构被破坏，进入肠道后它继续被分解成小分子的葡萄糖，最终被人体吸收，因此淀粉会使胰岛素水平升高。如果吃大量土豆、米饭或面食，就会导致体重增加。

抗性淀粉，顾名思义，就是对消化有抵抗性的淀粉。它不能被消化，因此所含的热量也不能被人体利用。也就是说，即便你食用大量富含抗性淀粉的食物，体重也不会增加；同时，抗性淀粉为肠道中的益生菌提供了养分，这可谓是一个双赢的结果。

通常情况下，土豆、面食、米饭含有 10% 的抗性淀粉。抗性淀粉的含量高低与食物的物理形态有关，比如粗磨谷物就含有较多抗性淀粉，生玉米或青香蕉（即不太成熟的香蕉）也含有较多抗性淀粉。此外，含有抗性淀粉较多的食物还有豆类（如豌豆）、小米、燕麦等。

提高土豆、面食或米饭中抗性淀粉含量的一个实用方法是将它们煮熟后放凉，因此，意大利面沙拉、土豆沙拉和寿司中抗性淀粉的含量较高。放凉的熟土豆比刚煮熟的热土豆更不容易使人发胖。在专业术语中，放凉的熟土豆所含的淀粉被称为"回生淀粉"。熟土豆放凉后，淀粉分子重新排列，形成晶状结构，具有这种结构的淀粉无法被淀粉酶分解。即使经过二次加热，土豆中抗性淀粉的含量也几乎不会降低。这就是为什么重新加热的面食比新鲜烹煮的面食更好（至少对减肥者来说）。

抗性淀粉真的有益于健康吗？科学研究给出了肯定的答案。一项动物研究证实，抗性淀粉能起到预防 1 型糖尿病、炎性肠病和自身免疫性疾病的作用。对肥胖症患者的前期研究显示，抗性淀粉能稳定或降低血脂和血糖水平，改善身体的炎症状况。这大概是由于食用抗性淀粉后，体内能将脂肪分解成短链脂肪酸的益生菌数量有所增加，而短链脂肪酸又对肠道健康非常有利。

因此，膳食纤维和抗性淀粉对肠道菌群极为有益，可以预防多种疾病。对肠道菌群特别有益的食物成分被称为"益生元"，富含益生元的食物有苹果、菊苣、鸦葱、洋葱、欧洲防风草、葱、洋蓟、菊芋等。

有趣的是，有一种不含益生元的饮食（FOOMAPs 饮食，第 90 页）非常适合肠易激综合征患者。肠易激综合征的根源在于肠道菌群组成的变化。很多人常年吃膳食纤维含量低的食物，在吃健康的全谷物食品后，会出现腹胀和腹部不适的情况，不过几周后，胃肠道就能适应全谷物食品。我们的身体总需要一些时间来适应饮食的变化和外部的刺激。适应后，我们的身体会越来越健康，这是自然疗法的基本原则之一。

谷物

科学家找到了在 2 万年前人类就开始种植谷物的证据，但真正的农业种植开始于大约 1.2 万年前，即人类开始定居之后。从此，粮食便成为生命的基础。耕种和粮食在宗教和神话中有着稳固的地位，不同的文化中都有农业之神，古希腊的农业之神是女神德墨忒尔，古罗马的农业之神是女神克瑞斯。

我们今天见到的谷物品种都是长期培育的结果，它们产量高，耐性强。但不久之前，二粒小麦、斯佩尔特小麦等老品种又重新受到大众的欢迎。二粒小麦粉吃起来有坚果味，斯佩尔特小麦粉更容易消化（但用这种小麦粉制成的面食更容易变干）。

在 19 世纪之前，几乎所有面包都是用全麦粉烘焙而成的。在磨坊里，小麦会被带壳磨碎。这种碾磨方法的缺点是，磨出的面粉含油量高，难以储存。随着面粉加工工艺的发展，小麦在碾磨之前去除了谷皮和谷胚，精面出现了，精面的储存时间也大大延长。但小麦中的健康成分也在碾磨过程中流失了，剩下的是相对没有什么营养价值的淀粉，只能用来果腹。

小麦

小麦因产量稳定，是德国最重要的作物。然而，越来越多的人因食用小麦粉和其他含有麸质的谷物而出现身体不适。近年来，麸质不耐受的表现形式越来越多，如乳糜泻、小麦过敏和非乳糜泻麸质敏感症（NCGS）。超市里摆放无麸质产品的货架越来越多。近几年，无麸质饮食在美国流行起来，近 30% 的美国人开始实行低麸质或无麸质饮食。为什么会出现这样的情况呢？

在人类进化的长河中，谷物其实是一种相对较晚出现的食物。我们的免疫系统和胃肠道需要逐渐对这种新食物产生耐受性。不过，对大多数人来说，面包等含麸质的食物还是比较容易消化的，但身体对麸质的耐受性会发生变化，炎症、精神压力大、疾病都能轻易削弱身体对它的耐受性。

有人认为，麸质不耐受者越来越多是一种"反安慰剂效应"。它指的是，一旦人们产生消极的预期，这种预期就会成真。安慰剂是一种"假药"，它不含任何有效成分，却能因为患者产生的积极预期而缓解甚至治愈疾病，这种现象被称为"安慰剂效应"。因此，反安慰剂效应就是人们因对某种疾病的畏惧而患病。目前，人们普通对麸质感到担忧和畏惧。

我认为，更多的人是对如今广泛种植的小麦品种不耐受。科学家培育新的小麦品种旨在提高小麦抗病、抗虫害和抗旱的能力，改善小麦品质，优化小麦粉口感。而"副作用"就是这样的小麦含有大量淀粉酶/胰蛋白酶抑制剂（ATI，小麦和其他谷物都含有的一种蛋白质）和基因变异蛋白质，它们很可能更易引发 NCGS。实验研究表明，ATI 确实可以导致小肠的轻微炎症和免疫系统活动异常。

除了麸质和 ATI 之外，还有一类物质可能会引发肠易激综合征（或使肠易激综合征恶化），即所谓的 FODMAPs（fermentable oligosaccharides, disaccharides, monosaccharides and polyols）——可发酵寡糖、双糖、单糖和多元醇。这类物质会引发腹胀和腹泻，而 FODMAPs 饮食则可以有效减轻症状。

FODMAPs 饮食

避免摄入大量果糖（从果糖含量高的水果和蔬菜中摄入）、乳糖（从乳制品中摄入）、果聚糖（从小麦、洋葱等中摄入）、半乳糖（从豆类、白菜等中摄入）和多元醇（从合成甜味剂中摄入）。我建议你在专业人士的指导下进行 FODMAPs 饮食，不断尝试一些你认为自己能够很好地消化的食物。最重要的是选择含食品添加剂较少的有机食品，因为人体对食品添加剂的反应往往都很大。

你如果发现自己有麸质不耐受的症状，并且在进行无麸质饮食一段时间后症状有所减轻，就应该去医院检查自己是否患有乳糜泻。乳糜泻是麸质不耐受最严重的一种表现，即使是极少量的小麦粉（甚至是一粒面包屑）也会导致患者出现严重的症状，如腹胀、腹泻、肌肉疼痛、疲劳、头痛和关节疼痛。在欧洲，仅 0.5%~1% 的人患有这种系统性疾病。乳糜泻可以通过胃镜、肠镜和 / 或测定血液中的特异性抗体进行诊断，必要时，也可通过测定基因 HLA-DQ2/DQ8 进行诊断。乳糜泻患者是可以通过治疗得到痊愈的。大多数患者通过进行无麸质饮食在 12 个月内即可痊愈。

如果患有 NCGS，情况就有些不同。在德国，NCGS 患者占总人口的 4%。无麸质饮食对 NCGS 的治疗效果并不好。然而，一些风湿病或肠易激综合征患者告诉我，他们进行了无麸质饮食后，病情有所好转。

麸质过敏又称"面包师哮喘"。过敏是免疫系统做出的错误应答，免疫系统不是与病原体做斗争，而是针对无害的外来物质合成了防御物质（免疫球蛋白 E，即 IgE）。发生麸质过敏时，免疫系统对原本无害的麸质产生了强烈反应，引发炎症，导致皮肤或其他器官出现相应症状。

并非每个人都能很好地消化全麦面包。你需要花 2~3 个月的时间慢慢调整自己的饮食。如果你一开始不能接受全谷物食品，就不要让自己的胃肠道承受过重的负担，可以先吃法式长面包或其他白面食物。燕麦（第95~96 页）是高膳食纤维食物，通常比较容易消化。

如果你患有麸质不耐受，就要注意面食的制作方式和面包的烘烤时间。在所有的谷物中，小麦占据了特殊的地位，因为只有小麦粉在加水后，可以做成适合烘烤的面团（由于小麦蛋白而产生了黏性）。而用其他谷物粉做成的面团不易膨胀，制成的烘焙品缺乏弹性，不那么松软。传统烘焙方法是将面团在烤箱中长时间烘烤，这样制作的面包不易引发身体不适。但是在大型食品加工厂中，面团通常仅烘烤 1 小时就出炉。短时间烘烤的面包比烘烤 4~5 小时的面包含有更多的 FODMAPs，后者仅含有 10% 的 FODMAPs。

因此，往往不是小麦，而是面食的制作方法引发了麸质不耐受。如果以普通品种的小麦粉为原料，用传统烘焙方法来烘焙面包，人们可能不会出现麸质不耐受的情况。你可以在面包店买面包时询问面包的制作方法，或者自己烘焙，这并不难，试一试吧！

我非常喜欢"埃森面包"（Essener Brot），这是一种几乎 100% 由带胚芽的小麦制成的面包，味道微酸。

如果你患有 NCGS，却不愿放弃面包和意大利面等食物，那么建议你采取一种循序渐进的饮食方式，它可以帮助你重新享受这些食物。先在几周内不吃任何含麸质的食物，然后再尝试吃用个别品种的谷物（如原始小麦、斯佩尔特小麦或二粒小麦）制成的面食。你如果还是出现麸质不耐受的症状，可以用其他食物代替面食，玉米、大米、土豆、荞麦、苋菜籽、藜麦和燕麦都是无麸质食物。

低碳饮食与低热量植物性饮食

一段时间以来，很多人都在提倡低碳饮食。这种饮食可以控制体重，预防动脉硬化。当谈到预防肥胖症和 2 型糖尿病这些流行病时，低碳饮食被许多人认为是终极武器。但低碳饮食真的健康吗？

美国哈佛大学心脏病学家和营养学家萨拉·B. 塞德尔曼（Sara B. Seidelmann）于 2018 年发表的研究成果回答了上面的问题。根据她和团队的研究，和高碳饮食一样，低碳饮食也会增大流行病的死亡风险。问题不在于碳水化合物本身，而在于代替碳水化合物的蛋白质和脂肪。

在 25 年的时间里，该团队研究了近 6 000 个与饮食有关的死亡案例。其中一位 50 岁的男性每天 65% 以上的膳食热量都是从碳水化合物中摄取的，他在 82 岁那年去世，而其他碳水化合物摄入量明显较少的人（碳水化合物提供的热量为 50% ~55%）的平均寿命也只比他多了 1 年。低碳饮食并没有带来长寿，这一结论令人惊讶。怎么会这样呢？仔细观察实行低碳饮食法的人哪些食物吃得更多，你就会找到原因。当碳水化合物被脂肪和蛋白质取代后，死亡风险增大了 18%。所以要进行低热量植物性饮食，这样的饮食才有益于健康。

不过，原则上我并不推荐低热量植物性饮食。只有对 2 型糖尿病患者和肥胖者来说，低热量植物性饮食才有意义。

关于碳水化合物的小结

你不必放弃碳水化合物，但一定要摄入膳食纤维含量高的复合碳水化合物。不要吃蛋糕等几乎只含碳水化合物的食物，而要吃既含有碳水化合物又富含膳食纤维的食物，如生的或焯过的蔬菜（焯水时间不要长）、水果、全麦面包和其他全麦面食。

饮食为药，我的超级食物

科学测量和实验证实，植物性饮食对我们的健康有益。我们不仅可通过进行植物性饮食保持健康长寿，也可以通过吃特定的蔬菜水果等防治疾病。

蔬菜和水果之所以健康，是因为它们含有丰富的植物营养素。植物营养素往往味道苦涩，大量摄入对身体有害。但摄入少量植物营养素能对健康产生积极的影响，因为植物营养素可以通过激活微弱的应激反应来促进细胞代谢。这样一来，身体的抵抗力就会增强，自愈力就会被激活。这种假说被称为"毒物兴奋效应"，即摄入少量的有害物质能有效地"训练"身体，刺激身体做出反应。

植物营养素的作用是多种多样的，并且效果显著。它们能抗炎、降低血压和胆固醇水平、预防癌症。我们从饮食中平均每天会摄入 1.5 g 这些微小却强效的物质。

目前已知的植物营养素大约有10万种，它们对植物的生长起不同的作用，如保护植物免受虫害、吸引害虫的天敌、吸引蜜蜂和其他昆虫为植物授粉、帮助植物将光能转移到叶绿体中、阻挡有害辐射等。绝大多数植物营养素都属于以下几类：多酚类、萜类、含硫类和皂苷类。可以这样说，对植物有益的东西，对人类也有益。

外皮颜色鲜艳的水果或辛辣的蔬菜含有大量多酚，例如浆果、葡萄、苹果（多酚主要存在于苹果皮中）、洋葱、大蒜、香草都含有大量多酚，坚果中也有一定量的多酚。萜类通常使水果具有令人愉快的味道，它们多存在于柑橘类水果中。含硫类使蔬菜有刺激性味道，捣碎的大蒜和十字花科蔬菜都具有这样的味道。皂苷通常存在于植物的根、叶和花中。

植物营养素对人体的积极作用与氧化应激有关。细胞的"发电厂"是线粒体，我们吸入的氧气是线粒体产生能量的"燃料"。产生能量的过程就是有氧气参与氧化反应的过程，反应的产物是活性氧自由族，即自由基。自由基会损害细胞和线粒体，目前被认为是细胞衰老化的原因之一。许多植物营养素都具有清除自由基的能力，它们能与自由基发生反应，消除其带来的危害。

水果和蔬菜颜色越鲜艳，含有的抗氧化的植物营养素就越多。因此，红洋葱比白洋葱好，紫甘蓝比圆白菜好，紫葡萄比绿葡萄好，深红的苹果比青白的苹果好。丰富的植物营养素和膳食纤维使蔬菜和水果成为极健康的食物。

必须吃有机食品吗？

迄今为止最大的有机食品观察研究项目，即法国前瞻性队列研究（NutriNet–Santé）的结果显示，有机水果和蔬菜能减小癌症的患病风险，因为有机食品中农药和食品添加剂的含量低，加工程度低。

2018 年发表在《英国医学期刊》上的一项对超加工食物（也称"过度加工食品"）的观察研究表明，吃加工程度低的食物更有益于健康，而常吃超加工食物会增大癌症的患病风险。我的建议是，如果经济条件允许，应当购买和食用有机食品，因为它们的益处显而易见，同时你也间接促进了农业的可持续发展。

接下来，我要介绍一些"超级食物"，它们是植物营养素的"供应商"。

"超级食物"并不是一个营养学概念，而是一个营销口号。它常被用来指代那些具有异域特色、价格昂贵，但未必健康的食物。但我喜欢这个概念，因为它能体现食物的特殊性，而"有益健康的食物"这样的表述往往令人感觉食物平平无奇。的确，不同的食物对健康的作用也存在显著差异。例如，同样是蔬菜，西蓝花或菠菜中的营养素比黄瓜中的更丰富；同样是面包，全谷物面包无疑比白面包更健康。

超级食物应该成为我们饮食中的"常客"，因此我们每天都要尽可能多地吃下面介绍的这些食物。

全谷物食品

为了引起你的注意，我刻意将全谷物食品放在首位。它含有膳食纤维、多种微量营养素和益生元，几乎所有"蓝色地带"的居民都吃大量全谷物食品。全谷物食品的食用原则是：宁多勿少，但麸质不耐受者应该避免食用。要注重食品质量，最好吃带有有机认证标签的全谷物食品。黑麦、斯佩尔特小麦、单粒小麦等都是优质的小麦品种。绿色的斯佩尔特小麦是通过特殊的工艺生产出来的，具体做法是在小麦还很柔软的时候收割，然后进行烘烤。小米含有大量矿物质（如铁），对皮肤和头发都有好处，可用来制作小米烩饭（Hirsotto），或用来煮粥。

现在，荞麦、藜麦、苋菜籽等"假谷物"也越来越受欢迎。和小米一样，它们也是麸质不耐受者的绝佳选择，特别是藜麦和苋菜籽，它们是优质蛋白质的来源，特别适合用来制作素食。藜麦是生活在南美洲（尤其是秘鲁和玻利维亚）的人的主食。苋菜籽起源于南美洲的安第斯地区，它是从苋科植物的花序中采集的。荞麦的种植非常广泛，我推荐食用本土种植的荞麦。

燕麦

燕麦中含有大量膳食纤维。除此之外，燕麦中的可溶性 β–葡聚糖有降低胆固醇水平的作用。胆汁酸是胆固醇的代谢产物，β–葡聚糖在肠道内与胆汁酸结合，促进肝脏中的胆固醇转化成胆汁酸。这样，血液中胆固醇的水平就会降低。此外，燕麦还能阻止肠道对胆固醇的重新吸收。

有趣的是，有研究表明，β–葡聚糖能有效缓解花粉症的症状。药物治疗会降低患者的免疫力，使患者容易生病。而 β - 葡聚糖可以起到两全其美的作用，它既能抑制炎症，也能抗过敏。这可能是通过改善肠道菌群实现的，因此燕麦对免疫系统疾病也有一定的治疗效果。燕麦是富含益生元的食物。

燕麦对治疗 2 型糖尿病也有很好的效果，它能较快地改善胰岛素抵抗，使血糖水平恢复正常。此外，燕麦可以帮助肥胖者减肥，帮助脂肪肝患者恢复肝脏细胞的再生能力。

因此，我极力推荐燕麦粥，它是最经典也是最健康的早餐食物之一，可以在一天的开始为身体提供极其宝贵的营养素，而且制作起来简单方便。你可以在燕麦粥中添加蓝莓、少许肉桂或豆蔻和 5 个核桃仁。燕麦也是减食日的理想食物（第 190 页）。

亚麻籽和亚麻籽油

亚麻籽含有大量中链 ω-3 脂肪酸（如 ALA）、膳食纤维和木脂素（一种植物营养素，也被称为"植物雌激素"）。木脂素可以对肠道菌群产生积极作用。

亚麻籽是治疗高血压、高胆固醇的良药，它也可以作为 2 型糖尿病和炎性疾病（如风湿病）的辅助"药物"，甚至在预防癌症方面也有令人惊喜的实验数据。在一项针对癌症高风险人群的研究中，研究者发现，早期乳腺癌患者通过每天食用 2 茶匙磨碎的亚麻籽能阻止癌症的进一步发展。更年期女性常常担心木脂素会增大患乳腺癌的风险，但是乳腺癌的治疗手段通常是使用雌激素阻断剂，而木脂素则直接作用于雌激素细胞，减少雌激素的合成和分泌，从而起到治疗乳腺癌的作用。

我建议你每天吃 2~3 汤匙亚麻籽。我在厨房里总是备有一些粗磨亚麻籽，它很适合搭配燕麦粥食用，使燕麦粥带有坚果味，也适合与沙拉和土豆一起吃。亚麻籽一定要磨碎后食用，因为亚麻籽壳能阻碍人体吸收其中宝贵的营养素。你可以购买现磨的亚麻籽粉，也可以用家用搅拌器或咖啡研磨机研磨亚麻籽。亚麻籽在阴凉处存放，可以保存几个月。

亚麻籽可以在一定程度上缓解胃灼热、胃炎以及便秘。你可以将 2~3 汤匙磨碎的金黄色亚麻籽用 300 mL 水浸泡一整晚，第二天早上将其煮沸，然后用纱布或很细的筛子过滤掉残渣，将剩下的浓稠液体装入保温瓶，一天中分几次饮用。注意，每天要额外喝 1.5~2 L 水。

大多数人都觉得亚麻籽很好吃。但你如果不喜欢吃亚麻籽，或者不能很好地消化亚麻籽，可以通过亚麻籽油摄取 ω-3 脂肪酸。在所有食用油中，亚麻籽油的 ω-3 含量是最高的。但是，亚麻籽油会因光照、高温而变质，所以必须存放在阴凉、避光的地方。此外，亚麻籽油不适合加热，适合用来拌沙拉。

橄榄油

橄榄油是地中海美食的标志，是除亚麻籽油之外，第二种值得被纳入超级食物名单的食用油。

大蒜和洋葱

大蒜和洋葱含有的植物营养素可以软化血管、降低胆固醇水平和血压、促进血液循环。美国麻醉学会甚至建议患者在手术前一周不要吃大蒜，以减小手术大出血的风险。

大蒜还能减小癌症的患病风险，尤其是减小消化系统癌变（如食管癌、胃癌和结肠癌）的风险。大蒜还有抗菌作用，能抑制真菌和寄生虫。生吃大蒜对健康最有益。生吃时，大蒜所含的活性成分——大蒜素可以通过咀嚼被释放出来。你还应当多生吃洋葱，比如在希腊沙拉中加一些洋葱。

姜黄粉

姜黄粉指姜目姜科姜黄研磨后的亮黄色粉末，它是药用香料中当之无愧的明星。它在印度的使用最为广泛，印度人每天食用约 2 g 姜黄粉。许多研究者认为，尽管印度医疗卫生条件并不好，而且印度人的膳食并不均衡，但印度的癌症发病率非常低，这可能与他们大量食用姜黄粉有关。此外，印度人很少吃肉和肉制品。

姜黄粉尤其能够预防结肠癌和前列腺癌，它甚至能抑制肠道中息肉（胃肠道癌变的前兆）的进一步生长。在一项研究中，受试者连续 6 个月食用姜黄粉以及含有槲皮素的水果和蔬菜。检查结果表明，受试者的肠息肉数量平均减少了一半。此外，姜黄粉对风湿病、骨关节炎、脑炎、肺炎、炎性肠病（溃疡性结肠炎和克罗恩病）等也有防治作用。

姜黄粉的主要有效成分是天然着色剂姜黄素。如今，你可以在市面上买到姜黄素片剂，人们通过特殊的化学制备方法提取姜黄素，并进行改良，使之更易于被人体吸收。如果直接食用姜黄的根茎，只有约 5% 的姜黄素可以进入血液，其余的会在胃肠道中被分解然后排出。不过，我认为你可以省下买姜黄素片剂的钱，直接购买普通的姜黄粉，将其与胡椒混合，每天服用 1 茶匙，胡椒能大大增强胃肠道对姜黄素的吸收能力。虽然姜黄粉可以预防疾病，但我建议每天的食用量不要超过 1 茶匙。

咖喱是由各种香料混合的调味品，含有姜黄粉（约 30%）、芫荽、小茴香、豆蔻、胡卢巴和胡椒。因此，我强烈推荐你食用咖喱。

新鲜的姜黄根茎具有更强的消炎作用，约 1 cm 长的姜黄根茎的消炎效果相当于 1/2 茶匙姜黄粉的消炎效果。但一定要小心，无论是 T 恤衫还是搅拌器，只要粘到姜黄汁液的东西都会变黄。如果衣服沾上姜黄汁液了，只有一个办法：将衣物放在阳光下晒几个小时，污渍一般会自行消失。

辣椒

辣椒在延长寿命和预防疾病方面有很好的效果。许多辣椒爱好者都健康长寿，但至今没有明确证据证明辣椒有增进健康的功效。辣椒爱好者健康长寿的原因有可能是他们普遍都有健康的生活方式。但是，如果你想减肥，辛辣的食物绝对是很好的选择，因为辣味容易使人产生饱腹感。

芫荽

人们对芫荽褒贬不一，喜欢它的人对它赞不绝口，不喜欢它的人对它厌恶至极。喜欢芫荽的人认为它口感清爽，有柠檬的芳香；不喜欢芫荽的人认为它有肥皂味、霉味。研究者发现，造成这种味觉差异的根源在于基因。芫荽常出现在亚洲美食中，它所含有的植物营养素能促进新陈代谢，帮助身体排出废物，对胃肠道疾病、慢性炎症有一定疗效。

姜

姜是能有效缓解晕车或化疗期间恶心的食物。以前的水手经常会在风浪较大、船体颠簸时嚼姜。姜还有助于缓解偏头痛和头痛。一项比较研究发现，食用 1/2 茶匙姜粉与服用现代偏头痛药物一样有效。你可以尝试泡姜足浴来治疗头痛，这是一种在亚洲很常见的家庭疗法。感冒患者可以喝姜茶或者在胸口敷姜片，因为姜有活血、祛寒的功效。

姜也是很多厨师常用的调味品。我最喜欢的吃法是在越南时蔬炒饭中加大量姜。姜搭配南瓜汤和寿司也很好吃。

余甘子

余甘子也称"印度醋栗"，它维生素 C 含量很高，具有极强的降低胆固醇水平的功效。在印度，余甘子被认为是一种包治百病的灵丹妙药，还有人说它可以预防癌症，但这一作用并没有得到科学研究的证实。

混合香料

除了我在前面提到的咖喱之外，世界各地还有很多很棒的混合香料。

辛辣玛莎拉（Garam Masala）是印度的经典香料，它最早出现在阿育吠陀医学著作中。这种混合香料中有小豆蔻、肉桂、丁香、胡椒和小茴香，具有温热的性质。使用这种香料烹制蔬菜时，要先将蔬菜在锅中炒制一下，让蔬菜的香味散发出来，最后再加入香料。

摩洛哥综合香料（Ras el-Hanout）也是一种混合香料，它起源于北非的马格里布，现在在其他阿拉伯地区也很常见，"Ras el-Hanout"的本意是"镇店之宝"。用于制作摩洛哥综合香料的原料多达 20 种，包括肉豆蔻、辣椒、小豆蔻、高良姜、丁香、肉桂、小茴香、姜黄、甜椒、生姜和八角等，在不同地区，人们使用的原料不同。1 茶匙摩洛哥综合香料就能使你的饭菜充满东方风味。摩洛哥综合香料还能预防感冒。

浆果

最健康的水果莫过于浆果。由于颜色鲜艳，浆果很容易被动物发现，从而被吃掉。只有这样，它们的种子才能被传播到各处。浆果的鲜艳颜色与它们所含的一种健康的植物营养素——花青素有很大关系。花青素是一种强抗氧化剂，广泛存在于各种食物如黑莓、覆盆子、草莓、苹果（按花青素的含量由高到低排列）中。

味酸的深色浆果尤其健康，比如接骨木莓，但是对我来说它太酸了。我更喜欢野生蓝莓。市面上容易买到的蓝莓大多是农场大量栽培的，它们果肉颜色鲜亮，保健的效果也相对弱一些。

蓝莓对癌症、炎症、高血压、肠道疾病和 2 型糖尿病的治疗效果已经被研究证实。此外，一项研究证实，蓝莓可以增强儿童的认知能力，防止老年人认知能力退化、提升其身体灵活性和平衡性。

一项研究表明，在食用 1 份蓝莓后的 1~2 小时内，血液中植物营养素的水平会首次大幅上升，随后分别在 6 小时后和 24 小时后进一步上升。原因在于，肠道菌群对蓝莓进行了"加工处理"，一点点地将其中的营养素释放到血液中。要想发挥保健功效，蓝莓和其他浆果一般不宜与奶油或牛奶同食（与咖啡一样），因为奶油和牛奶会抵消浆果对健康的积极作用。由于生产工艺的原因，浆果酱中大部分植物营养素遭到破坏，因而浆果酱不具有抗氧化能力。

浆果中最重要的植物营养素是花青素。花青素也大量存在于蔓越莓中。蔓越莓在北美特别受欢迎，它是北美原住民的重要食物。蔓越莓可以预防膀胱炎和尿路感染。在欧洲，蔓越莓的近缘种是欧洲小红莓，但欧洲小红莓所含的植物营养素不那么丰富，其中能起到抗癌作用的是鞣花酸，它也是浆果中比较重要的活性物质，主要存在于覆盆子、草莓、榛子和山核桃中。

浆果很早就出现在自然疗法中：喝用浆果叶泡的水可以止泻，吃蓝莓干或喝蓝莓汁同样可以止泻以及治疗肠道炎症。

与其他水果相比，浆果的果糖含量较低。另外，有实验表明，浆果可以减缓胰岛素水平的上升速度。虽然冷藏的进口浆果不会失去保健功效，但通过冷链运输的进口枸杞或巴西莓并不一定比当地种植的浆果更健康，它们甚至可能受到更多农药等有害物质的污染。

对经常在电脑前工作的人来说，浆果能保护视力。在写本书的时候，我经常给自己准备一杯用蓝莓、覆盆子、胡萝卜、生姜制成的混合果汁来犒劳自己。

> 浆果是毋庸置疑的超级食物，是最好的"甜食"。

番茄

6 000 万爱吃番茄的意大利人是明智的。许多研究都表明，番茄有特殊的健康功效。它含有番茄红素、β - 胡萝卜素和槲皮素。番茄中番茄红素的含量会随着温度的升高而升高，因此，番茄酱和番茄汤比生番茄更健康。脂肪也会使番茄红素的含量升高，所以在制作番茄酱时可以加入大量橄榄油。但是要避免食用市面上售卖的成品番茄酱，这类番茄酱虽然也含有番茄红素，但也含有过多的糖。

番茄中的番茄红素对治疗心血管疾病和预防前列腺癌有积极作用。在飞机上喜欢点番茄汁喝的人是在爱护自己的身体。

番茄属于茄科植物，含有天然毒素，因此总有人疑惑番茄是否健康。确实，番茄含有有毒的生物碱，但生物碱几乎只存在于番茄的根和叶中，果实中的生物碱会随着果实的成熟而完全消失，但一些皮肤病患者应该避免食用茄科植物。购买番茄时首选有机番茄，因为有机番茄所含的植物营养素更多。

巧克力

可可树起源于南美洲。玛雅人可能是最早发现可可豆并将其作为食物的人。最早，他们将可可豆磨成粉与香料、其他有香味的物质混合食用，直到被西班牙统治者征服后，玛雅人才开始将可可粉与有甜味的水果混合。

巧克力和绿茶一样富含多酚。研究表明，可可能够软化血管、消除血管钙化、降低血压、保护心脏、改善血液循环。可可含量高于 55% 的巧克力就能发挥保健功效。因此，健康的黑巧克力不一定很苦。

坚果

我家的花园里有一棵美丽的核桃树，每年秋天我都盼望着核桃的收获。坚果不仅对松鼠，对我们人类来说也是一种理想的、能提供大量热量的食物。对很多疾病来说，坚果都能起到辅助治疗和预防的作用。

在 20 世纪 80 年代，防治心脏病的权威机构美国心脏协会曾警告：坚果的脂肪含量很高，不应当食用坚果。现在我们知道，这是一个完全错误的观点。坚果是大自然为我们提供的最好的食物之一，我在前面已经提到坚果有益于健康，这要归功于坚果中的大量 ω-3 脂肪酸（核桃含有大量 ω-3 脂肪酸）和单不饱和脂肪酸（杏仁和榛子含有大量单不饱和脂肪酸）。同时，坚果对肠道菌群也大有益处。研究表明，经常食用开心果和杏仁能使肠道菌群更健康。肠道菌群也很喜欢坚果。

一般来说，由于脂肪含量高，坚果很容易变质，如果存放在潮湿的地方，就会发霉。不要吃有霉味、有蓝黑色斑点或味道刺鼻的坚果。如果不小心吃到这样的坚果，要立即吐出来，因为它可能已经含有黄曲霉毒素（曲霉菌的代谢产物）。坚果最好放在密封的罐子里，在阴凉处存放。

核桃

核桃是"坚果皇后"，它几乎含有超级食物所含有的一切营养素，如 ω-3 脂肪酸、膳食纤维和抗氧化剂。核桃的味道也很不错。研究显示，核桃能降血压、保护血管和心脏、预防癌症。

开心果

我推荐 2 型糖尿病患者和高血压患者吃开心果。它还能促进益生菌的生存繁殖，从而可以预防结肠癌。有研究者发现，食用开心果后，食用者的粪便含有更多的短链脂肪酸——丁酸盐，这种物质由肠道菌群合成，说明开心果使益生菌增多了。注意，不要吃加盐的开心果。

山核桃

山核桃是核桃的近缘种，外观看起来也像核桃，是美洲原住民的主要食物。美国波士顿塔夫茨大学的一项研究旨在探究山核桃对肥胖的代谢性疾病患者的作用。26 名受试者在 4 周里吃热量相同的食物，其中一组受试者每天额外食用 40 g 山核桃。4 周后，吃坚果的这组受试者的血糖调节能力明显提高，胰岛素水平降低，胆固醇水平也更接近正常值。2 型糖尿病和高胆固醇患者可以每天吃 1 把山核桃。我喜欢山核桃微甜的味道。它的唯一缺点是价格高、保质期短。

花生

在植物学上，花生不是坚果，而是豆类。花生是很健康的食物。一项研究发现，每天食用 1 汤匙花生酱可以减小患心肌梗死的风险。我建议，吃早餐时用花生酱代替巧克力榛子酱，因为后者含有更多糖和棕榈油。

坚果的减肥功效

虽然坚果的脂肪含量和热量都很高，但它们有助于减肥和降低胆固醇水平。每当我向有肥胖问题的患者推荐健康食物，我都会向他们推荐坚果，此时，患者就会疑惑地看着我，因为他们对坚果仍存在误解。但是根据研究数据和我自己的经验，坚果的饱腹感很强，吃了坚果之后，我们就会少吃其他食物（包括垃圾食品）。

开心果特别有助于减肥。在吃开心果之前必须先去壳，单是这一麻烦的步骤就给了大脑足够的时间来发出"吃饱了"的信号，从而使人减少进食。在营养学上，这被称为"开心果原理"。这个原理也适用于其他坚硬的坚果（如杏仁），因为它们必须被慢慢地、深度地咀嚼。坚果能加速减脂，它们才是真正的"燃脂机"。所以在食用量上，我不设置任何限制。

牛油果

牛油果是一种樟科植物的果实，如今享有盛名。和橄榄油一样，牛油果也证实了并非所有脂肪都对健康有害这一观点，当然，只有来自植物的脂肪才对健康有益。牛油果含有丰富的单不饱和脂肪酸、水和膳食纤维，它所含的脂肪比动物脂肪更健康，能够提供更多热量，所以牛油果似乎不利于减肥。然而，研究表明，经常吃牛油果的人整体营养状况更好，不容易有肥胖问题，总胆固醇水平普遍较低。

不过，有一段时间，牛油果受到了质疑。1975 年，研究者在牛油果树的叶子中发现了佩尔森毒素（Persin），于是开始研究，这种毒素是否可以抗癌。实验表明，这种毒素可以对血细胞的基因造成损伤。但是，我们并不需要将佩尔森毒素注射到血管里，我们只需要吃果实，进入我们的胃肠道后，这种毒素就会在胃液的作用下失去毒性。因此，经常食用牛油果的人要慎用胃液抑制剂（此外，胃液抑制剂被认为具有增大阿尔茨海默病和骨质疏松症的患病风险等副作用）。研究证明，牛油果甚至可以抑制癌细胞生长。在一项创新性观察研究中，每天至少吃 1/3 个牛油果的男性患前列腺癌的风险明显减小。所以，我非常鼓励男性吃牛油果酱。

但从生态角度来看，牛油果有一个很大的缺点：种植过程中要消耗大量的水，而水资源短缺已经是许多国家面临的一大问题。收获 1 kg 番茄平均要消耗 180 L 水，而收获 1 kg 牛油果则要消耗 1000 L 水。你可以吃牛油果，享受牛油果的绵密口感，但不要每天都吃，并且请购买有机种植的牛油果。

十字花科蔬菜

十字花科蔬菜因其十字形的花冠排列而得名。甘蓝是典型的十字花科蔬菜。甘蓝已有 6000 多年的种植史，古埃及和古罗马的医学文献中有关于它的药效的记载。十字花科中最重要的几种蔬菜有西蓝花、花椰菜、抱子甘蓝和羽衣甘蓝。亚洲的许多常见蔬菜，如大白菜、球茎甘蓝、芜菁甘蓝、小红萝卜、辣根、芝麻菜、油菜、芥菜、水芹、萝卜等也都是十字花科蔬菜。

西蓝花
甘蓝中的明星自然是西蓝花，它有预防癌症、对抗 2 型糖尿病、抑制炎症和增强免疫力的作用。西蓝花是被研究得最多的十字花科蔬菜，但这并不意味着其他的十字花科蔬菜不如它健康。西蓝花中最重要的成分是硫代葡萄糖苷，它只有在西蓝花被充分咀嚼后才会产生活性。咀嚼时，西蓝花中的黑芥子酶就会发挥作用，将硫代葡萄糖苷分解，生成活性物质萝卜硫素。萝卜硫素具有抗氧化、消炎和排毒的作用，能预防癌症、抑制幽门螺杆菌（幽门螺杆菌能引发胃溃疡和胃炎）。

在烹制西蓝花时，不要将它在水中焯过长时间，因为这样一来，一方面，西蓝花中一半以上的营养素就会被破坏；另一方面，黑芥子酶的活性非常容易受到温度的影响，焯水时间较长会使黑芥子酶活性降低，从而抑制萝卜硫素的生成。美国医生和营养学家迈克尔·格雷格（Michael Greger）有一个妙招，他称之为"切开并等待"：将西蓝花切成小块，在砧板上放置15分钟左右，再放入水中焯。切成小块并等待15分钟有助于黑芥子酶分解硫代葡萄糖苷，并生成萝卜硫素。这样一来，你就不用担心西蓝花因焯水太久而流失了大量营养素。

你也可以生吃西蓝花，或者将西蓝花与辣根、芝麻菜或芥菜拌在一起吃。这些十字花科蔬菜都含有黑芥子酶。无论你采取哪种烹饪方式，都要充分咀嚼西蓝花。西蓝花芽是萝卜硫素"制造机"，你可以在任何有机食品超市中买到它。

羽衣甘蓝

在营养价值方面，羽衣甘蓝绝对可以和西蓝花媲美，羽衣甘蓝也可以显著降低胆固醇水平。曾经的美国第一夫人米歇尔·奥巴马（Michelle Obama）在白宫居住时，在花园里种植羽衣甘蓝，从而引发了全美食用羽衣甘蓝的热潮。

虽然我不推荐烤制的果干和蔬菜干，但我破例推荐烤羽衣甘蓝干，因为它很健康。你可以轻松地在家自己制作烤羽衣甘蓝干：将去梗的羽衣甘蓝叶放在烤盘中；将烤箱温度设为120~140 ℃，将烤盘放入烤箱，烤20分钟左右；在烤好的羽衣甘蓝干上撒一些香料粉。烤羽衣甘蓝干就制作完成了。

其他十字花科蔬菜

球茎甘蓝和辣根也非常健康。辣根的辛辣味就能说明它的植物营养素含量很高。你可以将辣根当作调味品来丰富你的饮食。

冷冻十字花科蔬菜不如新鲜的健康，因为蔬菜通常在冷冻前要焯水，这使蔬菜中的酶失去活性，但这正是焯水的目的所在，因为酶失去活性后，蔬菜才能保存更长时间，但前面提到的"切开并等待"的方法就没有任何作用了。不过，冷冻十字花科蔬菜中仍然存在萝卜硫素的前体物质硫代葡萄糖苷。你可以将新鲜的芥菜籽、几片芝麻菜叶或少量的新鲜西蓝花打成泥，放到冷冻十字花科蔬菜中，利用新鲜蔬菜中的黑芥子酶来分解硫代葡萄糖苷。

豆类

豆类含有优质的植物蛋白、膳食纤维和许多微量营养素，这是出现"西班牙人悖论"的原因之一。西班牙人悖论指的是，许多移民到美国的拉美人经常吃一些不健康的食物，这些食物中脂肪和糖的含量过高，因此这些人普遍有肥胖问题。然而，他们的心血管疾病发病率很低。这可能是因为他们经常食用大豆和其他豆类。美国癌症研究所建议，每餐都应当吃全谷物食品或豆类。

用豆类烹制的菜肴鲜美多样，例如扁豆意大利面、鹰嘴豆泥、白豆大杂烩等。很多人喜欢豆类的味道，但吃后会胀气，德国人普遍不喜欢吃豆类，德国每年人均豆类消耗量不到 1 kg。你应当多吃豆类，当肠道菌群习惯了豆类后，发生胀气的情况就会减少。浅色的扁豆、鹰嘴豆比深色的黑豆、绿豆更容易消化。有一个妙招可以使绿豆变得容易消化：将咖喱、盐、胡椒、丁香、大蒜、生姜、姜黄或月桂叶等调味品与绿豆一起煮。

罐头豆类更不易引起胀气，但要记得先用水淘洗，以降低其中盐的含量。当然，你应当首选新鲜的豆类。

未经加工的大豆在发酵后最易消化，例如源自印度尼西亚的丹贝就很容易消化。丹贝切成片，用酱油煎一下，就非常好吃。但是，丹贝价格较高。

豆浆和豆腐是加工食品，豆类在加工成豆腐后，其中约一半的营养素已经流失，加工成豆浆后流失的营养素更多。尽管如此，两者都是值得推荐的食物。大豆能够减小乳腺癌的患病风险。

注意，素食汉堡中含有大量糖、盐和增味剂，其中的大豆饼并不那么健康。

扁豆在许多方面都有神奇的功效，它能降低血糖，富含膳食纤维。烹制扁豆简单方便，扁豆只需煮 20~25 分钟即可出锅，无论是用来做汤，还是用来做意大利面酱，味道都非常好。

羽扇豆的蛋白质含量非常高。羽扇豆素肉排味道鲜美。如果你不想自己做而想购买现成的羽扇豆素肉排，请确保产品中没有添加过多的盐和食品添加剂。

由于所谓的"第二餐效应"，即第一餐吃了 GI 低的食物后，在吃第二餐时，血糖水平也不会迅速上升，胰岛素分泌也较少，豆类可以长时间稳定体内胰岛素水平，有效减轻 2 型糖尿病的症状。豆类的"延缓效应"类似于缓释片的作用机制，它能在数小时内缓慢释放其有效成分。在一项临床试验中，研究者在第一天早晨为实验组受试者提供 1 份红扁豆，为对照组受试者提供高糖食物，并在第二天测量他们的胰岛素水平。研究者发现，实验组受试者的胰岛素水平低于对照组受试者的。和蓝莓一样，这一效果不仅仅是红扁豆本身的功劳，还依靠肠道菌群的积极配合，它们慢慢地"加工"红扁豆，生成代谢物质，抑制血糖水平上升，从而抑制胰岛素水平升高。

红菜头

当患者向我询问辅助降压的天然方法时，我会首先推荐喝红菜头汁。有数据表明，25 mL 红菜头汁（或吃对应量的新鲜红菜头）的降压效果与降压药的相同。红菜头含有大量硝酸盐，这些硝酸盐会通过胃肠道进入血液。血液中 30% 的硝酸盐集中于唾液腺中，口腔中的细菌会将硝酸盐还原成亚硝酸盐。亚硝酸盐随着吞咽的食物回到胃里，在胃液的作用下生成一氧化氮，这是血管喜欢的物质，能使血管变得柔软。正是由于硝酸盐的"肠道-唾液腺循环"以及口腔中细菌的帮助，红菜头才能起促进健康的作用。由于红菜头能扩张血管，心脏功能不全的患者尤其适合吃红菜头。

红菜头汁不仅可以作为降压药，还可以作为天然的体能增强剂。连续 6 天每天喝 0.5 L 红菜头汁的男性的耐力更好。在自行车耐力测试中，喝红菜头汁的受试者的耐力比喝其他饮料的受试者的更好。

硝酸盐对口腔健康也有特殊的作用，因此红菜头可以预防龋齿，还有助于预防局部牙龈发炎和牙周病。不同红菜头品种的硝酸盐含量不同。用"蒙娜丽莎"红菜头压榨的红菜头汁每升可提供超过 4000 mg 硝酸盐，而用"罗布斯卡"红菜头压榨的红菜头汁每升只能提供 500 mg 硝酸盐。

听到"硝酸盐"这个词，你可能会有所警觉，因为我们总是看到关于田地里使用了过多的液体肥料和矿物肥料造成地下水污染，硝酸盐含量上升的负面报道。此外，含有亚硝酸盐的卡斯勒熏腌肉等肉制品也被认为不太健康。那为什么蔬菜中的硝酸盐和亚硝酸盐是健康的呢？亚硝酸盐本身并不致癌，它与蛋白质结合后生成的亚硝胺才致癌。亚硝胺大量存在于肉和肉制品中，但在蔬菜中几乎不存在。此外，蔬菜中的许多植物营养素能阻止亚硝酸盐转化为亚硝胺，而使亚硝酸盐生成有益的一氧化氮。因此，2013 年德国联邦风险评估研究所不再认为蔬菜中的硝酸盐有害健康，并认为蔬菜中硝酸盐对健康利大于弊。

绿叶蔬菜

应尽量多吃绿叶蔬菜，每天都要吃绿叶蔬菜。不管是茖荙菜、菠菜、卷心莴苣、菊苣、冰山生菜还是野莴苣，只要是绿叶蔬菜就要多吃，可以在面食或土豆泥中加些绿叶蔬菜。绿叶蔬菜可以预防心脏病、脑卒中和牙周炎，可以延长寿命。这些绿色的食物含有植物的秘密武器——叶绿素和 ω-3 脂肪酸。绿叶蔬菜中的许多营养素具有脂溶性，因此你可以在烹制菠菜时加橄榄油，或者在绿叶蔬菜沙拉中加核桃或烤过的芝麻，使食物更具风味、更有营养。和红菜头一样，绿叶蔬菜也含有大量的硝酸盐。

菌类

菌类的好处在于它富含矿物质，有助于增强抵抗力。一些菌类可以药用，它们有非常奇特的名字，如灵芝、灰树花、冬虫夏草。菌类也有助于强化免疫系统，并且有抗过敏的作用。和燕麦一样，菌类含有大量 β-葡聚糖。实验证明，灰树花、香菇、牡蛎菇、伞菌蘑菇等都有防癌作用。

苹果

苹果无疑是超级食物。"每天一苹果，医生远离我"——这句话还是很有道理的，苹果之所以健康，是因为苹果中有丰富的植物营养素，这些植物营养素可以预防 2 型糖尿病。实验发现，苹果还有预防癌症的作用。这里，我想提一下，苹果皮含有大量槲皮素，克劳斯·莱茨曼认为削皮后再吃苹果是严重的错误。

苹果的一大优势是方便随身携带，吃苹果时无须使用餐具。苹果皮是理想的"防护罩"，因此苹果可以保存很长时间。不过，最好吃秋季采摘的新鲜苹果，因为储存时间越长，苹果中植物营养素的含量就越低，这样即使你每天吃 1 个苹果也不能让医生远离你。

饮品

水

水是超级食物，确切地说，它是"超级饮品"。水无疑是最健康的饮品，也是人体不可缺少的物质。但喝多少水才健康呢？

"每天至少喝2~3 L的液体，最好是水"——这个建议你可能很熟悉，但它的来源无从查证，也没有科学依据。当然，在蒸完桑拿、运动大量出汗或因腹泻而流失水分后，我们必须及时补充水分。事实也证明，身体缺水会导致学龄儿童注意力不集中，成绩下降。缺水后，人会感到疲惫不堪。一些喝水太少的患者常抱怨会头痛。

对心脏和血管健康的人来说，每天喝5杯（1杯相当于250 mL）水对心脏病有一定的预防作用。摄入充足的水还可以预防肾结石、膀胱反复发炎和膀胱癌。在一项研究中，每年至少患3次膀胱炎的女性被分为两组，第一组女性不需要改变她们正常的饮水习惯，另一组女性每天要多喝1.5 L水。多喝水效果显著，一年后，第二组女性的膀胱感染次数减少了近一半。然而，2018年的一项关于增加饮水量能否减轻肾功能轻度受损（患者多为老年人）的研究调查结果令人惊讶：肾功能中度受损的患者减少喝水量后，肾功能反而逐渐得到增强。

德国柏林夏里特医学院的迈克尔·博什曼（Michael Boschmann）和他带领的研究团队在一项研究中证实，饭前15~20分钟喝1杯水有助于产生饱腹感，并能够刺激身体新陈代谢。

总体来看，人类的身体习惯于"节约用水"，因为缺水是人类进化史上经常出现的情况。在石器时代，谁会背着PET塑料瓶或手拿外卖咖啡杯到处跑？除了在身体缺水的情况外，一直大量喝水并不好，过量的水会导致血管容积增大，损害心血管功能，使血压升高。摄入更多的水分意味着我们的肾脏要做更多的工作，而我们的肾脏已经很忙碌了。我的建议是，留意身体发出的信号。只在感到口渴时喝水无疑是正确的做法，但如果身体不需要水，就不要勉强自己喝水。不过，因为老年人口渴的感觉不那么灵敏，所以老年人要注意多喝水。

> 你可以通过一个简单的测试来检查身体是否处于水合状态（人体水的摄入和排出处于动态平衡）。喝 2 杯水，如果你在之后的 1 小时内排出几乎等量的尿液（且颜色较浅），那么你的身体处于水合状态。

喝什么水最好？

在德国，喝自来水是个不错的选择，自来水所受到的微生物污染通常比瓶装水还要少。这是因为在德国，自来水的检测标准要比瓶装矿泉水和纯净水的检测标准更严格，而且自来水比较便宜。

> 吃饭时不要喝水。阿育吠陀医学中的一个养生观点是，吃饭时和饭前不要喝水，以免削弱肠胃的消化能力。

如今，全球各地的饮用水市场快速增长。大型企业很早就开始布局饮用水领域，正因如此，我们更应该批判性地看待夸大其词的矿泉水广告，不要相信广告商的所有承诺。不过，由于地下水中存在药物残留，现在，德国很多地区的自来水已经不能像以前那样放心地饮用了。自来水中的药物包括激素、苯二氮卓类药物、抗生素、X 线造影剂和双氯芬酸钠等消炎药。

20 世纪 90 年代，双氯芬酸钠几乎导致印度本土的孟加拉秃鹫灭绝，此前，这种秃鹫还是印度次大陆上最常见的鸟类。秃鹫在食用了经过双氯芬酸钠处理的牛的尸体后死亡，这种药物会使秃鹫肾衰竭。所幸德国地下水中双氯芬酸钠的浓度并不高，但在自来水中仍可以检测到这种被广泛使用的药物。

现代水处理技术仍无法彻底清除这些药物成分。2017 年，德国心脏病学会针对德国水质问题进行研究，并在污水处理厂的水中发现常见降压药缬沙坦的残留物。研究者建议高血压患者换一种降压药，但这当然不能解决问题。因此，德国联邦环境局计划在全境的污水处理厂添置第四级处理设施，以清除这些药物成分。我们自己也可以为地下水的清洁做出贡献，例如不把过期药物丢进水槽或马桶里。

现在很多人都会购买家用滤水器，这些产品的广告越来越多，但广告词往往会夸大其对健康的作用。品质好，但往往价格昂贵的滤水器当然可以去除水中的药物成分、重金属元素和其他有害物质。但这样做是否真的对健康有益还很难说。滤水器通常将水净化得太干净，反渗透装置将矿物质也过滤掉了。低矿物质含量的水味道确实更好，但水是身体获取矿物质的重要来源。

不要买便宜的滤水器，因为便宜的滤水器需要经常更换滤芯。如果不经常更换滤芯，细菌会污染滤芯，造成更大的危害。而好一点儿的滤水器可以直接连接到水管上，且不需要经常更换滤芯。

如果你喝矿泉水，那请选择用玻璃瓶盛装的矿泉水，尽管玻璃瓶不易携带。塑料瓶会向水中释放双酚 A 等有毒塑化剂，目前已经证实，它们对身体，特别是对内分泌系统有诸多消极影响。双酚 A 也会影响肠道菌群平衡，特别是在加热的情况下，塑料瓶中的有害成分会大量溶解在水中。你如果在喝第一口时发现水有塑料味，就应立即将剩下的水处理掉。

德国本地生产的矿泉水种类繁多，你可以很容易就购买到优质的矿泉水，特别是无须钻井就能达到地表的自然矿泉水，喝起来特别清爽。不必特地购买从意大利的阿尔卑斯山运过来的矿泉水。在运输途中，矿泉水容易被污染，而且也会造成环境破坏。

矿泉水和气泡水对肠道功能或食欲是否有积极作用，目前还不明确。当我旅行时，我总是注意到，除了德国，世界上几乎所有地方的人喝的都是普通的纯净水或矿泉水。我个人比较喜欢中等气泡含量的水，但我不知道为什么气泡水在德国如此受欢迎。

请喝充足的水，但要根据自己的口渴程度来喝水。你如果不觉得口渴，就不要勉强自己喝水。最好喝用玻璃瓶盛装的纯净水或矿泉水，避免喝塑料瓶装水。

咖啡

医学界对咖啡的评价一直在变化。从 19 世纪到 20 世纪初，咖啡一直被当作能够补充能量、提升精力的"补品"，受到高度重视。在此后一段时间里，咖啡因为含有咖啡因而"失宠"。但在 20 多年前，这种深棕色饮品又高调"复出"，甚至有人说，咖啡是灵丹妙药。这种说法当然有些夸张，但目前的数据显示，咖啡能够预防多种疾病，如帕金森病、2 型糖尿病、心血管疾病、肾脏疾病和肝脏疾病、痛风、胆结石、肺功能紊乱、抑郁症、结肠癌、乳腺癌、前列腺癌、精神分裂症。最令人意外的是，咖啡可能有延年益寿的功效。2018 年的一项研究显示，每天喝 8 杯咖啡可以预防疾病，使人健康长寿。但是你不必按照这个量饮用咖啡，每天喝 2~4 杯就够了。另外，无论是用什么品种的咖啡豆制成的咖啡，哪怕是咖啡因含量较低的咖啡，都对健康有益。

但咖啡也有副作用。在进行治疗性断食时，许多人（包括我自己）会出于之前长期饮用咖啡而产生头痛，这实际上是"戒咖啡"产生的戒断反应。

有睡眠障碍的人不宜饮用咖啡。压力大时，如果大量饮用咖啡，往往会适得其反。其实，咖啡可以提神醒脑、振奋精神更多地是饮用者的心理作用。如果在极度疲劳的状态下大量饮用咖啡，就会将身体推向更疲惫的状态，以致精力耗竭。

怀孕期间饮用咖啡会增大早产风险，并导致孩子的出生体重偏轻。对很多人来说，咖啡会刺激胃，这种刺激往往与咖啡豆的烘烤方式有关。"时间就是金钱"，如果将咖啡豆在高温下烘烤 1~2 分钟，咖啡豆就会生成许多苦涩的酸性物质，而经过缓慢低温烘烤的咖啡豆生成的酸性物质较少，因此这种咖啡豆对胃的刺激性也没那么大。用短时间高温烘烤的咖啡豆冲泡咖啡时，加点儿牛奶可以促进消化，但咖啡的健康功效也会大打折扣。一般来说，过滤咖啡对胃的刺激性也不大，因为咖啡豆中的咖啡醇和咖啡白脂（两者会使胆固醇水平略微升高）会被过滤掉，附着在咖啡滤壶中。

咖啡对不同的人的影响不同。我的一个朋友在下午 2 点后喝咖啡就会影响睡眠，但我即使在晚上 9 点喝一杯浓缩咖啡也能睡得很香。有的人是"咖啡因较快代谢者"，有的人是"咖啡因较慢代谢者"，2018 年的一项关于咖啡饮用者的基因及其对咖啡因代谢的研究发现，咖啡因代谢的速度并不影响咖啡的健康功效。

在酸碱性问题上，咖啡也获得了"平反"。碱性饮食的推崇者常常认为，咖啡会增加身体的酸负荷。然而，事实恰恰相反，咖啡本身就是碱性食物。喝完咖啡后出现的胃灼热是由咖啡豆中的鞣质成分引发的，它使少量胃液反流到食管中。

意大利是咖啡的黄金国度，即使在一家老旧的加油站，你仍然可以找到一台很棒的不锈钢多孔咖啡过滤机，并冲出一杯香味浓郁的意式咖啡，它的味道是全自动咖啡机冲制的劣质咖啡无法媲美的。如果你和我一样喜欢喝咖啡，那就买一台好咖啡机。如果定期维护和清洁，一台好咖啡机可使用 20~30 年。当然，每杯咖啡都最好用新鲜研磨的咖啡豆来冲泡，并且购买颜色稍浅的咖啡豆，它们对胃的刺激性较小。

> 咖啡是健康的饮品。如何冲泡咖啡都不影响它的健康功效。每天喝 2~4 杯咖啡为宜，最好喝黑咖啡或加了杏仁奶、豆奶或燕麦奶的咖啡。首选中度烘焙的咖啡豆。

茶

在自然疗法中，用草药制成的茶饮已有数千年的历史，我们比较熟悉的是生病时喝的甘菊茶或草本茶。我在这里所指的茶是植物学名为 *Camellia sinensis* 的山茶，它是可以像乔木一样高的茶树，从上面摘下来的新鲜树叶可以制成多种经典的茶叶。加工方式决定了茶叶是绿茶、红茶，还是白茶。茶叶经过发酵后变黑，这就是红茶。

绿茶和红茶对健康都有好处，绿茶尤其受欢迎。每天喝 2~3 杯绿茶可以降低血压、胆固醇水平和血糖水平，还有助于减肥，绿茶对自身免疫性疾病（如多发性硬化症、红斑狼疮）和癌症（如乳腺癌、前列腺癌）等也有预防作用。在有饮用绿茶传统的亚洲国家，乳腺癌的发病率非常低，当然这也与这些国家的人大量食用大豆有关。研究还证明，绿茶还能防治过敏和花粉症。

绿茶还可以放松心情、减轻压力。通过脑电图，我们可以观察到，饮用绿茶后几分钟，脑电活动度明显下降。

我认为，茶之所以如此健康，是因为它含有多种营养素。目前，科学家正在对绿茶中的植物营养素——表没食子儿茶素没食子酸酯（EGCG）进行深入研究，他们认为 EGCG 是绿茶有益于健康的主要原因。在一些实验中，EGCG 甚至被证明可以延长寿命。日本绿茶含有较多的植物营养素，尤其是 EGCG。要想充分发挥绿茶的保健作用，就要将绿茶冲泡更长的时间，而不能按照常规建议泡 1~3 分钟，因为茶叶所含的有效物质只有冲泡 10 分钟以上才会完全释放出来，这时的绿茶味道苦涩浓郁，更像药物。1 杯长时间冲泡的绿茶中多酚的含量明显高于 1 杯短时间冲泡的绿茶中多酚的含量。

绿茶磨成粉制成的抹茶也非常值得推荐。我个人比较喜欢日式煎茶，这是一种甘甜味涩的绿茶。几片绿茶叶就能为你带来美妙的味觉体验。

不要直接食用绿茶提取物，它可能会对肝脏有副作用。茶叶中的茶素的作用和咖啡因的作用一样，你如果在晚上喝茶，就容易失眠，除此之外茶叶本身不会对身体造成负面影响。不过，红茶容易使牙齿变色。

和喝咖啡一样，不要在茶中加牛奶（英国人和德国东弗里斯兰地区的人可能非常不赞同我的建议），因为牛奶会抵消茶的健康功效。

思慕雪

如果你喜欢"喝"水果而非"吃"水果，可以将水果打成泥，制作思慕雪（Smoothies）。思慕雪可以最大限度地保留水果中宝贵的植物营养素，如花青素和多酚。在水果中，植物营养素与膳食纤维结合，它们能够被肠道菌群"提取"出来，进入血液。而榨汁后，水果中大部分宝贵的植物营养素都被破坏了。因此，最好在果汁或思慕雪中保留果肉。制作思慕雪时要注意甜度，思慕雪不宜太甜，最好用浆果制作思慕雪，你可以将酸的水果和甜的水果混合，或加入蔬菜和香料（如绿叶蔬菜和生姜）。

应适量饮用思慕雪，最多每天 1 杯。喝 1 L 思慕雪相当于吃 10 个水果，因此喝太多思慕雪是不健康的，因为大量果糖会加重肠胃的消化负担，并引发脂肪肝。

绝不能喝酒！

"哪怕是微量的酒精也会带来健康风险"，这是迄今为止关于饮酒行为和酒精相关危害的最大规模研究——全球疾病负担研究得出的结论。研究表明，一滴酒精都会损害健康。虽然每天喝 1~2 杯葡萄酒有可能减小心脏病的死亡风险，但葡萄酒的健康功效完全无法抵消酒精带来的负面影响（引发疾病或导致死亡，如癌症、肝硬化、高血压、肺结核、车祸等）。在最常见的导致死亡和损害健康的因素中，饮酒排在第三位，仅次于吸烟和高血压。

于是，我们面前就出现了一个严重的问题，世界范围内，尤其在德国，饮酒已经成为一种普遍的、根深蒂固的社会行为：在德国，94% 的男性和 90% 的女性经常饮酒。每天摄入 10 g 酒精（相当于喝 1 杯葡萄酒）会使与酒精相关的疾病的患病风险增大 0.5%；每天摄入 20 g 酒精（相当于喝 2 杯葡萄酒）则使患病风险增大 7%，随着摄入酒精的增加，患病风险呈指数增长。

美国国家卫生研究院的一项举措值得赞扬。2018 年，一项投入高达 1 亿美元的酒精消费研究项目在进行仅 3 个月后，就被叫停了。原来，美国国家卫生研究院的负责人无视内部规定，与酒类企业接触，商讨该研究项目的框架，目的是让这份研究不过多地关注一个早已众所周知的问题——酒精有致癌的作用。

酒精会致癌，因为酒精中的乙醇在生物催化剂醇脱氢酶（ADH）的作用下会转化为乙醛，这种中间产物在人体代谢的过程中会引起基因突变。2018 年发表在《柳叶刀》上的另一项综述研究证明，酒精会缩短寿命。该研究对涉及 19 个发达国家的 83 项研究中约 60 万经常性饮酒者的数据进行收集和分析，结果显示，每周摄入酒精量超过 100 g（即每天约喝 1.5 杯葡萄酒），寿命就会缩短；如果每周摄入酒精量为 350 g，那么寿命会缩短 4~5 年。发表于英国《卫报》（The Guardian）的一篇文章取名为"每天多喝 1 杯葡萄酒，寿命缩短半小时"。医学建议是：最好不要喝葡萄酒。我知道这个建议并非所有人都能接受。葡萄酒之所以健康，是因为含有高效植物成分白藜芦醇和槲皮素，这些物质存在于红葡萄皮中，它们确实很健康。然而，如果它们不与酒精一起被摄入，身体对这些物质的吸收率会更高。因此，应当多吃葡萄或喝葡萄汁，而不要喝葡萄酒。整体来看，葡萄酒对健康无益，甚至就连它有益于心脏健康的作用现在也受到了质疑。

据《英国医学期刊》报道，一直以来存在的喝葡萄酒有益于健康的观点可能是由于统计错误（或营销手段）而出现的。你可以尝试饮用无酒精啤酒或无酒精葡萄酒。记住，人是习惯性动物，只要多一点儿耐心，任何习惯都可以被改变。如果你到现在为止一直没有饮酒的习惯，之后也不要喝酒。

盐

你一定会很惊讶，盐也属于超级食物。我们都知道，盐不能多吃，但德国人每天的盐食用量很高，在 8~12 g 之间（4~6 g 为最佳食用量）。然而，盐是我们饮食中的一个重要组成部分。因此，盐经常引发争论。

营养学是一个复杂的学科，营养学界对盐的争论就是一个典型例子。学界不断发表相互矛盾的研究结果，大多数医生对吃盐的建议也越来越谨慎。毫无疑问，现在我们吃的盐太多了，问题并不在于厨房里的盐罐，而在于很多食物的盐含量很高，盐含量排在前几位的是香肠（可惜的是，越来越多的有机香肠含有大量盐，因为有机食品不能添加防腐剂，只能加盐防腐）、奶酪和方便食品（如比萨、速食汤等）。

我们可以立即尝出味噌汤和酱油中盐的味道，但味噌汤和酱油中的盐给健康带来的消极影响能被大豆发酵生成的有益物质所抵消。我建议所有风湿病和自身免疫性疾病（如多发性硬化症）患者都要进行低盐饮食。对高血压患者来说，是否限制盐的食用量要因人而异。在世界范围内，约有 1/3 的人对盐敏感，即他们吃过多的盐后，血压会升高；不过，这也意味着，盐对剩下 2/3 的人的血压没有影响。因此，禁止所有高血压患者吃盐是没有意义的。我建议高血压患者进行为期 2 周的自测，即在 2 周内不吃盐，尽量少吃面包（因为在德国面包是盐的主要来源之一，然而许多地中海国家的面包是不放盐的），并监测自己的血压，看是否有变化。

从人类进化史来看，少吃盐是有道理的，因为肾脏能很好地保留盐。但是当腌制等保存食物的方式发明后，人类的盐食用量骤然增多，由盐引发的疾病的发病率越来越高。

多年来，许多医生和科学家一直在试图说服食品加工业减少产品中盐、脂肪和糖的用量。但由于这些成分能改善味道，从而提高产品销量，所以医生和科学家的努力至今没有成功。

盐都一样吗？

盐种类繁多，从化学成分来说，吃哪种盐并没有太大的区别，因为盐中 97% 都是氯化钠，但从口感来说，不同的盐有很大的区别。普通的盐由于添加了一些物质（如松散剂）使盐粒更松散，通常有些霉味。我更喜欢海盐，它是由盐沼中的海水提取而来的。美中不足的是，现在海盐中微塑料的含量越来越高，甚至在高档昂贵的盐之花（Fleur de Sel，一种珍贵的盐）中也存在微塑料。盐之花是在炎热无风的日子，用木铲从海面上刮下来的。岩盐是从地下盐场获得的。严格来说，岩盐也是海盐，是数百万年前海水干涸形成的，但那时候的大海还是很干净的。所以，我建议选择岩盐，而不要选择海盐。

> 烹饪时可以用香料代替盐进行调味。如果在烹饪时不放盐，而放很多香料，你就会发现，即使不用盐调味，饭菜也很好吃。

补剂

德国人很少出现缺乏某种维生素或矿物质的情况，所以不太需要单独服用补剂。不过，也有少数人例外。

- 食素的人应该补充维生素 B_{12}（通常是维生素 B_{12} 片剂或注射剂、含维生素 B_{12} 的牙膏）。
- 经期出血量多的女性通常缺铁，应服用补铁片剂或吃富含铁的全谷物食品和蔬菜，并配合补充维生素 C。
- 肾功能受损的人应该补充维生素 D。但是对其他大多数疾病的患者来说，除非血液中维生素 D 的水平非常低，否则无须补充维生素 D。
- 孕妇应补充叶酸。
- 老年人、身体虚弱的人可能需要补充维生素或矿物质。
- 急性重症（如癌症）患者应补充维生素或矿物质。

除以上情况外，我建议你不要服用补剂，首选水果、蔬菜、全谷物食品等天然食物来补充维生素或矿物质。如果你还是想服用补剂，请先咨询医生。

健康的食物不一定很贵

用尽可能少的钱买到尽可能多的热量，这是快餐能做到的。但热量并不是食物的全部，我们还应当考虑食物的营养价值。我们经常认为健康的食物比较贵，但是如果你了解了蔬菜的营养价值，你就能买到很多便宜又健康的食物。

美国哈佛大学的科学家开发了一套关于食物营养价值的系统。他们将食物的成本与营养价值挂钩。蔬菜看似比加工食品贵，其营养价值却是加工食品的数倍。从数据上看，未加工的蔬菜的营养价值是方便食品的 6 倍。如果用蔬菜代替肉，你用买肉的 1/3 的钱能获得 48 倍于肉的营养。

你如果想用同样的钱买到更多的营养，可以多买豆类、坚果和全谷物食品，将肉和乳制品留在货架上。在此，我呼吁，为你的健康和长寿投资吧，这笔投资有丰厚的回报！

选对食物，轻松断食，健康长寿

我们应当遵循以下 15 条饮食规则：

▶ 吃大量绿叶蔬菜；

▶ 吃大量豆类；

▶ 摄入健康的脂肪，如来自坚果和健康的植物油的脂肪；

▶ 吃优质的水果，最好是应季水果；

▶ 少吃盐，多吃用香料、洋葱、大蒜和香草等调味的食物；

▶ 多吃全谷物食品，不吃或少吃白面包；

▶ 少吃糖和甜食；

▶ 不吃或少吃肉、香肠和鸡蛋；

▶ 不喝牛奶，少吃乳制品；

▶ 不吃或少吃鱼；

▶ 两餐之间不吃零食；

▶ 喝咖啡、茶和水，不喝或少喝酒、软饮料；

▶ 少吃加工食品；

▶ 改变饮食习惯，吃饭时细嚼慢咽；

▶ 经常进行间歇性断食，或定期进行治疗性断食。

Part 3 第三部分

轻松断食，健康长寿

治疗性断食与间歇性断食

为什么断食很重要？

如今，70% 的慢性疾病都是由错误的饮食导致的。不是营养缺乏或者营养不良，而是营养过剩使我们生病，因为我们不停地进食。

几百万年来，饥饿一直是人类的"伴侣"，对"露西"^①来说也是如此，它是 1974 年在埃塞俄比亚被发现的一具约 320 万年前的南方古猿骨架。我们可以认为，人体就是为了忍受长时间的饥饿而进化成现在的样子的。然而，现代人的饮食习惯违背了人体的进化原则。我们每天进食多达十数次，我们不仅在正餐时间进食，而且在两餐之间不停地吃零食，但是零食能带来享受吗？我对此持否定态度，它们只是增加了食品加工业的利润。

此外，我们的新陈代谢也早已因为不断进食而不堪重负。几十年来，我们一直在讨论应该吃什么，但忘记讨论应该在什么时候吃、多长时间吃一次。这些问题至关重要，因为过去 20 年的研究表明，经常断食有助于延长20%~30% 的寿命。虽然绝大部分研究中的研究对象还只是除人类之外的动物，针对人类的断食研究还没有取得最终成果，但基础性研究指明了一点：断食能极大改善我们所有的新陈代谢参数。可以说，断食对健康长寿的效果是任何药物都无法比拟的！

断食疗法主要分为治疗性断食和间歇性断食，断食疗法的优点显而易见：简单易行、成本较低、对防治疾病非常有效。此外，身体能很好地适应断食，

---

① "露西"被认为是第一个直立行走的人，是目前人类最早的祖先。——中文版编者注

断食对健康、精神，甚至长期来看对维持体重都有积极的作用。无论是治疗性断食还是间歇性断食，都能在进食时让人更加专注，给人带来无与伦比的享受。

断食不代表挨饿

没有断食经验或不认同断食的人通常有一个误解：我们应该享受生活和美食，而不应该挨饿断食。然而，断食与享受并不矛盾，断食就是一种享受。万物讲求平衡，饮食也一样，进食与断食就是一种平衡。

我们不能将挨饿和断食混为一谈，两者虽然有相似性，但终究是两种不同的情况。形象地说，断食与挨饿之间的区别就像出于热爱每天坚持跑步与因畏惧老虎而逃跑之间的区别一样。正如治疗性断食与营养医学会给出的解释：断食一定是人们自愿进行的，而挨饿不是。

最新的研究表明，并非所有人对饥饿都有相同的感受。大多数时候，我们进食只是因为坐在一盘色香味俱全的意大利面面前感到很惬意，突然间，我们感到饿了，实际上，我们或许只是感到自己有了食欲。美国消费者研究员布赖恩·万辛克（Brian Wansink）将这种进食行为称为"无意识进食"，在德国，这种产生饥饿感的心理被称为"享受式饥饿"或"享乐式饥饿"。

你什么时候感到饥饿？这是一种什么样的感觉？试着以更宏观的角度来了解自己的饥饿感。断食有助于我们了解饥饿感，它帮助我们学会区分什么是真正的饥饿，什么是食欲。

断食如何激活自愈力？

治疗性断食和间歇性断食在防治疾病方面效果显著，也就是说，断食疗法可以减轻或消除一些疾病的症状，并防止许多疾病的发生。治疗性断食，正如其名，断食确实可以"治病"。治疗性断食是历史最悠久的断食疗法，一度被称为有钱人的"奢华疗法"，它多用于减肥或促进新陈代谢。而现在，治疗性断食是自然疗法和创新营养医学中最重要的疗法之一。根据目前的研究，治疗性断食比间歇性断食更有利于健康。

多年来，德国的许多专科医院都将治疗性断食作为治疗手段，特别是将它作为治疗风湿病和慢性疼痛的手段，并取得很大成功。治疗性断食对 2 型糖尿病、高血压、脂肪肝、高血脂起效快，且疗效显著，也能明显减轻食物不耐受、肠易激综合征、炎性肠病、过敏、多发性硬化症的症状，改善病程。在德国柏林伊曼努尔医院，目前研究者正在研究如何将断食作为化疗的辅助疗法，来治疗癌症。

只要了解了饮食在生活中的重要性，患者就会很容易接受断食，这一点让我很惊讶。每个人都对此深有体会，饕餮大餐或暴饮暴食带来的绝对不是精力充沛和精神抖擞，想想人们在吃了圣诞大餐后的精神状态就知道了。很多患者在尝试断食后都发现断食其实很容易，他们经常说，断食使他们感觉情绪高涨，他们甚至还能达到"断食兴奋"状态。因此，患者会有很好的依从性（患者能很好地配合断食）。

每个人都应该为了自己的健康尝试断食，断食值得一试，因为你会发现，即使在一段时间内不吃饭，你还是可以很好地生活，而且会变得更专注、更健康。

我为何研究断食疗法？

我认为，断食疗法是自然疗法中最有效的治疗方法。和我持相同观点的人不在少数，最早研究并在治疗中采取断食疗法的医生都对这种疗法赞扬有加。来自德国弗莱堡的医生、治疗性断食的先驱古斯塔夫·里德林（Gustav Riedlin）称断食疗法为"无须开刀的手术"；欧洲最著名的断食法，即布欣格尔断食法的创始人奥托·布欣格尔（Otto Buchinger）甚至称断食疗法为"帝王疗法"。

小时候，我发现，我的父亲在每周的断食日除了小麦胚芽之外什么都不吃，但很明显，他并没有对其他任何食物产生食欲。我的父亲一直对断食疗法的健康功效深信不疑。

在学医时，我一直感到很困惑，因为在整个大学期间，包括在接受内科医生培训的头两年，我根本没有学习过关于断食疗法的知识。而后来当我在马尔特·比林（Malte Bühring）教授手下实习时（比林教授曾是德国柏林自由大学的自然疗法系主任，现在是德国柏林夏里特医学院自然疗法科的主任），我的困惑更大了：在实习的第一天，我就注意到，对大多数慢性疾病患者，如高血压、2 型糖尿病、风湿病或胃肠道疾病患者，医生给出的治疗方案都是进行 7~10 天的治疗性断食。最神奇的是，对患者来说，断食似乎很容易，我没有遇到过任何正在进行治疗性断食的患者向我要食物或者偷偷在医院食堂吃蛋糕的情况。更多的情况是，进行治疗性断食一两天后，患者的不适感就消失了，几乎所有患者都心情更好，他们的症状都有所减轻。

在实习期间，我通过每天的查房了解到治疗性断食的整体效果。作为实习医生，我每天都要检查患者的舌头，不需要什么诊断技巧，我就能发现，他们的舌头发生了巨大的变化。他们的舌苔一开始先变厚，舌苔颜色也发生了变化，而经过几天的断食，舌苔的厚度和颜色慢慢恢复正常，患者重新拥有健康红润的舌头。患者的皮肤和结缔组织状况也越来越好：一开始，他们的皮肤状况都不太好，几天后，他们的皮肤越来越光滑，越来越水嫩。许多患有慢性疼痛的患者在断食后，皮下组织会变得柔软。例如，大多数腰背疼患者的肌肉和结缔组织都很僵硬，我见证了许多进行断食的患者的变化，他们的结缔组织变得柔软、有弹性，许多疼痛综合征仅通过断食就能得到改善。不过，最有意思的还是患者的面部变化，比林教授称其为"断食面相"。大多数患者入院时神情凝重，这可以理解，因为他们病痛缠身，高血压或 2 型糖尿病患者甚至有浓重的黑眼圈，面部红肿、长有湿疹等。然而，仅仅经过几天的断食，这些症状就得到了很大的缓解，甚至消失了。在查房过程中，诸如"丈夫说，我又恢复了年轻时的快乐和悠然"的反馈屡见不鲜。

在实习期间，我还认识了许多来自著名的断食医院的医生，他们都是治疗性断食与营养医学会成员。我在德国博登湖畔的于伯林根的布欣格尔·威廉米医院参加了我人生中第一次断食疗法大会，这使我记忆犹新。断食医生纷纷介绍患者病例，生理学家和生物化学家解释断食疗法的机制，来自不同国家的医生展示他们的统计数据。当时，我心想：这太不可思议了，医学院所授的现代医学竟没有涉及这么多医生的断食治疗经验。

更令人难以理解的是，对断食疗法最为排斥的恰恰是营养医学界。营养医学界认为断食有风险，在患者结束断食后症状会再次出现，但是这种观点没有任何依据。事实上，断食的益处已得到科学研究的证实。产生以上观点的原因可能是，在20世纪70年代到90年代，不同的、常常是相互矛盾的减肥法层出不穷，但它们都没有持续性效果，营养医学界对当时出现的每一种减肥法都感到失望。

断食疗法是最好的治疗方法

由于治疗性断食对血压、血糖水平、炎症以及患者的精神状态都有快速的、明显的积极作用，因此它也被视为"重新开始"或"重置身体"的手段。此外，断食还能产生自我疗愈的效果，即患者坚信能够依靠自己的力量渡过难关。每一个成功断食的人都证明了自己有能力进行自我疗愈，并以此为荣。这种自我疗愈的能力也让患者在日后忙碌的日常生活和工作中更容易在饮食或运动方面做出改变，并且坚持下去，他们会一直保持自信和积极的生活态度。

在德国伊曼努尔医院的自然疗法科，每年有约1500名住院患者，其中约有1000人进行治疗性断食。在医学上，传统医疗方法（如药物疗法）往往可以被其他具备类似功效的疗法代替。我之所以一直坚持研究和推广断食疗法，是因为它在某些方面的确优于传统医疗方法。

在德国埃森-米特医院工作期间，我进行了第一次断食研究，比较了近

1800 名患者的生活习惯。一组患者在住院期间平均断食 7 天，另一组患者进行正常热量的饮食。半年后，两组患者的差别非常明显：断食的患者比未断食的患者吃得更健康，运动量更大。

最近，一位患者在出院几周后给我的来信中这样描述断食的美妙体验："5 月，我因疼痛而在德国伊曼努尔医院自然疗法科接受了治疗性断食治疗，这次治疗性断食的经历给我带来了深远和积极的影响。除了实现减肥、改善血液指标和缓解疼痛的目标外，我的所有感官的敏感度都得到了提升，我尝到了更多食物的味道，闻到了更多大自然中的气味，听到了更多的声音。这对我来说是全新的、积极的体验。"

令人惊讶的是，断食在 20 世纪几乎被人们所遗忘。虽然二战结束后，欧美国家一度出现了"暴食狂潮"（这一时期也被称为"肥胖时期"），但是两餐之间吃各种各样的零食（如思慕雪、巧克力棒和甜品）的现象是 21 世纪初才出现的现象。在 20 世纪 70 年代，典型的美国人一天也只吃 3 顿饭，两餐之间不吃任何东西。这一点得到了美国国家健康和营养调查研究数据的证实。在 20 世纪 70 年代的德国也有"吃饭要在餐桌上吃"或者"不要破坏了晚餐的胃口"的说法（现在德国的老一辈人还会这么说）。曾经，白天连续几小时不进食是很正常的。

如今，这一点已经发生了变化。很多人每天的进食大概是这样的：早上吃涂果酱或蜂蜜的吐司（或吃羊角面包），喝加糖的咖啡；10 点或 11 点吃零食；午餐时间到了，午餐不一定健康，尤其是在食堂吃的午餐；15 点，有点儿饿了，再吃一些甜食；晚餐按时开始；餐后边看电视边吃薯片或巧克力棒。林林总总，一个人一天要进食 6~7 次，外卖咖啡、酒和其他饮料还没有被算在里面。

美国索尔克研究所著名的间歇性断食研究员萨钦·潘达（Satchin Panda）的一项研究表明，美国人现在平均每天进食 7~9 餐，一天中，很多人在醒着的 16~18 小时内一直在进食，只有入睡后才停止进食。潘达将这种饮食习惯称为"不规律的饮食习惯"。事实上，持续进食是现代文明的产物，因为我们的祖先肯定不会早上 7 点就打开放满食物的冰箱开始进食，直到晚上 10 点把最后一袋薯片"消灭"掉才去睡觉。肥胖症、2 型糖尿病、高血压和胃肠道疾病发病率升高已经成为世界问题，这也就不足为奇了。

对断食的七大误解

1. 断食意味着挨饿

如果准备充分，并采用可靠的断食方法，大多数人在断食 1~2 天后就不会产生饥饿感。即使感到饥饿，这种感觉也只在晚上比较强烈。因此，如果你在家自行进行断食，那么晚上最好进行一些活动（如看电影或电视剧）分散注意力，或者早点儿睡觉。

然而，人们对断食的反应是不同的。有些人确实会在断食期间频繁产生强烈的饥饿感。这时我就会安慰他们道："断食时间越长、次数越多，身体就越习惯断食，断食 3~4 天后，饥饿感就会逐渐消失。进行第二次、第三次断食时，你会感到越来越不容易产生饥饿感。"

2. 断食导致维生素缺乏

这是不正确的。我们可以毫不费力地断食 1~4 周，而不会出现任何维生素缺乏的情况。此外，如果你实行的是布欣格尔断食法（第 136~138 页），那么你还能通过果汁和蔬菜汤补充一定量的维生素和矿物质。

3. 断食就是什么都不吃

特别是美国的一些断食疗法要求断食者除了喝水和无糖茶外，什么都不能吃。欧洲的断食法虽然不允许患者吃固体食物，但允许他们通过果汁或蔬菜汤摄入少量的热量，以缓解胃部不适，摄入少量的热量也可以防止断食者的肌肉分解。

4. 断食时，想喝多少果汁就可以喝多少

进行断食时，断食者的确可以根据口渴的程度，想喝多少水和无糖茶就喝多少。但是，蔬菜汤或果汁的饮用量是有限制的——每天只能喝 2 次，每次 100~150 mL。我记得，有两位女患者曾向我抱怨自己进行断食几天后体重没有减轻。当被问及断食过程时，一位患者表示，她每天喝 4~5 大杯思慕雪，因此她没有减轻体重，我一点儿也不惊讶。水果含有果糖，1 杯思慕雪往往是用几个水果制成的，尤其是这位患者还用高热量的香蕉制作思慕雪。4~5 大杯思慕雪能提供 1500~2000 kcal 热量！另一位患者说，她喜欢在断食茶中加蜂蜜来增加甜度。我问她加了多少蜂蜜，她说，1 罐蜂蜜能吃 2 天左右。虽说断食期间可以吃一些蜂蜜，但每天只能吃 30 g，而非半罐。100 g 蜂蜜大约提供 300 kcal 热量，如果 1 罐蜂蜜为 500 g，那么这位患者每天仅通过蜂蜜就摄入 750 kcal 热量；如果再加上果汁和蔬菜汤提供的热量，那么她每天至少摄入了 1100 kcal 热量。这只能算作减量饮食法，但绝不是断食疗法。

5. 断食很危险，因为它会损害心肌

这个说法来源于一则在 20 世纪 70 年代发表的对美国肥胖者进行长达数月的完全断食治疗（即不吃任何食物）的报道。报道称，个别断食者因心律失常而死亡。然而，你必须明白，完全断食治疗与治疗性断食没有关系。事实上，在治疗性断食中，因心脏病副作用而死亡的案例非常少。

6. 断食可以净化身体，有助于排毒

断食课程的宣传单上经常出现"排毒"（Detox）这个时髦的词。很多血液指标，如血糖和胆固醇水平，的确都能因断食而恢复正常，这一结果可以被理解为身体的净化。"净化"在德语中为"entschlacken"，其本意为清除炉渣，即将煤燃烧后产生的废物清理出火炉。然而，没有证据表明，沉积在脂肪组织中的铅、汞等重金属元素可以通过断食被排出体外。但值得高兴的是，

断食能有效促进细胞的自我修复、自净和自噬。用"净化"或"排毒"这样模糊的词概括断食的作用并不严谨。

7. 断食结束后会出现"悠悠球效应"[①]

我们的身体不断地消耗能量，因为所有器官和细胞都在不断地工作。即使在我们睡着或坐在沙发上休息时，身体也需要为了维持正常运转而消耗能量，这叫作"人体的基础代谢"。早期研究清晰地表明，当长期断食或长期处于饥饿状态时，身体会减缓代谢，只满足基本的能量需求，新陈代谢进入饥饿状态下的运转模式。我们在进行断食时会注意到自己心跳变缓，或者感到寒冷，这是因为身体为节约能量降低了体温。

当我们在长时间断食或处于饥饿状态后重新开始进食时，在一段时间内，身体仍会处于基础代谢模式。如果我们在断食结束后立刻大量进食，势必会出现悠悠球效应。但悠悠球效应极为罕见。根据我的经验，几乎所有长期断食的人最后都会改变原有的饮食习惯，咖喱香肠和薯条不再出现在他们的菜单中，至少不会经常出现。这也是为什么大型断食医院，特别是德国布欣格尔·威廉米医院的研究者，并没有在他们的长期调查数据中发现任何患者出现悠悠球效应。断食结束后会出现悠悠球效应更多地是道听途说，而非事实。

间歇性断食甚至可以防止悠悠球效应的出现。新的数据表明，间歇性断食会提高基础代谢率。2000 年发表的一项关于 22 天间歇性断食的研究表明，间歇性断食可以将脂肪燃烧率从 58% 提高到 64%，身体可以持续燃烧脂肪。

荣获诺贝尔奖的研究支持了断食疗法

要想理解治疗性断食和间歇性断食的疗效，一方面要理解身体如何消化

---

① 悠悠球效应是由美国耶鲁大学凯利·D.布劳内尔（Kelly D. Brownell）博士提出的，指减肥者实行超低热量的节食法，导致体重骤增骤降。——中文版编者注

食物，另一方面要理解身体如何利用食物。

自古以来，人体一直有两种新陈代谢模式，即摄取食物和消耗食物，并不断地在这两种模式之间来回切换。这两种模式是以人体对代谢的控制能力和体内的生化反应为基础的。断食期间，我们的身体发生了神奇的变化。断食研究和细胞自噬研究的领军人物之一、分子科学家弗兰克·马代奥详细研究了断食期间细胞的变化过程并发现，受损或衰老的细胞会被分解，然后重新被利用，这就是细胞自噬。日本科学家大隅良典因其对细胞自噬的研究而在 2016 年获得诺贝尔生理学或医学奖，这是科学界对断食的极大肯定，因为没有什么能比断食更好地刺激细胞自噬。马代奥说："没有任何事情能像断食一样极大地改变新陈代谢模式，哪怕是怀孕或接受心脏手术。"

身体对进食和断食的反应

进食时，每个人都会摄入比自己当下的需求更多的能量。这是身体做出的明智决定，身体会把多余的能量先储存起来，因为它并不知道什么时候才能再进食（至少几百万年前我们祖先的身体不知道）。多余的能量会以肝脏中糖原的形式储存。然而，肝脏的"容量"是有限的，一旦容量用尽，身体就将能量以脂肪的形式储存起来，以备不时之需。于是，这些脂肪就成了被人厌恶的"肥臀"和"啤酒肚"。身体暂时不需要的或多余的碳水化合物都是这样储存起来的。

以上能量存储过程是由一种关键的激素——胰岛素（第 23~25 页）所控制的，在进食时，胰岛素水平上升。胰岛素有两个功能：一是它能使碳水化合物分解后产生的糖直接进入细胞，细胞从糖中获得能量；二是胰岛素能促进身体将多余的能量储存起来。胰岛素水平上升多少取决于我们吃的食物。碳水化合物，特别是糖果（或糖浆），能使胰岛素水平迅速大幅上升。现在我们知道，大量蛋白质也会使胰岛素水平上升，尽管这一作用存在延迟效应。脂肪则能被身体直接吸收，因此对胰岛素水平的影响不大。

断食对身体的影响	
皮肤与黏膜	舌头可以反映肠黏膜的状况。舌苔先变厚，再恢复正常，舌头恢复健康红润。酮体随着脂肪酸的转化通过皮肤和肺部排出
神经系统	神经递质水平趋于正常，应激激素水平暂时上升，促进血清素释放。血清素能够调节情绪，因此患者更开朗乐观、更放松。大脑工作效率变高，新的神经元形成
心血管系统	心跳减缓，血压和胆固醇水平下降，心律失常有所改善（代表支配心脏的神经处于放松的状态）
胃肠道	胃肠道的消化负担减轻，消化过程中产生的发酵物和毒素减少，肠道菌群的多样性提升，免疫系统负担减轻，凋亡的细胞的分解物被清除
肾脏	肾脏的排毒功能增强。尿液由固体和液体成分组成，其中一种成分是尿素，它是蛋白质代谢的最终产物。断食能促进尿素的排出
胰腺	胰岛素的分泌减少，胰腺细胞的自我更新加快
肝脏	脂肪酸转化为酮体，糖原分解，IGF-1 的分泌减少，胆固醇的生成减少
脂肪组织	作为备用能量储备，脂肪组织被分解和利用，各种激素、神经递质等信息素的水平发生改变（如瘦素的分泌减少），体内炎症随之减轻
肌肉组织和关节	疼痛缓解，关节负担减轻，风湿病和关节炎等炎症缓解，肌肉力量增加

总体来看，身体的运转很简单，它只有两种状态：饱腹状态（胰岛素水平升高）和断食状态（胰岛素水平降低）。身体要么在储存食物的能量，要么在利用食物的能量。关键在于，这两种状态要保持平衡，否则我们一定会发胖。然而大多数人的两种状态都是不平衡的。

即使我们不进食，身体对能量的需求也不会消失，这样，肝脏中的糖原就会先被消耗。根据目前的研究计算，男性体内的糖原能在 16~24 小时耗尽，女性体内的糖原能在 14~20 小时耗尽，时间相对较短。一旦糖原消耗殆尽，但身体依然需要能量，身体就会分解蛋白质，生成氨基酸，这个复杂的分解过程能生成糖，糖可以转化成能量。同时，身体开始分解脂肪，这一过程也能产生能量。这些脂肪就是内脏脂肪，它们主要分布在内脏周围，除内脏脂肪外，身体还会消耗臀部脂肪。大分子的脂肪被分解为小分子的脂肪酸，脂肪酸可以提供被大多数人体组织直接利用的能量。

只有大脑是个例外，因为脂肪酸不能通过血-脑屏障。血-脑屏障是大脑的保护机制，它可以防止危险的物质（如病原体、有毒的代谢产物等）进入大脑。大脑需要糖来保证运转。如果没有糖，大脑就必须找到其他能源供应物，如酮体，它在断食时能快速和大量生成。酮体的优势在于，它可以进入大脑并在那里进行代谢。现在我们已经知道，酮体对大脑有益。越来越多的证据表明，酮体这种"超级燃料"可以用于治疗神经系统疾病，如多发性硬化症、帕金森病、阿尔茨海默病。

断食应该持续多久？

起初，断食只表示不吃任何东西。从词语逻辑上讲，不吃东西就是断食。在英语中，"breakfast"（早餐）一词可拆分为"break"和"fast"，因此，这个单词可直译为"结束断食"。不知不觉中，我们每天都在进行断食，也就是从入睡到早餐前这段时间（如果不值夜班的话）不进食。这表明，断食不是什么奇特或糟糕的事情，它是我们日常生活中的组成部分。如果我们决定进行间歇性断食，它也可以变成生活中习以为常的一部分。

断食并不会导致能量缺乏，因为身体已经为此做好了准备，如果能量储备充足，我们可以连续断食数周。断食的时间取决于体内可用的脂肪。对一个很瘦的人来说，断食时间很难超过 10 天，因为他的脂肪储备较少，长时间断食会给身体带来压力，我就属于这一类人，因此比较了解这个情况。而一个臀部脂肪堆积或有"啤酒肚"的人，在医生专业的指导下，可以断食 2~3 周，甚至是 6 周，他会感到状态一天比一天好。然而，即便是肥胖者，脂肪也有耗尽的时候，在这种情况下，他通常会感到身体和精神状态都变差了，紧接着感到疲倦、反应迟缓，这是身体在发出信号："该结束断食了！"

无论是治疗性断食还是间歇性断食，都没有明确的或经过科学证明的标准时长。我的建议是，治疗性断食每次最少持续 5 天，最多持续 28 天，根据每次的持续时间，每年进行 2~4 次。

几种重要的治疗性断食法

虽然治疗性断食始于 19 世纪的美国，但在美国，治疗性断食出现后长达数十年都无人问津。最后，一位德国医生和一位奥地利医生将断食作为一种疗法应用于治疗，将治疗性断食发展了起来。

布欣格尔断食法

1920 年是食物紧缺的一年。第一次世界大战结束刚刚 2 年，战争和粮食歉收导致饥荒，德国人苦不堪言。肉和面粉极度短缺，人们只能吃他们吃得到的东西。此时，奥托·布欣格尔医生开始了他的断食治疗。他在德国黑森州韦拉河畔的维岑豪森小镇开了一家疗养院，为患者实施断食治疗。尽管布欣格尔受到大量批评和嘲笑，但断食疗法成功的消息还是传开了，越来越多的人慕名前来，想体验一下神奇的断食疗法。几年后，布欣格尔的疗养院搬到了德国下萨克森州的巴德·皮尔蒙特。断食疗法掀起一场关于生活习惯变革的运动，从此巴德·皮尔蒙特也成为断食疗法最重要的疗养地，与瑞士的比歇尔-本纳医院和提契诺的威利塔山社区齐名。

奥托·布欣格尔，1878 年出生于德国达姆施塔特，自幼身体状况就不好，童年时期，他反复患感冒、扁桃体炎和流感。他后来学习医学，成为一名海军医生。其间，他经常面对膳食不均衡和大量饮酒的患者，于是他开始研究饮食疗法，探索通过改变生活方式来治疗疾病的方法。1917 年，布欣格尔因患有严重的关节炎和肾病不得不退伍。之后,他只能拄拐杖走路。于是,有人建议他到德国弗莱堡求医,弗莱堡的断食医生古斯塔夫·里德林深受美国断食医生的影响,他认为断食是自然疗法中最有效的治疗方法,并提出"饥饿是最好的厨师,断食是最好的医生"的观点。布欣格尔在里德林医生的指导下进行了长达 19 天的治疗性断食,这次治疗经历启发了他。他说:"19 天后,我瘦了,我的关节又像年轻时一样灵活自由了。"

从此,布欣格尔就经常进行断食,并且实行高纤维饮食法,直到生命的最后一刻。他从小就疾病缠身,后因疾病不得不退伍,却可以健康长寿,他去世时享年 88 岁。布欣格尔将自己的全部精力献给了对治疗性断食的研究。他与奥地利人弗朗茨·克萨韦尔·迈尔(Franz Xaver Mayr)成为德语区断食疗法的奠基人。今天,位于德国博登湖畔的于伯林根的布欣格尔·威廉米医院总院和位于西班牙南海岸马贝拉的分院成为断食医学临床研究的圣地。

按照布欣格尔断食法,患者每天都要以流食的形式摄入 200~300 kcal 热量,如果患者需要额外补充热量,那么补充的能量最多不能超过 500 kcal,只有这样才能保证其体内的脂肪不断分解。为了避免因咀嚼而产生饥饿感,患者应当放弃固体食物。布欣格尔断食法是目前欧洲最常应用的断食疗法,它也被称为"果汁断食法"。

治疗性断食不仅可以用于控制患者的热量摄入,还可以被纳入整体治疗方案,比如与运动疗法或放松训练结合,共同发挥作用,使治疗方案更丰富多样。

断食可以为身体带来全方位的调整,最好在断食期间都保持心情放松,但这不代表只有在完全休息的情况下才能断食。对很多人来说,在断食期间完全可以工作。但我建议多进行放松训练和运动,运动可以使体内的酸性物质通过呼吸和汗液排出,使断食更好地发挥作用。

另外,还要进行排泄,有人夸张地称之为"排毒"。导泻、蒸桑拿、热敷肝脏和大量饮水、饮茶等可以促进细胞再生和体内有害物质的清除。在德国柏林伊曼努尔医院,医生每天都会为患者热敷肝脏,即在肝脏的位置放一块热毛巾，上面再放一只热水袋，热敷半小时。肝脏在断食期间因为脂肪分解会加倍努力地工作，热敷可以加速肝脏的血液循环。最近来自德国弗莱堡的一项研究证实了这一点。

迈尔断食法

弗朗茨·克萨韦尔·迈尔，1875 年出生于奥地利施泰尔马克州的一个山村格罗布明。小时候，他通过对动物的观察得出观点：饮食和消化对健康有重要影响。后来，他把目光投向如今的热门研究领域——胃肠道。在学医以及在捷克卡尔斯巴德从医期间，他总是发现，消化系统出现问题时，人们会感到尤其难受。因此，他将治疗重点放在如何通过吃容易消化的食物以及断食来使胃肠道恢复正常。他认识到，狼吞虎咽和不容易咀嚼的食物能导致消化问题。于是，他研发了一种与细嚼慢咽相结合的断食疗法，即迈尔断食法。这种断食疗法受到了美国"咀嚼大师"霍勒斯·弗莱彻（Horace Fletcher）的影响。

弗莱彻出生于 1849 年，是一名奶酪商人。因体重严重超标，他的健康问题日益严重。在一个熟人的建议下，他开始在吃饭时充分咀嚼所有食物，直至食物在嘴里几乎呈糊状，这样一来，食物就可以像液体一样被咽下。通过这种咀嚼方法，并配合间歇性断食（每天只进食一次），他在短时间内就减掉了 25 kg 的体重。此外，他还开始运动，有时他骑行 100 多千米，关节疼痛和体能不足的问题也越来越少出现。弗莱彻四处宣传自己的经验，成为细嚼慢咽的倡导者。通过其他同时代人，如早餐麦片的发明者威尔·基斯·凯洛格的宣传，细嚼慢咽有益于健康的观点流传开来。

弗朗茨·克萨韦尔·迈尔将咀嚼作为其研发的断食疗法的核心。患者应将一块面包（最好是前一天制作的面包）在口中咀嚼 30~40 次，使其充分与唾液混合并形成糊状物，然后再将糊状物与一些液体一起咽下。这样做可以减轻肠道的消化负担，因为唾液淀粉酶能分解一部分食物。另外，通过有意识地细嚼慢咽，患者可以学会用心、专注地吃饭，重新体会饱腹感。迈尔断食法的要点在于，在出现饱腹感时就要停止进食。在细嚼慢咽的情况下，饱腹感会提前出现，这也会使进食量减少。你可以借鉴在冲绳和日本其他地区人们遵循的"腹八分目"，即只吃八分饱（第29页）。

在迈尔断食法中，患者的饮食包括五谷杂粮、易消化的食物和茶。按照迈尔的说法，牛奶可以作为冲咽面包的液体，但我不建议将牛奶作为断食期间的食物，因为最近的科学研究表明，动物蛋白会削弱断食的功效。我推荐用豆奶、杏仁奶或燕麦奶替代牛奶。

治疗性断食的治疗功效与预防功效

饮食习惯等生活方式的改变究竟能在多大程度上缓解疾病？关于这个问题，断食为医生和患者提供了答案。当然，并非所有疾病都可以通过改变饮食、运动疗法和放松训练来防治，但可以肯定的是，断食对许多常见疾病有惊人的疗效，特别是对慢性疾病，如高血压和2型糖尿病。治疗性断食配合后续的间歇性断食（第180~194页）是较为理想的治疗方案。此外，断食能带来良好的减肥效果，安全可靠。

目前针对断食的研究成果，尤其是实验数据，都十分令人欣喜。虽然在实验中，断食对实验动物所起的积极作用不可能一一对应地转移到人类身上，而且很多问题还没有得到明确的解答，但数据给了人们希望。然而，当涉及用断食疗法治疗癌症时，请一定要小心谨慎（第150~152页）。不过，断食疗法对下列疾病（除癌症）的显著疗效已经得到证实。

高血压

对大多数人来说，断食可使血压降低25~30 mmHg，这个效果远远超过了服用降压药所能达到的效果。关于断食的降血压作用，我想提一下艾伦·戈尔德哈默（Alan Goldhamer）的一项研究。戈尔德哈默在美国加利福尼亚州经营断食诊所多年，他治疗了数万名患者。他所采用的是只喝水的断食疗法，也就是完全断食法，我不建议患者实行这种断食疗法。不过，完全断食法能十分有效地降低血压。共有 174 名患者参与了他的这项研究，断食前后，戈尔德哈默分别测量了他们的血压。患者断食 11 天，之后进行了 6 天的饮食恢复。结果显示，患者的收缩压平均下降了 37 mmHg，高血压三期患者的收缩压甚至下降了 60 mmHg（从 190 mmHg 下降到了 130 mmHg）。这些都是药物治疗很难达到的效果，药物治疗即便能达到这个效果，也会带来一些副作用。更重要的是，通过断食，患者的血压和新陈代谢状况都得到了改善，减小了日后患心肌梗死和脑卒中等心血管疾病的风险。

如果患者通过断食成功降低了血压，变得健康，那么在断食结束后，他就更愿意坚持健康饮食和运动，以后他就极有可能摆脱降压药。如果断食对你的高血压几乎没有任何作用，那么你就必须接受药物治疗。

风湿病

断食对风湿病的疗效已经在 1991 年被由斯堪的纳维亚的免疫学家延斯·谢尔德森-克拉格（Jens Kjeldsen-Kragh）带领的研究团队所证实。在为期 10 天的断食治疗中，受试者几乎所有的风湿病症状都得到明显减轻。断食前出现的症状（如手部肿胀、血液中炎症指标高和疼痛）都在断食结束后有所改善。治疗性断食医生奥托·布欣格尔在自己身上进行的实验也得到了类似的结果，我也经常在我的患者身上看到这样的情况。目前，治疗性断食对风湿病的疗效甚至已经在荟萃分析[1]中得到证实。

关节炎已成为一种常见病。和类风湿性关节炎不同，关节炎的问题不在于关节发炎，而在于患者的关节始终负荷过重和以错误的方式承受压力。当然，关节炎是一种炎症，相应地，很多患者关节肿胀，有时还会关节发红。治疗性断食对关节炎有很好的疗效，它能有效对抗炎症。此外，治疗性断食使后续的饮食调整变得容易，且有助于减肥，体重减轻能进一步减轻关节的

---

① 荟萃分析指在一项研究中对不同的研究结果进行相互对比和分析。——中文版编者注

负担。因此，治疗性断食应该成为关节炎多样化治疗方案的一部分。如果治疗性断食能缓解关节和肌肉疼痛，那么患者此后的药物（如镇痛药）服用剂量极有可能减少。此外，高胆固醇或慢性胃肠道疾病患者也可以通过治疗性断食减少用药量。

糖尿病

在医学上，治疗性断食对治疗 2 型糖尿病具有极高的价值，凡是必须注射胰岛素的患者在进行治疗性断食后对胰岛素的需求量都减少了，并且治疗效果在断食结束后还能持续很长时间。治疗性断食是比注射胰岛素更好的治疗 2 型糖尿病的方法。虽然胰岛素可以降低血糖水平，但会使体重增加，而肥胖就是 2 型糖尿病的诱因之一——恰恰是胰岛素使人变胖。我们再来回顾一下背景知识。胰岛素的主要工作之一是将血液中的葡萄糖送入细胞，以便细胞可以从中获取能量。2 型糖尿病使细胞产生胰岛素抵抗，使得细胞对胰岛素不再有反应，葡萄糖就不能进入细胞，而留在血液里。于是，血糖水平升高，胰腺就会合成并分泌更多的胰岛素，因为血糖水平升高是分泌胰岛素的触发器。胰岛素水平不断升高，身体想清除血液中的葡萄糖，却没有成功。胰岛素水平的升高阻止了体内脂肪的分解，并引发炎症，促进细胞衰老。

2 型糖尿病的恶性循环由此展开。因为胰岛素的作用减弱，胰腺分泌更多胰岛素，其作用进一步被削弱。即使通过注射胰岛素来人为提高体内胰岛素的水平也没有任何作用，因为我们知道，在产生抗药性的情况下，增加剂量是没有意义的。胰岛素抵抗与抗生素耐药性类似。一开始，增加剂量可以起效，然而新的剂量马上就会失效，患者陷入"不断使用抗生素，不断增加剂量"的恶性循环。因此，只能寻找新的解决办法，限制抗生素的使用，使耐药菌不再繁殖。

同样，治疗性断食也打破了 2 型糖尿病的恶性循环，促进细胞自我更新，使胰岛素的作用增强。我们医院的患者在断食前后的胰岛素用量直观地反映了这一点。断食前，患者通常每天要注射 80~100 单位的胰岛素，断食后每天只需注射 20~30 单位，有些患者甚至完全不再需要注射胰岛素。在治疗 2 型糖尿病方面，任何药物治疗都无法达到治疗性断食所达到的效果！

多年来，我在医院总能观察到断食对 2 型糖尿病所起的神奇的治疗效果。我们进行的两个小型研究都证明，血压、HbA1c 值（能反映过去 3 个月的平均血糖水平的重要指标）以及其他的风险值下降得很快，数值逐渐接近正常值。在另外两项针对 2 型糖尿病的超重患者的研究中，我们也证实了，在进行了仅仅 1 周的治疗性断食后，患者的血糖调节能力就得到了非常显著的提高，而且这一效果持续了数个月。瓦尔特·隆哥在一个小鼠实验中得出的惊人成果引起了极大关注。在这项研究中，反复进行断食可以治愈小鼠的 1 型糖尿病，因为断食使小鼠已经被破坏的胰腺细胞再生，使胰岛素正常合成和分泌。虽然我认为，这个奇迹在人类身上再现的可能性不大，但断食能在很大程度上减小 1 型糖尿病患者的胰岛素注射剂量应该是可以实现的。目前，我们正与德国维滕 / 黑尔德克大学的研究者一起进行研究，以验证这一猜想。

治疗性断食可以使许多糖尿病患者受益。2 型糖尿病已经成为一种流行病，在全世界范围内，2 型糖尿病发病率不断升高。第二次世界大战后，德国几乎没有 2 型糖尿病患者，但在 2019 年，德国有超过 800 万 2 型糖尿病患者。

2 型糖尿病患者需要注意

断食期间，患者必须暂停或减少胰岛素的注射剂量。患者一定要在医生的指导下进行治疗性断食，断食期间也不能服用 2 型糖尿病的常用药物二甲双胍。

一位患者的故事

克里斯蒂娜·F.，57 岁，是一名来自德国慕尼黑的提前退休的护士，她患有 2 型糖尿病、风湿病和多发性神经病（PNP）。多发性神经病是一种神经纤维受损的疾病，它表现为患者四肢反复剧烈疼痛。克里斯蒂娜通过治疗性断食和改变饮食来治疗疾病。

"断食打破了我体内的恶性循环。"

我亲身体会到，饮食能够影响身体健康。我患有 2 型糖尿病、风湿病和手脚神经疼痛，也就是多发性神经病，我已经患病 30 年了。这些年来，我的胰岛素注射剂量一直在增加，以至于我的体重不断增加，因为胰岛素除了能调节血糖水平，还能增强食欲。我身高 1.56 m，但有段时间，体重却高达 84 kg。体重自然也让我的关节问题更严重。

从那时起，我开始阅读很多关于健康饮食的书，并戒食高碳食物，如面食、米饭和土豆。我没有想到做到这点对我来说很容易，几周内我就减轻了近 5 kg。最重要的是，我的神经痛消失了。在我戒食高碳食物之前，任何药物都对我的神经痛不起作用，但突然间，它就这样消失了！然而，在这次成功的治疗过程中，我突然承受了巨大的精神压力，因为我的母亲病倒在床，我需要照顾她。我先是一只耳朵失去了听觉，然后一只眼睛失明，关节疼痛钻心刺骨，早上我几乎无法起床。我把我成功改变饮食习惯的消息告诉了我的风湿病医生，她问我是否愿意在专业指导下进行治疗性断食。

我答应了，并在位于德国柏林万湖的伊曼努尔自然疗法中心住院 2 周。第一天，我只吃米饭和蔬菜，而且我服用的 2 型糖尿病药物减量。从第二天开始，我每天喝 3 杯 150 mL 的蔬菜汁，中午和晚上喝很稀的断食汤，有时汤里有一块胡萝卜或者一块土豆，此外我喝水和淡茶。这对我来说格外容易，我从没感到真正的饥饿，但我非常担心我的血糖水平会出现问题，特别是在晚上，我有点儿低血糖。安全起见，护士总是在凌晨 2 点来测量我的血糖水平，有时给我补充一些葡萄糖。7 天后，治疗性断食起了很好的效果，但后来因为腿部积液，我不得不中止治疗。

不过，治疗性断食卓有成效！我入院时 74 kg，离开时 69 kg，而且需要注射的胰岛素剂量只有原先的 1/4，神经痛和关节疼痛也消失了，我不用再吃风湿药。回到家后，虽然一些病痛又出现了，但症状减轻了很多，毕竟我不能指望奇迹出现。

断食打破了我体内的恶性循环。我一直保持着不吃高碳食物的饮食习惯，目前正在尝试吃素食。以前我经常吃肉，但后来我了解到，肉会加重炎症。虽然我很难一下子放弃吃肉，但我正在尝试用豆腐、亚麻籽饼和健康的改良面包酱来代替肉。我正在努力少吃肉，争取每季度减轻 1~2 kg。到目前为止，一切都还算顺利！

当神经痛或关节疼痛又出现时，我尝试采用在住院时学到的治疗辅助手段来减轻疼痛，如淋冷水浴或用干浴刷刮拭身体。说实话，要想把学到的所有东西和很多有用的建议都一一实践，我可能会忙得不可开交，毕竟人是要生活的，对抗疾病和缓解疼痛不是生活的全部。但我注意到，有些事对我的身体是有益处的，因此我现在也经常做这些事，比如用热毛巾敷肝脏，这能让我在中午心情平静。我的身体状况通过调整饮食得到改善后，我的肝脏也能更好地进行新陈代谢，排出更多毒素。我现在真的感觉身体更干净、更健康了。

过敏

关于用断食治疗过敏的研究还在进行中，但我已经积累了大量的临床经验。我敢说，许多过敏患者，包括花粉症和过敏性哮喘患者在进行治疗性断食后，症状会明显减轻。我清楚地记得一位来自德国勃兰登堡的果农，他因严重的过敏和哮喘来到我们的医院。他自己都没有想到，就在断食的第 3 天，他的症状完全消失了。我们还找到了一种可以在日常生活中实行的饮食法，它可以帮助患者稳定病情。

皮肤病

断食对牛皮癣（银屑病）也有不错的治疗效果，治疗性断食不仅适用于治疗皮肤病，也适用于治疗皮肤病导致的关节炎，如较为常见的银屑病关节炎。我建议每一位银屑病患者都尝试治疗性断食，并且在断食结束后将植物性饮食法作为辅助治疗方法。

对神经性皮炎、酒渣鼻等皮肤病，断食的效果不完全一致。一般来说，酒渣鼻、面部皮肤发红、面部血管明显扩张等症状往往能通过治疗性断食显著减轻，但神经性皮炎在断食结束后容易反复出现。

肠道疾病

一些肠道疾病，如炎性肠病（克罗恩病、溃疡性结肠炎）、肠易激综合征可以通过治疗性断食来治疗。原因在于，一方面肠道疾病的病因是肠道菌群失衡，这一点我们现在已经知道了。断食后，肠道菌群多样性提升，这能在长期内对肠道疾病起积极作用。另一方面，肠黏膜细胞会在断食后分解并重建，这一机制是由法国著名的企鹅研究者伊冯·勒·马霍（Yvon Le Maho）所发现的。企鹅父母共同承担哺育幼崽的任务，一方照看巢穴，另一方寻找食物。后者在觅食时会断食数周。马霍发现，企鹅在完全断食时，它们的肠黏膜细胞进行了大规模的更新，这是一种自我净化机制。

神经系统疾病

美国巴尔的摩约翰斯霍普金斯大学的世界著名神经科学家马克·马特森（Mark Mattson）证明断食有益于大脑和脑神经元，对一些神经系统疾病能起积极作用。当他给小鼠投喂高脂高碳食物时，小白鼠不仅变得肥胖，而且还变得"愚蠢"，幼年的小鼠已经出现学习和记忆问题。而断食可以使它们恢复健康。

事实上，无数实验已经证明，定期进行治疗性断食以及经常进行间歇性断食对慢性神经系统疾病如阿尔茨海默病、多发性硬化症、帕金森病、脑卒中以及癫痫都能起预防作用。断食能促进身体释放更多保护神经元和促进神经元生长的脑源性神经营养因子（BDNF），它不仅可以延缓脑神经元的凋亡，还可以刺激新的脑神经元，尤其是位于海马的神经元的形成。海马是负责储存记忆和确定方向的重要脑区。

你可能会问，为什么断食能刺激神经元生长呢？这听上去有些不可思议，但从进化生物学的角度来看，这是很有道理的。假设人们生活在一个食物匮乏的地区，长期遭受饥饿的折磨，如果能很好地记住哪里可能有食物，以及上一次是如何逃离危险的，这就是一个很大的生存优势。断食除了会促进 BDNF 释放，还会调整体内的新陈代谢，对大脑大有益处。在这里，我想提一下酮体，它是脂肪酸在断食期间的代谢产物。特别是对那些发生病变的、难以利用葡萄糖的脑神经元来说，酮体是一种良好的能量来源，这也是生酮饮食法可以治疗癫痫的原因。治疗性断食和间歇性断食都可以为大脑提供更多的酮体。

不建议实行生酮饮食法

生酮饮食几乎不含碳水化合物，因此它类似于"断糖饮食"。与断食疗法一样，生酮饮食法能促进细胞自噬和细胞中线粒体的再生。

越来越多的证据表明，生酮饮食法对神经系统疾病有治疗作用，可以用于治疗癫痫，尤其是儿童癫痫。在这方面，它疗效显著，在传统医学治疗陷入僵局的情况下能起到辅助作用。对其他神经系统疾病，生酮饮食法的疗效还没有得到充分的科学证明。

然而，生酮饮食法也有明显的缺点。饮食中完全没有碳水化合物，这也意味着实行该饮食法的人缺乏由全谷物食品提供的健康的碳水化合物和膳食纤维。这不仅会增大日后患心血管疾病的风险，而且也不利于肠道内益生菌的生长。大量食用肉和乳制品会加剧心血管问题，因为这些食物会将大量不健康的饱和脂肪酸和促进炎症的动物蛋白直接带入体内。出于这个原因，我们可以在生酮饮食中加入植物性食物。但任何生酮饮食，哪怕是加入植物性食物的生酮饮食，其营养结构也是单一的。

在一些网络论坛上，生酮饮食法被誉为"万能药"，尽管大家并不清楚，体内长期有大量酮糖会有什么影响，是否会对细胞和新陈代谢造成危害。毫无疑问，生酮饮食对已经产生抗药性的癫痫患者能起到治疗效果。定期、少量地提高体内酮体的含量，如在间歇性断食期间或者在治疗性断食期间将生酮饮食法作为辅助治疗方法，对细胞是有好处的。然而，我们必须先通过研究弄清楚，从健康的角度来看，完全放弃摄入碳水化合物是否有益。

基于间歇性断食实验得出的乐观结果，马克·马特森非常肯定地认为，人们可以通过定期进行治疗性断食来预防脑部疾病，即使这些疾病有遗传倾向。然而，只有通过临床试验，治疗性断食的这一功效才能最终被证明。

在由我领导的研究小组、德国柏林夏里特医学院弗里德曼·保罗（Friedemann Paul）带领的神经科以及瓦尔特·隆哥的团队共同进行的世界上第一项关于治疗性断食的临床试验中，我们证明了，治疗性断食（和生酮饮食）能够提高多发性硬化症患者的生活质量。我们希望目前进行的一项更大规模的研究也能够证实治疗性断食的这一效果。

遗憾的是，有一种很严重的神经系统疾病不能通过断食来治疗。断食甚至会使患者的病情恶化，这就是肌萎缩侧索硬化（ALS）。2014 年发起的"冰桶挑战"募捐活动引发了全世界对这一疾病的关注。

而神经性疼痛综合征，如纤维肌痛，则可通过断食得到缓解。在一项研究中，我们观察到，自然疗法与断食能取得比常规治疗手段（如单纯服用可的松或其他镇痛药）更好的效果。

慢性头痛与偏头痛

慢性头痛和偏头痛是非常常见的、使患者非常痛苦的疾病。常规医学治疗就是药物治疗，通过药物为大脑提供大量血清素。阿司匹林和布洛芬是在治疗慢性头痛和偏头痛时普遍使用的处方药。这些药物的问题在于，超过一定的剂量后，它们本身就会引发头痛或使头痛恶化。

为缓解慢性头痛或偏头痛，降低其发作的频率，甚至治愈慢性头痛或偏头痛，许多医生尝试用断食疗法治疗患者，并取得了良好的效果。患者在进行治疗性断食期间，大脑有两种变化：其一，大脑获得更多的血清素，血清素的供给会一直持续到断食结束之后，这也是治疗性断食使人心情愉悦的原因；其二，进行治疗性断食的过程也是戒瘾的过程，治疗性断食可以帮助患者戒除镇痛药成瘾。正因如此，在断食初期，患者会出现戒断反应，即头痛或偏头痛发作。在这种情况下，我们会用其他自然疗法作为辅助治疗手段帮助患者减轻疼痛。关键在于，患者必须克服戒断反应，才能摆脱慢性头痛或偏头痛。如果能挺过开始的几天，完成治疗性断食，那么慢性头痛或偏头痛的发作次数通常会比断食前少得多，而且效果能持续很长时间。

心理疾病

断食能使人心情愉悦，使人达到断食兴奋状态，这一现象众所周知。这可能与"快乐激素"血清素以及内啡肽等其他体内的"快乐缔造者"有关系。在我自己的研究中，我总能观察到治疗性断食对患者起到改善情绪和对抗抑郁的作用。

注意：治疗性断食只能用于治疗轻度抑郁症，绝不能用于治疗中度和重度抑郁症！

癌症

治疗性断食在治疗癌症方面起非常特殊的作用。大量动物实验数据表明，持续时间较短的治疗性断食可以防治癌症。健康细胞和癌细胞对断食的反应存在差异，这就是治疗性断食对癌症起作用的原理。体内健康细胞能很好地利用断食期间体内产生的酮体，而癌细胞不能利用这一物质。由于这个因素，再加上缺乏胰岛素、mTOR 和 IGF-1 等刺激细胞生长的因子，癌细胞就会出现代谢不良的情况，而健康细胞则进入基础代谢模式。

临床研究表明，目前针对癌症的最好的治疗方案是在化疗的同时进行60~84 小时的治疗性断食。在一项实验研究中，我们发现，与正常进食的癌症患者相比，在接受化疗的同时进行治疗性断食的癌症患者的疲劳感和生活质量会有明显改善。目前，我们的研究小组正在进行两个较大的临床试验，旨在研究 72 小时治疗性断食与化疗同时进行对癌症患者的作用。

瓦尔特·隆哥针对癌症发明了断食模拟饮食法（Fasting-Mimicking Diet），由于这一饮食法所使用的产品中含有特殊的营养成分，这种产品可以欺骗身体，让身体以为正在进行断食。隆哥和他的团队目前正在进行一些研究，测试这种饮食法对接受化疗的癌症患者的效果。这种模拟断食产品叫"Chemolieve"。

隆哥预计在一两年内得出研究结论，在这之前，他还无法针对这一疗法给出任何建议。

隆哥的开创性实验引起了轰动。他发现，健康细胞和癌细胞对断食的反应完全不同。他花了很多年的时间研究酵母细胞和细菌，并发现如果使它们挨饿，它们就能抵抗各种毒素的侵害，它们的新陈代谢会进入"冬眠"模式。癌细胞的情况则相反，它们没有这种保护模式，在化疗的过程中，它们如果处于饥饿的状态，就会不受控制地吸收任何物质，包括毒素。这一发现自然是所有癌症专家梦寐以求的科研突破，因为化疗有这么多副作用的原因主要是化疗使用的药物不仅会破坏癌细胞，还会破坏健康细胞。

隆哥由此解开了健康细胞与癌细胞不同代谢机制之谜。我们很早就知道，健康细胞在缺乏食物（也就是能量）时，会迅速切换到断食时的新陈代谢模式，所有细胞的代谢率下降，蛋白质合成减少，细胞进入"冬眠"模式，这种机制可以保护细胞免受外界负面影响和毒素的侵害。癌细胞有突变的基因，即所谓的癌基因，在它的作用下，癌细胞即使在没有外部刺激的情况下也能继续生长。同时，癌基因使癌细胞更容易受到毒素的破坏，因为癌细胞的所有"闸门"总是打开的。隆哥将这种情况描述为"细胞的不同抗压性"。食物匮乏意味着压力，它使癌细胞变得脆弱，但健康细胞能出色地应对这种情况。断食后，健康细胞进入保护模式，但癌细胞由于癌基因的"设计"，依然保持高度的活跃性，继续生长，并在化疗中被严重破坏。所以在断食期间，健康细胞会进入"冬眠"模式，它们会"蛰伏"起来，集中精力进行自我清洁等维持生命的活动，并增强抵抗力。但癌细胞仍然活跃，继续分裂，这使它们更容易在化疗中被破坏。

凭借多年的研究，隆哥已经通过多项实验证明了"细胞的不同抗压性"。但实验得到的结果肯定是不充分的，因为人体更为复杂。

癌症研究的最新进展

在最初对癌症患者的研究中，隆哥和他的同事无法证明断食可以像在动物实验中一样减轻化疗的副作用。在两项非常小规模的研究中（分别有 13 名和 20 名受试者，其中大部分是乳腺癌患者，正在接受化疗），他观察到，化疗给进行断食的受试者带来的副作用略轻，对他们的健康细胞造成的损伤也比对不进行断食的受试者小。但正如前面所说的，这两项研究的规模太小了。

2014 年，我们开始了自己的研究，50 名患有乳腺癌或卵巢癌，并计划进行化疗的受试者参与其中。在化疗期间，我们记录了受试者的生活质量、情绪、精神状态和表现的化疗副作用。由于一些受试者中断了治疗，或者没有时间填写大量调查问卷，我们最终只获得了 34 名受试者的数据。化疗共有 4~6 个疗程，所有受试者按照预先选择的顺序，或在前一半的化疗疗程中进行断食，在后一半疗程中正常饮食，或反过来先正常饮食，后进行断食。进行断食的受试者从化疗前的 36 小时开始断食，断食一直持续到化疗后的 24 小时，共断食 60 小时。结果证实了隆哥的假设，即进行断食的患者对化疗的耐受性更好，化疗对其生活质量的影响更小。

不过，我还是建议癌症患者要谨慎决定在化疗期间是否进行治疗性断食。持反对意见的肿瘤专家认为，现在推荐在化疗期间进行治疗性断食为时尚早，这是有道理的。在进行治疗性断食前，医生必须检验患者是否具备进行治疗性断食的条件，严格控制患者体重，并密切跟踪整个断食过程，这些非常重要。在目前我们进行的另一项大规模的研究中，我们主要探究癌症患者的身体状况对断食效果的影响。瓦尔特·隆哥带领的团队也在进行这方面的研究。我们希望在 2~3 年内能得出较为准确的结论，知道哪些人适合在化疗期间进行治疗性断食。

断食是否能起更大的作用（比如抗癌），目前只能通过动物实验来证明。最理想的状况是患者通过断食"饿死"癌细胞，可惜事实没有那么简单。然而，将健康饮食和定期断食相结合，确实有可能为癌症治疗提供良好的帮助。同时，事实证明，健康饮食能够降低乳腺癌和结肠癌发病率。

> **注意：** 癌症患者只能在医生的指导下进行治疗性断食，而且最好作为受试者参与到临床试验中，因为在临床试验中，患者的各项身体指标能受到更严密的监控。同时患者也要注意，体重一定不能过轻！

无论是癌症患者还是慢性疾病患者，在进行治疗性断食后，我都建议他们改变饮食习惯，进行低脂低碳饮食，这样做可以强化免疫系统、增强抵抗力。最近的科学研究数据表明，断食期间的饮食（如汤或粥）中尽量不要有动物蛋白以及添加糖。因此，布欣格尔断食法等以植物性饮食为主的断食法都十分有益。在选择饮品时，要选择蔬菜汁而非甜果汁，因为果汁中果糖的含量高。

瓦尔特·隆哥的断食模拟饮食法

在多年研究后，瓦尔特·隆哥决定不再仅仅推广断食疗法，而想推出一套有关断食的产品。尽管产品销售所产生的利润全都用作断食研究的资金，但这一做法还是为他招致很多批评的声音。我在参加人生第一次断食疗法大会时第一次与瓦尔特·隆哥见面。在面对面交谈时，我们进行了激烈的讨论，我向他提出的第一个问题就是"为什么要做产品？"。他的回答颇有挑衅的意味，他说："只有你们这些疯狂的德国人才喜欢断食，美国人可不是这样的。"他的意思是，断食虽然从科学的角度上看前景乐观，但在没有断食传统文化的国家不太可能流行起来，什么都不吃或只吃一点儿，对美国人来说是很难接受的。他认为，吃模拟断食产品可以使断食更容易，尤其是对没有断食传统的美国人来说。隆哥还想使自己的产品提供更多热量，因为他在几次实验中发现，断食所产生的效果与去除了动物性食物和糖的饮食所产生的效果相似，两者都能明显降低人体内胰岛素、IGF-1 和 mTOR 的水平。这一发现促使他研发了断食模拟饮食法。从这一点看来，我认同他的观点。根据疾病的不同，断食模拟饮食法的形式也不同，例如，癌症患者至少应连续4 天食用 Chemolieve，而如果出于防治代谢疾病的目的，人们可以连续 5 天食用 ProLon。重度肥胖症或代谢综合征患者可以每个月或每 2 个月食用 1 次ProLon 来实行断食模拟饮食法。

ProLon 是瓦尔特·隆哥开发的不含糖和动物蛋白，仅稍微减少热量的 5日断食饮食包。饮食包包含 5 天的现成饮食，第一天的饮食可提供 1100 cal热量，其余 4 天的饮食分别提供 700~800 cal 热量。这个饮食包的缺点是价格昂贵，但明显的优点是购买者不用再考虑买菜、热量和烹饪方法等问题。饮食包中有袋装汤、坚果棒、蔬菜饼干和果汁，这些都是低碳素食。我曾参与了迄今为止最大的关于断食的临床试验，它的目的是检验断食模拟饮食法的效果，我们对 100 名来自美国加利福尼亚州的受试者进行了研究。其中一半受试者每月进行 1 次为期 5 天的 ProLon 饮食，持续 3 个月；另一半受试者则像平常一样进食。在 3 个月内，进行 ProLon 饮食的受试者共进行了 3 个周期的断食，断食模拟饮食法显示出良好的效果，受试者体重减轻，血压下降，血脂水平更接近正常水平，IGF-1 水平下降。

断食模拟饮食是未来断食的发展趋势吗？虽然 ProLon 有太多的塑料包装，会带来环境问题，而且食物也不新鲜，但它在某些疾病的治疗过程中（如化疗期间）可能是最好的选择。一个盒子就能装下所有断食期间需要吃的食物，对患者和医生来说简单方便。每一袋食物都详细标注了成分，为患者省去了咨询和计算的时间。

然而，在我看来，健康的人或轻症疾病患者完全没有必要购买 Chemolieve 或 ProLon。断食模拟饮食法未来将如何发展还有待观察。

治疗性断食的其他功效

增强免疫系统

瓦尔特·隆哥和其他研究者多次观察到，断食对免疫、抗炎和干细胞生成都有积极作用。此外，近年来各学科的科学家都发现，免疫系统实际上与肠道菌群类型和组成有密切关系。2016年在奥地利进行的一项实验中，研究者研究了在受试者实行为期1周的布欣格尔断食法后肠道菌群的变化。结果显示，受试者的肠道菌群多样性的确有所提升，这对免疫系统的健康尤为关键。

另外，越来越多的证据表明，免疫系统疾病（如胶原蛋白病、过敏）、慢性神经系统疾病（如多发性硬化症）等都可以通过断食得到很好的治疗或辅助治疗。

预防反复患感冒与流感

断食有助于预防频繁地患感冒，感冒甚至是开始进行断食的好机会。我们应该对此有所体会，我们患感冒后，自然会失去食欲。在这种情况下，我强烈建议你遵循自己的直觉，在感冒期间进行3~5天的治疗性断食，这样可以增强免疫力。发热也是一个很好的断食时机，治疗性断食能抑制体内炎症的发展，有助于患者尽快退烧。

减肥

每个人肯定都迫不及待地想知道，进行治疗性断食后自己的体重会发生什么变化。很多人认为治疗性断食的主要功效是减肥，这是一个很大的误区，减肥只是治疗性断食附带的一个效果。如果你仅仅是为了减肥而进行治疗性断食，不打算改变饮食习惯，我是不会向你推荐这种疗法的。但幸运的是，对大多数人来说，治疗性断食是一种持续性活动，它是帮助人们追求健康生活的理想方式。

如今，科学家认为，肥胖的原因比十几年前更为复杂。然而，在多数情况下，摄入过多热量和 / 或消耗过少的热量（即缺乏运动）仍然是肥胖的主要原因，怀孕、甲状腺疾病或药物的原因除外。

生理特征决定了我们在断食期间能减轻多少重量。身体通过分解脂肪获得能量，1 g 脂肪可提供约 9 kcal 能量。通常，我们每天消耗 2000~3000 kcal 热量，这意味着平均每个断食日，我们体内有 300~400 g 脂肪被分解，但是这也取决于我们的基础代谢率，女性比男性普遍每天少消耗 400 kcal 左右的热量。想要消耗更多脂肪是不可能的。

但尽管如此，大多数断食者的体重还是能减轻很多。体内盐分流失、有排水作用的激素水平升高以及胰岛素水平降低，这些因素导致大多数断食者流失大量水分，因为胰岛素能帮助锁住肾脏中的盐分和水分。这也是进行低热量饮食的人往往先会大量脱水的原因，因此体重减轻主要是因为脱水。不过你也不必对此感到失望，因为脱水是有好处的。

在进行治疗性断食的最初几天，断食者体内部分蛋白质也会被分解，不过被分解的是受损的蛋白质还是健康的蛋白质，目前还不清楚。总而言之，蛋白质提供的能量较少，1 g 蛋白质只能提供 4.1 kcal 热量。平均每个断食日会使身体减少 30 g 蛋白质，体重也会因此稍微减轻。

由于激素水平的变化，从断食的第一天开始，身体就会排出大量钠，体内储存的一些水分也会随之被排出，因此腿部、手部或脸部的浮肿的情况都会得到缓解。因积水而引发疾病的患者通过进行为期一周的治疗性断食最多可以减轻 10 kg 体重。减轻的重量是体内多余水分的重量，这个信息很重要，断食者应该了解这一点，以免后面感到失望，因为断食者恢复正常进食后，特别是开始吃盐后，体内流失的一部分水分会再次被储存起来。但治疗性断食往往会改变味觉，许多人在断食结束后，吃盐的量减少了，其结果是，体内的这部分水会永久消失。治疗性断食的主要功效不是减肥，它只是治疗性断食附带的一个令人愉悦的效果。

我经常听到患者这样说："我整整一周才减轻了 2 kg，但病友却减轻了 8 kg。"我安慰他们说，断食期间每个人消耗的脂肪量几乎是一样的，根据基础代谢率和运动强度，断食期间每个人每周都会消耗 2~3 kg 脂肪。其余减轻的重量是体内水分的重量。不过，治疗性断食是减肥的关键，我喜欢将它称为治疗肥胖症和相关疾病的"启动方案"，治疗性断食可以被当作一个新的开始。

改善睡眠质量

治疗性断食也能改善睡眠质量，不过改善的程度因人而异。许多断食者反映，他们虽然睡眠时间更短，并且 / 或者夜间更频繁地醒来，但不觉得有任何不适。不过也有相反的情况，有些断食者需要更长时间的睡眠，睡眠质量变差。根据我的经验，后者主要是因为他们在断食之初产生严重的疲劳感。

改善情绪

不断有断食者反馈说，在治疗性断食期间，他们心态更积极，心情更愉悦。我想知道是否真的如此，于是准备好情绪量表和问卷对患者进行调查。带着极大的好奇心，我让断食者每天填写表格和问卷评价自己的心情。果不其然，最迟从第四个断食日开始，患者的心情都开始变好。当然，并非每位断食者的好心情最后都会转为断食兴奋，但产生断食兴奋的情况也是存在的，甚至产生断食兴奋的断食者不在少数。科学研究证明，断食时，大脑中的"快乐激素"——血清素水平较高，并且其他改善情绪的激素，如内啡肽也会分泌。从进化学角度，我们可以这样解释：如果我们的祖先在食物资源枯竭时郁郁寡欢地待在洞穴里，这就会大大削弱他们寻找食物的动力，可能也就不会有我们的存在了。

根据我多年的经验，肥胖者在断食期间的心情通常比体型偏瘦的人好，这可能是由于肥胖者的激素水平变化幅度比较大，新陈代谢的变化更明显。前面提到，脂肪分解时会产生酮类物质，除了提供能量，它也被认为能够改善情绪。一个人不吃东西也能很开心，不仅体重减轻了，还更健康了，这是一种美妙的体验。断食带来的"安慰剂效应"不容小觑，断食能极大地愉悦身心。

改善性功能与生育能力

在许多传说和神话中，我们都能看到关于断食对性功能影响的描写。研究已经证实，治疗性断食期间，断食者性激素（睾丸素和雌激素）分泌会减少。营养供应不足会影响生育能力，这很好理解，在前几个断食日，身体忙于维持基础代谢，自然无暇顾及孕育后代；但在断食后期，情况就会大不相同。许多患者表示在治疗性断食结束后，感觉自己的性功能有所提升。因此，很多断食医院的布告栏上面都贴满了宝宝的照片和致谢。

治疗性断食守护我们的健康

治疗性断食不仅是针对现有疾病的较为有效的治疗方法，也是一种奇妙的疾病预防方法。

每年都有成千上万健康的人在断食小组、成人大学或修道院中，在断食医生的指导下进行治疗性断食。我和我的工作小组对健康人的治疗性断食结果进行了调查，并于 2013 年将结果发表在《补充医学研究》（*Research in Complementary Medicine*）杂志上。共有 30 名女性受试者参与了这项研究。当然，我们也欢迎男性参加，但就像以往的情况一样，当涉及为自己的健康做一些事情的时候，女性显然更有动力，也更有决心（如果你是男性，读到这一行时，请原谅我对男性的批评）。在研究中，30 名平均年龄为 49 岁的女性受试者在进行治疗性断食前后分别接受医学检查，包括测量血脂、血压、激素水平以及血糖代谢率。一周的治疗性断食取得了显著效果，体重基数较大的受试者减轻了近 6 kg，收缩压下降了 16 mmHg，对心脏健康很重要的低密度脂蛋白胆固醇水平下降了 30%，胰岛素水平也大幅下降。此外，受试者的情绪、心理状态（抑郁和焦虑情况）、疲劳感和睡眠质量都有明显改善。

后续研究还证实了治疗性断食的另一个作用，即促进肝细胞的再生，治疗脂肪肝。近年来的研究表明，肝脏脂肪堆积会造成严重后果。25 年前，我给患者做肝脏超声检查时，我还会告诉患者："你有脂肪肝，但这并不要紧。"现在，我不会这么说了，因为脂肪肝会使 2 型糖尿病和高血压的病情进一步发展。

胰岛素水平、盐皮质激素代谢水平和脂肪肝都可以在治疗性断食期间恢复正常。我的团队的研究表明，经过 1 周的治疗性断食后，细胞对胰岛素重新变得敏感，血压下降。我与断食专家弗朗索瓦丝·威廉米·德托莱多（Françoise Wilhelmi de Toledo）以及来自德国布欣格尔·威廉米医院的斯特凡·德林达（Stefan Drinda）共同进行的一项研究表明，脂肪肝患者在进行治疗性断食后病情明显好转。这意味着，脂肪减少不仅体现在体重减轻上，还体现在肝脏"变瘦"上。

谁不能进行治疗性断食？

儿童、青少年、孕妇和哺乳期女性

需要大量能量来维持生长和发育的人不适合进行治疗性断食，因此儿童、青少年、孕妇和哺乳期女性不能进行治疗性断食。不过，在不会造成体重减轻的前提下，这些人可以进行适度的间歇性断食。

进食障碍患者和体重过轻的人

有厌食症或贪食症等进食障碍病史的人或者进食障碍患者不能进行治疗性断食，因为治疗性断食可能导致进食障碍的复发。

此外，体重过轻或因其他因素已经导致体重大幅减轻的人也不能进行治疗性断食。大多数断食医生认为，在断食期间，断食者的体质指数（BMI）不得低于19。你如果对此有疑问，一定要询问医生。

如果你体重过轻，但必须进行治疗性断食，请一定在医院的监控下进行治疗性断食。

重度肥胖者

中度肥胖者进行治疗性断食往往很顺利，他们的体重会迅速减轻，在断食结束后，他们的饮食习惯会改变，这就使得他们的体重进一步减轻。迄今为止，从临床试验中收集到的经常进行治疗性断食的轻度肥胖者的数据表明，他们基本不会出现悠悠球效应。但是，过度肥胖者（BMI>45）经常因患有暴食症或由于心理压力过大而导致饮食过度。在这些情况下，对他们进行健康饮食方面的培训，让他们进行间歇性断食或接受其他医学治疗，如减肥手术、胃束带术等可能更有意义。

以下疾病患者不宜进行治疗性断食

我不建议下列疾病患者进行治疗性断食，因为治疗性断食常会给他们带来副作用。

- **痛风患者：** 如果患者已经出现过痛风发作的情况，那么治疗性断食容易导致痛风复发。由于进食减少和新陈代谢发生变化，患者尿酸水平升高，从而导致痛风复发。如果患者虽然尿酸水平升高，但无其他不良反应，则可以继续进行治疗性断食，但患者只能在医院进行治疗性断食，并时刻监控尿酸水平。

- **胆结石患者：** 胆绞痛和胆结石患者应谨慎选择是否进行治疗性断食。如果患者在近期或近几个月内确诊胆结石，我不建议他们进行治疗性断食，因为断食期间或断食之后患者可能再次出现胆绞痛。如果患者确诊患有胆结石，但没有因此产生任何不适感，那么他可以在医院进行治疗性断食。

- **心脏病、严重肝肾功能损坏患者：** 心脏、肝脏、肾脏严重受损的患者不宜进行治疗性断食，或只能在医院的监控下进行断食。对患有严重脂肪肝的患者或其他肝病患者来说，治疗性断食是一种很好的治疗方法，但断食过程必须受到医院监控。

- **视网膜脱落、急性甲状腺疾病和罕见的遗传性代谢疾病患者。**

- **1 型糖尿病患者：** 虽然治疗性断食对 2 型和 3 型糖尿病（即阿尔茨海默病）来说是非常好的治疗方法，但 1 型糖尿病患者只有在特殊情况下才可以进行治疗性断食。虽然个别 1 型糖尿病患者通过治疗性断食取得了成效，但他们在断食前必须经过医生的同意，并且需要在医院进行断食。

- **抑郁症患者：** 治疗性断食有助于治疗轻度抑郁症，但中度和重度抑郁症患者不能进行治疗性断食，因为在断食期间，尤其在断食的最初几天，患者的身心都会发生变化，患者会因断食而变得情绪敏感，重度抑郁症患者的病情可能会因此加重。

在服用药物期间可以进行治疗性断食吗？

经常服用药物的人必须在医生的指导下进行治疗性断食，第一次治疗性断食最好在医院进行。在断食期间，有些药物（如二甲双胍等 2 型糖尿病药、脱水降压药或苯丙香豆素等凝血抑制剂）必须停用或减少药量。此外，在治疗性断食期间，避孕药的效果也会有所减弱，镇痛药对胃的刺激会更大。但是，患者可以继续服用维生素补剂、甲状腺药物、其他降压药和抗抑郁药。

但是，除了必须调整胰岛素的注射剂量外，并没有针对间歇性断食的特殊注意事项。

重要提示：在治疗性断食和间歇性断食期间，无论是服用还是停用药物，都要向医生咨询。

治疗性断食的实用方案

关于治疗性断食的几个重要问题

在第一次断食前，你自然会有很多疑问，比如：我会有什么变化？不吃饭的感觉如何？我会感觉舒适吗？我会不会很饿？我会不会没有力气？断食有副作用吗？

通过对几十万次断食过程的观察和研究，我们现在已经能明确回答以上问题。当然，每个人都有自己的独特体会，有的人会这样，有的人会那样，但对大多数人来说，断食的感觉是可以预测的。

断食是通过自然的方式对身体进行大规模更新的方法之一。即使是很小的刺激，如蒸桑拿、骑自行车或感冒，也会影响一个人的状态，因此治疗性断食会给断食者带来很多主观感受上的变化。为了让从进食到断食的转变更容易，断食前断食者应安排 1~2 个减食日，之后再进行治疗性断食，在断食结束后要安排 3 个复食日。

必须灌肠吗？

有便秘问题的人或肠易激综合征患者都知道，肠道排空的感觉很好。断食期间，肠道会处于一种非常特殊的状态。通常，清空肠道，即排便，主要是受到进食的刺激，这一点应该每个人都知道。起床后，肠道还没什么感觉，但在吃完早饭或午饭几分钟后，人就会有便意，这在医学上被称为"胃结肠反应"，即胃被填满后，腹腔内的神经元将这一信息传递给肠道，"通知"肠道和其他消化器官为新的食物腾出空间。在治疗性断食期间，身体内将不存在这样的过程，因为没有食物进入身体了，在断食前进入肠道的食物可能会在肠道里停留较长时间，这种感觉并不舒服，所以断食者要在治疗性断食期间让肠道排空。

因此，治疗性断食大都需要断食者先通过服用盐类泻药（如芒硝或泻盐）来清空肠道。另外，在断食期间，断食者也应该定期灌肠，以布欣格尔断食法为例，断食者应每两天进行一次。在美国，人们羞于谈论大便、排便和灌肠等话题，因此他们的断食计划中也没有这一项。对瓦尔特·隆哥来说，让他的患者灌肠是不可想象的，他还认为，灌肠并非必需的环节，因为断食作用于细胞和分子层面，而不作用于肠道。

然而，在我们医院既尝试过灌肠，也尝试过不灌肠的患者都反映，由于肠道清空了，他们感觉不那么饿了，灌肠使断食变得更愉快和容易。在前几个断食日常见的头痛、疲劳、不适等症状都可以通过灌肠缓解。因此，我们医院的断食医生都会建议患者灌肠，但前提是患者愿意这样做。即使患者不进行灌肠，也不代表断食就会失败。

间歇性断食不要求断食者要灌肠，此外，如果在治疗性断食期间断食者能自主排便，他也不必进行灌肠。这听起来可能很奇怪，明明断食者几乎什么都没吃，为什么可以每天排便？实际上，对很多人来说，肠道一直在工作，肠道不仅仅是一条等待食物进入再将其消化的被动工作的管道，它也会主动吸收身体分泌的液体，同时，肠黏膜细胞会大规模更新（第 146 页）。此外，断食几天之后，肠道菌群也会发生变化。

欧洲的传统断食法都要求断食者灌肠。但是，根据个人的接受度和消化能力，断食者可以灌肠，也可以不灌肠。

灌肠

灌肠可以净化直肠和部分结肠。你需要一个带管子的塑料灌肠器，装入 1 L 温水，将容器挂在门把手上。跪在地上，将涂有润滑剂的肠管推入肛门约 20 cm。注意，管内要充满温水，不能有空气，要防止空气进入肠道。然后打开管子的阀门，使温水进入肠道。在上厕所前，尽量保持温水在体内停留几分钟。你也可以使用橡胶灌肠器。

一次治疗性断食的完整流程是什么？

减食日

进行断食前的 1~2 天为减食日，你要有意识地减少进食量，不喝咖啡，可以吃米饭、蔬菜和大量水果（如苹果、梨、橘子），要认真、充分地咀嚼水果。减食日的作用是保证在接下来的断食日，肠道内只有容易分解的食物，水果、蔬菜和大米就属于这类食物。在断食日，肉、其他高碳食物（尤其是白面包）在肠道内的通行速度减慢，于是这些食物就会在肠道内发酵，引发胀气和腹痛。

在减食日，身体发生的变化并不多。你会有轻微的饥饿感，特别是在晚上。此外，经常喝咖啡的人由于不再喝咖啡，很有可能在减食日以及前几个断食日感到头痛，但头痛不会持续太长时间。你可以采用一些自然疗法的手段来减轻头痛，比如将薄荷油涂在太阳穴和额头。许多断食者还表示，灌肠能帮助他们减轻头痛。

虽然咖啡现在被认为有益于健康，并能预防 2 型糖尿病、肝脏疾病和帕金森病，但在治疗性断食期间出现的头痛表明，咖啡能使人上瘾。因此，改变喝咖啡的习惯是一件好事。告诉所有爱喝咖啡的朋友一个有趣的知识：进行治疗性断食后，你会感觉意式咖啡的味道比之前更好。

第一个断食日

进行断食的第一天你应该先灌肠，因为空空的肠道能减弱饥饿感。但是，多次排便会引起轻度的心血管问题，因此你一定要小心谨慎，慢慢来。

> 灌肠时，要将 20 g（如果你偏瘦）至 30 g（如果你偏胖）芒硝溶于 0.5 L 水中，最好一次性快速喝下，喝完后再喝一些柠檬水，这样做有助于冲淡口腔内芒硝留下的咸苦味。如果你的肠道比较敏感或者你平常排便较为频繁，建议用 30 g 泻盐或硫酸镁泻药代替芒硝。

停止进食后，身体开始发生变化。在接下来的 12~24 小时内，肝脏中的糖原先被耗尽，在一些激素和控制因子的作用下，身体会切换到消耗脂肪的代谢模式。也就是说，内脏脂肪开始分解。

有些断食者一开始会出现比较严重的腰背痛，我在刚开始进行治疗性断食时也出现了这个问题。通常这被认为是因为身体脱水给椎间盘造成一定的影响。但是，这种说法还没有被证实，因此我还无法给出明确的解释。不过，腰背痛只是暂时的，很多长期或经常感到腰背痛的断食者在前几个断食日很容易感到疼痛加重，但疼痛在断食结束后很长一段时间都不再出现。偏头痛患者在治疗性断食期间也会出现类似的反应，在前几个断食日可能偏头痛会发作，但断食结束后，偏头痛消失。治疗性断食能够对断食者的身体产生长期的保护效果。

第二个或第三个断食日

第二或第三个断食日是"危机日"。在这两天中，身体发生巨大变化，你会感到疲惫无力、饥饿难耐，心情也不是很好。不过，坚持下去，"危机日"就会过去，之后，你就会开始感到轻松。这一切都将是值得的！

第三个或第四个断食日

治疗性断食的稳定期通常开始于第三或第四个断食日。治疗性断食的效果开始显现，你会感到舒适，关节疼痛减轻，水肿和肌肉紧绷感有所缓解，血压趋于正常，心情越来越好。你会出现口气微酸的情况，喝茶和/或含柠檬片有助于改善口气。此外，有时你会感到皮肤干燥。

有些断食者还会出现轻微的视觉障碍，最常见的是飞蚊症，即玻璃体浑浊，能看见不存在的线或条纹。但这些现象都不要紧，它们只是暂时的。从第四个断食日开始，大多数断食者都处于良好的状态，不少断食者甚至反馈，他们出现了断食兴奋。

我认为，出现断食兴奋后，断食者应该延长治疗性断食的时间。只要熬过前几个断食日，在剩下的日子里，你就会感到轻松许多。如果每次只进行为期5天的治疗性断食，你就得反复忍受第一到第三个断食日的煎熬。因此，权衡利弊，如果每次断食10天而非5天，你就会感觉轻松得多。

结束断食和复食日

结束断食是一次有效果的治疗性断食的关键环节。如果合理地结束断食，你就能长久地改变饮食，悠悠球效应也不会出现。在我结束第一次治疗性断食后，我吃了比萨和巧克力蛋糕，这是不可取的。你可以在复食日的早上先吃一个苹果，慢慢咀嚼，细细品味，中午和晚上可以喝汤。

关于治疗性断食的常见问题

如何进行治疗性断食？最久断食多长时间？

治疗性断食可以在家中或医院进行。基本原则是，健康的人可以单独在家进行治疗性断食。不过，我建议断食者的第一次治疗性断食在有资质的医院进行。

断食的时间比较灵活。我建议至少断食5天，健康的断食者可以断食7~10天，患者可以断食14、21天，甚至28天。具体的断食时间还需要根据断食者的适应证和脂肪储备量判断。

治疗性断食并不困难。然而，很多人会开玩笑说："断食医院是花很多钱只为了喝水和喝茶的地方。"虽然这只是玩笑，但是我必须澄清：治疗性断食是一种高效的治疗方法，更准确地说，它比药物治疗更有效。因此，要想得到恰当的治疗，就需要具备一些医学知识。如果可以研发出效果与治疗性断食相当的药丸，那么这种药丸创造数十亿的利润都不成问题。

坚持治疗性断食格外简单

当食物被摆在眼前，你很难做到少吃两口，这就是节食很难成功的原因。在没有东西吃的情况下进行断食，只要过了第一和第二个断食日，之后的断食过程就变得出奇地顺利。什么都不吃有时比少吃更容易，因为在上万年的时间里，我们的身体已经习惯了不吃东西。断食是人类原始生活的重要部分。断食离不开自律，尤其是在第一和第二个断食日，你必须与习惯做斗争。

一次完整的治疗性断食（5天）

	减食日	第一个断食日
断食食谱	水：至少 2.5 L 白开水或无糖草药茶 早餐：50 g 燕麦粥，搭配肉桂粉和苹果泥 午餐：50 g 糙米饭或小米饭，搭配 200 g 蔬菜 晚餐：蔬菜土豆汤	水：至少 2.5 L 白开水或无糖草药茶 早餐：1 L 薄荷茶 午餐：250 mL 蔬菜汁（如番茄汁、甜菜根汁、胡萝卜汁等） 晚餐：250 mL 蔬菜汤
辅助措施	● 为断食做准备，如进行放松冥想 ● 在户外进行锻炼	● 早餐后服用芒硝或泻盐（将药物溶于 500 mL 温水中，并快速饮下），然后进行灌肠。如果早餐后没有进行灌肠，就在晚上进行 ● 在家做简单的体操，促进排便 ● 多休息 ● 热敷肝脏（最好在中午，热敷 30 分钟），以刺激肝脏活动
身体变化	● 身体开始脱水 ● 身心都为断食做好准备 ● 胃肠道消化负担减轻	● 肝脏中的糖原开始分解 ● 身体持续脱水，血压降低

	第二个断食日	第三个断食日
断食食谱	水：至少 2.5 L 白开水或无糖草药茶 早餐：150 mL 蔬菜汁（如番茄汁、甜菜根汁、胡萝卜汁等） 午餐：150 mL 蔬菜汁（如番茄汁、甜菜根汁、胡萝卜汁等） 晚餐：250 mL 蔬菜汤	水：至少 2.5 L 白开水或无糖草药茶 早餐：150 mL 蔬菜汁（如番茄汁、甜菜根汁、胡萝卜汁等） 午餐：150 mL 蔬菜汁（如番茄汁、甜菜根汁、胡萝卜汁等） 晚餐：250 mL 蔬菜汤
辅助措施	● 早上用干浴刷子刮拭身体，促进血液流通（可以每日一次） ● 进行少量运动，多休息 ● 热敷肝脏（最好在中午进行，热敷 30 分钟），以刺激肝脏活动	● 热敷肝脏（最好在中午进行，热敷 30 分钟），以刺激肝脏活动 ● 进行灌肠 ● 彻底清洁舌头与口腔 ● 进行运动（如散步 30 分钟）
身体变化	● 糖原耗尽，身体切换到断食期间的代谢模式 ● 体内脂肪开始分解，转化为酮体，因而会有轻微的虚弱感	● 身体进入断食期间的代谢模式 ● 细胞的自我修复开始 ● 代谢产物不断被排出，比如丙酮会经由肺部排出，口腔有不适感，舌苔变色 ● 肠道的自我更新开始
	第四个断食日	第五个断食日
断食食谱	水：至少 2.5 L 白开水或无糖草药茶 早餐：150 mL 蔬菜汁（如番茄汁、甜菜根汁、胡萝卜汁等） 午餐：150 mL 蔬菜汁（如番茄汁、甜菜根汁、胡萝卜汁等） 晚餐：250 mL 蔬菜汤	水：至少 2.5 L 白开水或无糖草药茶 早餐：150 mL 蔬菜汁（如番茄汁、甜菜根汁、胡萝卜汁等） 午餐：150 mL 蔬菜汁（如番茄汁、甜菜根汁、胡萝卜汁等） 晚餐：250 mL 蔬菜汤
辅助措施	● 热敷肝脏（最好在中午进行，热敷 30 分钟），以刺激肝脏活动 ● 彻底清洁舌头与口腔 ● 进行运动（如散步 30 分钟） ● 进行放松训练，如练习瑜伽、气功 ● 蒸桑拿，促进血液循环	● 热敷肝脏（最好在中午进行，热敷 30 分钟），以刺激肝脏活动 ● 进行灌肠 ● 彻底清洁舌头与口腔 ● 进行运动（如散步 30 分钟） ● 进行放松训练，如练习瑜伽、气功
身体变化	● 感到身体轻盈，精神放松 ● 副交感神经系统活跃，身体处于放松状态，血清素的作用增强 ● 细胞自噬开始：细胞不断处理自身废物并进行自我更新。细胞功能得到增强	● 血糖水平降低 ● 胰岛素和 IGF-1 水平降低 ● 血脂水平趋于正常 ● 炎症参数降低 ● AGE 分解 ● 血压降低

续表

	第一个复食日	第二和第三个复食日
断食食谱	水：至少 2.5 L 白开水或无糖草药茶 早餐：1 个（蒸熟的）苹果，搭配亚麻籽粥 午餐：蔬菜土豆汤 晚餐：50 g 糙米饭或小米饭，搭配 200 g 蔬菜	水：至少 2.5 L 白开水或无糖草药茶 早餐：50 g 燕麦粥，搭配 1 个苹果或 100 g 撒上肉桂粉的浆果 午餐：加 1 汤匙亚麻籽油或橄榄油的沙拉（如土豆蔬菜沙拉） 晚餐：蔬菜汤
辅助措施	● 细嚼慢咽，留意是否有饱腹感 ● 可以喝 250 mL 酸菜汁 ● 热敷肝脏（最好在中午进行，热敷 30 分钟），以刺激肝脏活动 ● 进行少量运动，多休息	● 细嚼慢咽，留意是否有饱腹感 ● 可以喝 250 mL 酸菜汁 ● 热敷肝脏（最好在中午进行，热敷 30 分钟），以刺激肝脏活动 ● 进行运动（如散步 30 分钟）
身体变化	● 肠道菌群变得平衡 ● 新陈代谢过程更新，酮体减少 ● 味觉更敏锐	● 身体再次储存水分，体重增加 ● 味觉更敏锐，使得以前的饮食习惯更容易改变 ● 自信增强，内在的精神力量加强，对自己更关注

坚持断食的小窍门

用任何喜欢的事物来分散你的注意力（饮食除外）。你可以进行体育锻炼，也可以加入断食小组，和同伴一起断食。感到饥饿时，你可以喝一杯草药茶。觉得坚持不下去时，你就想一想坚持断食能够给自己的健康带来的益处以及产生的成就感。

应多久进行一次治疗性断食？

科学界目前认为，1 年至少进行 1 次治疗性断食以及定期进行间歇性断食对健康有益。我建议每年进行 1~2 次治疗性断食，每次持续 5~10 天。有能力且希望连续断食较长时间的人 1 年只进行 1 次治疗性断食即可。

不过，断食的频率和时长的决定性因素是初始体重。有超重问题并且希望通过断食使体重恢复正常水平的人可以经常进行治疗性断食，比如每年进行 4~6 次治疗性断食，每次持续 5 天。体重过轻的人应该谨慎选择是否进行治疗性断食，因为断食期间容易身体虚弱，感染疾病。

治疗性断食期间畏寒说明什么？

如果你在治疗性断食期间一直感到有点儿冷，这就说明你的身体正在为了节省能量而降低体温，不必对此太过担心。

但是，如果你感到很冷，我建议你不要进行较长时间的治疗性断食，因为它有可能导致你的基础代谢率持续降低。这样一来，身体消耗的能量就会减少，脂肪的消耗率也会降低，断食结束后要想继续减轻体重就会很困难。如果你有超重问题，那么最好在日常生活中进行间歇性断食。根据研究结果，间歇性断食不会导致基础代谢率降低，反而有助于它的提高。

> 如果你在断食时一直感到非常冷，请向医生咨询，并要求医生检查你的甲状腺。

罕见的副作用

再喂养综合征是断食者进行了长时间的治疗性断食后再次开始进食可能会出现的较为严重的问题。经历长期重症监护的患者或神经性厌食症患者恢复正常饮食后也会出现再喂养综合征，它是由长期营养不良导致的。由于电解质（尤其是磷和镁）储备不足，患者在长期断食之后大量进食，使得胰岛素水平突然升高，肾脏开始储存大量盐和水，从而给心脏造成负担，导致大量的水滞留在身体组织，患者出现脚踝肿胀等问题。因此，再喂养综合征也被称为"喂养性水肿"。它因为行为艺术家戴维·布莱恩（David Blaine）而被大众所熟知。2003 年，布莱恩将自己锁在伦敦泰晤士河上方的一个有机玻璃箱里，44 天不吃任何固体食物。在此期间，他不仅体重减轻了 25 kg，而且肌肉和骨质也大量流失，他的健康因此受到了严重影响。毫无疑问，断食不应该在封闭的有机玻璃箱里进行。

再喂养综合征非常罕见，我们治疗的数千名患者都未曾出现过再喂养综合征。建议在治疗性断食期间服用重要的矿物质补剂，并在复食日吃富含矿物质的碱性食物。

为治疗性断食做好准备——实用技巧

健康的人无须在医院进行治疗性断食，第一次在家进行治疗性断食时，最好只断食 5 天。但是，患者需要进行较长时间的治疗性断食，并且应始终与断食医生保持密切沟通，并在他们的指导下断食。长达 2~3 周的治疗性断食必须在断食医院进行。

断食者要提前调整好自己的工作安排，并与家人沟通。大多数人觉得在周五或周六开始断食比较好，有助于轻松地度过比较难熬的前两个断食日。（如果周末不用上班，这个办法当然可行。）断食者要调整好心态，不要安排太多的事情，至少不要安排很累的事情。在断食期间，断食者可能会觉得自己很有活力、精力充沛，但也可能会有相反的感觉。

最好提前把减食日和断食日的所有食材都买好。要仔细挑选食材，注意食材质量。因为无须大量饮用果汁、汤水或麦片粥，所以即使购买有机食品也不会花费太多钱。

下面是一个为期 10 天的治疗性断食的饮食方案，包含 2 个减食日、5 个断食日和 3 个复食日的饮食，你可以参考它来采购食材。

2 个减食日的清淡饮食
建议购买有机食品。
- 饮用水（不要购买气泡水）
- 草药茶（可根据口味购买）
- 100 g 细磨燕麦片
- 2 个苹果

- 1 包肉桂粉
- 100 g 糙米或小米
- 400 g 蔬菜汤原料（如西蓝花、番茄、胡萝卜、西葫芦）
- 800 g 蔬菜土豆汤原料（400 g 土豆和 400 g 其他的蔬菜，如胡萝卜、韭葱、芹菜）
- 适量香草，如香菜、香葱（用于调味）

5 个断食日的清淡饮食

建议购买有机食品。

- 饮用水（不要购买气泡水）
- 草药茶（可根据口味购买。小提示：迷迭香茶能治疗低血压，薰衣草茶能镇静安神，甘菊茶能缓解胃部不适，鼠尾草茶能改善口腔异味）
- 新鲜的香草（如独活草、香菜、香葱、百里香、罗勒）
- 柠檬 5 个（切片，用于制作柠檬水）
- 100 g 亚麻籽（磨碎的亚麻籽最佳，用于制作亚麻籽粥）
- 1.5 L 鲜榨蔬菜汁（如胡萝卜汁、番茄汁、甜菜根汁或混合蔬菜汁）
- 5 份蔬菜汤（所需食材见第 174 页的"推荐食谱"）

每天你应该喝 2~2.5 L 水和 / 或草药茶、250~300 mL 鲜榨蔬菜汁以及 250 mL 蔬菜汤。要慢慢地喝蔬菜汁和蔬菜汤，喝的速度应和吃等量蔬菜的速度差不多。速度一定要慢，你可以用勺子喝。

你可以用新鲜的香草给蔬菜汤调味。你可以自己煮蔬菜汤，但最后要将蔬菜过滤掉。更方便的做法是直接将榨好的蔬菜汁加热。

如果没有时间煮蔬菜汤或榨蔬菜汁，你可以将 150 mL 番茄酱与 150 mL 温水混合。

推荐食谱

蔬菜汤

南瓜汤食材：600 g 北海道南瓜、300 g 土豆、1 根韭葱、300 g 胡萝卜、6 片月桂叶、6 粒杜松子、1/2 茶匙海盐

甜菜根汤食材：500 g 甜菜根、300 g 土豆、1 根韭葱、300 g 芹菜、200 g 番茄、6 片月桂叶、4 粒丁香、1/2 茶匙海盐

做法：将蔬菜洗净，切碎，加入 1.5 L 水煮沸。放入月桂叶、杜松子（或丁香）、海盐，用小火煮至少 60 分钟。将蔬菜过滤掉，只保留汤。还可以加入切碎的香菜、罗勒或香葱。

燕麦粥或亚麻籽粥

亚麻籽粥：将 2 汤匙亚麻籽（磨碎的亚麻籽最佳）放入 250 mL 水中，煮 5 分钟，将亚麻籽过滤掉。

燕麦粥：将 2 汤匙燕麦（细磨燕麦最佳）放入 250 mL 水中，煮 5 分钟，将燕麦片过滤掉。

3 个复食日的清淡饮食

建议购买有机食品。

- 饮用水（不要购买气泡水）
- 草药茶（可根据口味选择）
- 750 mL 酸菜汁

第一个复食日

- 1 个苹果
- 400 g 蔬菜土豆汤原料（200 g 土豆和 200 g 其他的蔬菜，如胡萝卜、韭葱、芹菜）

- 50 g 糙米或小米
- 200 g 蔬菜汤原料（如西蓝花、番茄、胡萝卜、西葫芦）
- 适量香菜，如香菜、香葱（用于调味）

第二和第三个复食日

- 2 个苹果或 200 g 浆果
- 100 g 燕麦（细磨燕麦最佳）

推荐食谱

野莴苣核桃沙拉

食材：50 g 野莴苣、2~3 个番茄、1/2 个甜椒、1/2 包水芹菜、4 个核桃、1 汤匙亚麻籽油（或橄榄油）、少许胡椒粉、少许香草

做法：将蔬菜洗净，切成适口大小，放入水中煮熟，捞出并放入碗中。加入核桃、咖喱粉、亚麻籽油、胡椒粉和香草调味。

土豆蔬菜沙拉

食材：200 g 土豆、200~300 g 蔬菜（如西蓝花、番茄、胡萝卜、西葫芦）、1 茶匙咖喱粉（可选）、1 汤匙亚麻籽油（或橄榄油）、少许胡椒粉、少许香草

做法：将蔬菜洗净，切成适口大小，放入水中煮熟，捞出并放入碗中。加入咖喱粉、亚麻籽油、胡椒粉和香草调味。

南瓜汤（糊状）

食材：1 L 水、1 个北海道南瓜、1 根韭葱、1 个土豆、1 汤匙橄榄油、1 茶匙咖喱粉（可选）、1/2 茶匙海盐

做法：将蔬菜洗净，切碎，加入 1 L 水煮沸，然后换小火煮至南瓜和

土豆呈糊状。加入韭葱、橄榄油、海盐和咖喱粉调味。

土豆蔬菜汤（非糊状）

食材：1 L 水、300 g 胡萝卜（切成小块）、300 g 芹菜（切成小块）、1 个土豆（切成小块）、1 根韭葱、4 片月桂叶、1/2 茶匙海盐、适量香草（如香菜、香葱）

做法：将蔬菜洗净，切碎，加入 1 L 水煮沸，然后换小火煮熟。加入韭葱、月桂叶、海盐和香草调味。

在治疗性断食期间尽量不要喝咖啡。咖啡中的单宁以及咖啡的苦味有刺激作用，不但会引起食欲，还会刺激胃黏膜。相反，茶品种丰富，选择多样，不含热量，有健康功效。气温低时，我喜欢喝温暖的姜茶或茴香茶；气温高时，我就喝薄荷茶或柠檬马鞭草茶。注意，你不必强迫自己摄入过多水分，只需根据口渴程度来补充水分。

向甜食和酒精友好地告别，将最后一盒饼干送人，清空自己的冰箱。当然，这种极端的做法并非治疗性断食成功的必要条件。我认识很多父母，他们自己一边进行断食，一边给家人做饭，和家人一起坐在餐桌旁，却不受到诱惑。当然，这需要较强的意志力。

你需要泻盐和用于热敷肝脏的热水袋，你如果想进行灌肠，还需要一个灌肠器。你可以自己压榨果蔬汁，也可以购买鲜榨果蔬汁。不过，自己压榨的果蔬汁由于没有经过加热，果蔬的味道更浓郁。首选较为酸涩的蔬菜汁，而非葡萄汁、胡萝卜汁或苹果汁等甜味果汁。我们医院的研究表明，如果断食者在治疗性断食期间喝甜果汁，其 IGF-1 水平下降幅度明显更小，因此，甜果汁会在整体上影响治疗性断食的效果。

断食辅助工具

● 热水袋（用于热敷肝脏）

- 天然毛刷（用于刮拭身体，促进血液循环）
- 刮舌器（用于彻底清洁舌头）
- 30 g 芒硝或泻盐（将其溶于 0.5 L 水中，用于清空肠道）
- 带有可拆卸软管的灌肠器（用于灌肠）
- 柠檬水或漱口油（用于保持口腔清洁）

运动和放松

在治疗性断食期间，要有意识地到户外散步，享受阳光，这能使你感到更舒适。悠闲地淋浴或在泡澡时加几滴薰衣草精油也会使你感到惬意。要注意，淋浴或泡澡的水不能太热。泡澡后要慢慢地走出浴缸，因为进行断食时血压降低，容易引起血液循环问题。你如果从浴缸里出来的速度太快，就容易头晕甚至晕倒。

在洗澡时用干浴刷刮拭身体可以促进血液循环。淋浴或泡澡时进行克奈普淋浴（Kneippgüsse）也能刺激血液循环，放松腿部肌肉。你可以集中水流，更精准地冲淋身体的某个部位。

克奈普淋浴

在普通淋浴之后，你可以用冷水进行上升式全身淋浴。从用冷水冲淋右脚外侧开始，向上冲淋，到腹股沟停止；然后向下冲淋，到右脚内侧停止；再冲淋左脚和左腿。按照同样的方法，先用冷水冲淋手臂，然后用打圈的方式冲淋胸部和面部，最后用打圈的方式冲淋背部。困倦或疲惫时，用冷水冲淋膝盖可以解乏，还有助于减轻头痛。

断食和冥想是一对很好的组合，两者结合可以起显著的效果。你一定要试一试！

称体重

你可以每天称一下自己的体重，并制作一张体重记录表。但是断食期间体重减轻的原因之一是身体脱水，治疗性断食结束后，体重可能小幅增加，但不要对此感到失望。要想称体重，建议在早晨穿轻便的衣服或裸体称重，最好在排便（如果早晨有便意）或排尿后再称重。

治疗性断食的常见副作用

治疗性断食的副作用通常很轻，而且只是暂时出现。在前几个断食日，断食者可能出现头痛、腰背痛、胃痛、胃灼热、胃鸣、畏寒、轻微的血液循环问题、口臭和恶心。以下为减轻或消除副作用的方法。

- 头痛：将薄荷油涂在太阳穴或前额、进行灌肠或用热水泡脚。
- 腰背痛：用热毛巾或热水袋对疼痛处进行热敷、冲热水澡或练习瑜伽。
- 胃痛：改变断食期间的饮食。例如用相同热量的米饭、燕麦或其他谷物粥代替蔬菜汤。粥对胃壁有非常好的保护作用。
- 胃灼热：吃 1 茶匙亚麻籽粥或燕麦粥。
- 胃鸣：喝土豆汁或甘菊茶。
- 畏寒：喝姜茶或茴香茶、泡热水澡、进行克奈普淋浴。
- 血液循环问题：进行克奈普淋浴、用干浴刷刮拭皮肤、进行体育锻炼、按摩耳部或喝迷迭香茶。
- 口臭：含 1 片薄荷叶或 1 片柠檬、彻底清洁口腔、早上用刮舌器清洁舌苔或用油漱口（第 54 页）。
- 恶心：喝姜茶。

间歇性断食——每日理想断食方案

间歇性断食已经成为一种风尚，这毋庸置疑，但相比过去几十年出现的数百种风靡一时的饮食法，间歇性断食的流行还是有些晚了。这不免让人有些意外，因为间歇性断食操作起来特别简单，只要保证两餐间隔足够的时间，间断性地进食即可。需要说明的一点是：间歇性断食不是节食，因为它的目的不在于减少进食（虽然它通常会使进食减少），也不在于调整饮食结构（当然，间歇性断食也可以使饮食结构发生改变）。

进行间歇性断食不是为了挑战我们的身体，而是为了以一种自然的方式，唤醒我们身体的"原始记忆"：远古时期，人类只在有食物时才能进食，在没有食物时就必须设法应对饥饿。这一点我在前面已经提过。间歇性断食不但符合这一点，而且更容易操作、更健康。几乎所有节食方法都难以成功，因为它们都要求节食者在数周内少量进食，甚至不进食，这违背了我们的生理需求。节食过后，人们会很自然地想把胃填满，这就导致体内脂肪以超乎想象的速度重新积聚。但间歇性断食却能很好地防止这一点。和治疗性断食一样，间歇性断食也有很多种方案可供选择：可以每 12、14 或 16 小时进食 1 次，也可以每周断食 1~2 天，还可以每天只摄入 500~600 cal 热量。

我不清楚人类最早是从何时开始每天吃三顿饭的，也不知道人类什么时候发明了加餐。不过我知道，德国人是在中世纪才开始以三餐制代替两餐制的。进餐次数与当时人们所处的阶层相关（贵族一直认为每天只吃两餐是一件很高雅的事情）。餐制更多地和习惯有关，而与身体的需求无关。因为时间生物学领域的先驱之一萨钦·潘达教授曾发现，人类有 1200 个基因只在断食状态下才变得活跃，这些基因主要负责新陈代谢和免疫调节。这无疑是人体原始生物机制的最有说服力的证据。

有一次，我在柏林参加一场关于断食的报告会。柏林动物园园长安德烈亚斯·克尼里姆（Andreas Knieriem）谈到，他非常支持将断食理念应用于医学治疗中。他提到，柏林动物园的狮子会一次性吃 30~40 kg 肉，之后好几天都不吃东西；在自然环境中生存的动物都比较瘦，肥胖的野生动物很少见。然而，现在很多宠物猫和宠物狗都和人类一样有肥胖问题。

在研究间歇性断食之初，我不得不经常面对营养学家的批评，他们认为这只不过是一种新的节食法，而节食已经被证实是没有用的。这种观点有严重的逻辑错误，因为间歇性断食并非节食，它只是一种调节进食时间以及打破我们对餐制的惯性思维的方法。通常，我们一旦少吃一顿，就会感到"良心不安"，因为我们应当按时吃饭！可见，三餐制已经深深植入我们的大脑。

间歇性断食并非一种新的饮食法，而是人类进化史上的常见情况，并且已经刻入我们的基因。你不必担心间歇性断食会导致精神不集中或者反应迟钝，因为事实恰好相反。

总的来说，间歇性断食比大多数人想象的效果更好，操作起来也更简单。间接性断食带来的饥饿感不会加剧，反而会逐渐消失。我们常常误以为肚子咕咕叫就代表饥饿，实际上这是一种暂时性现象。我们应当重新理解肚子叫这一现象。

间歇性断食的起源

美国加利福尼亚州的蓝色地带的居民健康状况极佳主要得益于他们的饮食和其他健康的生活方式。有趣的是，他们中的很多人都会在下午吃一天的最后一餐，这与间歇性断食的限时饮食断食法（TRE，Time Restricted Eating）

类似。遗憾的是，基督复临安息日会健康研究没有针对这个因素进行研究。

间歇性断食在医学界也早已为人所知。早在 19 世纪，1837 年出生于美国宾夕法尼亚州的断食疗法先驱爱德华·H. 杜威就推荐延长夜间或早晨的断食时间，并将其作为一种治疗手段。他自己不吃早餐，并在《断食疗法和晨间断食》（ Fsatenkur und Morgenfasten ）一书中描述了自己进行晨间断食后心情更愉悦和更有活力的状态。早上他只喝一杯咖啡，因为他认为，早餐只是一种习惯，并且会削弱神经系统的功能；而每天只吃一两顿饭且在进食时细嚼慢咽，可以治疗慢性疾病；在晨间断食可以减轻体重，增加肌肉力量，这些早期的观察结果令人感到惊奇，在 150 年后，它们被科学研究所证实。爱德华·H. 杜威还提出了另一个饮食原则：人在感到疲惫的时候不应该吃东西，而应该先休息。你可能非常熟悉这个场景，劳累了一天后，你筋疲力尽。此时，饥饿感出现，你会大吃大喝。我十分认同爱德华·H. 杜威提出的这个原则，下班回家后你应该先休息 20 分钟，之后再慢慢进食。这样，你在吃饭时会感到更放松，从而吃得更少。试一试吧！

自然疗法中的间歇性断食

间歇性断食在自然疗法中早已占有一席之地。你可以在治疗性断食的减食日和复食日进行间歇性断食，每天摄入的热量在 800~1200 kcal 之间。对不能进行治疗性断食的人来说，间歇性断食是很好的断食疗法。间歇性断食的效果主要是通过减少盐、脂肪和蛋白质的摄入来实现的。

在许多文化，如在日本冲绳文化或中国传统文化中，我们都能找到类似"只在饥饿时进食，并且少量进食"的建议。

在过去的两年里，我和我的团队一直在指导患者进行间歇性断食。几乎所有患者都给出了积极的反馈：进行间歇性断食的患者，尤其是重度肥胖症患者，体重明显减轻，血糖水平和血脂水平下降，睡眠质量得到明显改善，他们在白天更不容易感觉疲惫。不过部分患者在进行间歇性断食之初可能出现轻微的头痛。从健康的角度来看，哪怕一生之中只进行那么几次间歇性断食，对健康也是有益的，是绝对值得推荐的。

间歇性断食是最舒适的减少热量摄入的方法

医生与科研人员一直在研究一个问题，即如何在保持健康的前提下延长寿命？这个问题在医学上越来越重要，因为随着年龄的增长，大部分慢性病（如关节炎、阿尔茨海默病、高血压、2 型糖尿病、帕金森病、心肌梗死、脑卒中和癌症）的发病率都会升高。在这一背景下，对摄入热量的研究与对人类衰老和寿命的研究相结合，形成了现在的生物老年病学。

在 20 世纪 30 年代和 40 年代，进行动物实验的科学家惊讶地发现，无论何种生物（线虫、家鼠、田鼠、狗），只要它们的进食时间不规律，且进食减少（食物减少 20%~30%），它们就明显变得健康长寿，更不容易因高龄而患有重大疾病。研究者在不同生物上反复进行类似的实验，都得出了相同的结论，即每天少吃一点儿，有助于延长寿命。

然而，想要将这一结论应用于人类身上，研究者还需要走很长的一段路，人类漫长的进化过程就说明了这是一条崎岖而漫长的道路。每天减少热量摄入可以预防和治疗疾病——大多数人可能难以接受这种观点，因为长期限制热量摄入是一项艰苦的、不快乐的任务。

不过，也有人提倡长期限制热量摄入的做法。美国老年病学和病理学家罗伊·沃尔福德（Roy Walford）提出了一个严格限制热量摄入的饮食原则——含有最佳营养的热量限制（CRON，Calorie Restriction with Optimum Nutrition），这一饮食原则备受追捧。但遵循 CRON 原则的人不仅非常瘦弱，而且精力也没有其他人旺盛，他们非常怕冷，即使在适宜的温度下，也需要套好几件衣服，这类人格外引人注目。他们容易生病，大多数人对性生活没有什么兴趣。没有生活热情会对免疫系统产生负面影响，增大感染的概率。尽管他们的胆固醇水平、血压和血糖水平都很正常，但哪怕是现在在医学上很容易治愈的肺炎也有可能结束他们的生命。因此，这种长期限制热量摄入的极端做法有利有弊。

间歇性断食是更舒适的限制热量摄入的方法。瓦尔特·隆哥、路易吉·丰塔纳（Luigi Fontana）等研究者已经对这种方法进行了大量研究。在实验中，他们没有减少给动物供应的总热量，而只是每间隔一段时间给动物喂食。令人惊讶的是，这种方式在动物身上产生的效果与CRON相同。事实上，当为动物提供有限的食物时，几乎没有动物会主动将食物分成三份分时段来吃，它们会马上把所有食物都吃掉。之后，它们就没有食物了，于是就会进行长时间断食。间歇性断食的关键在于不必减少摄入的总热量，只需要在两餐之间加入足够的进食休息时间就可以达到有益健康的效果。

在萨钦·潘达进行的一项重要实验中，他给两组小鼠投喂相同热量的食物：第一组小鼠可以随时在碗中吃东西；第二组小鼠被一次性投喂与第一组相同热量的食物，在之后的16小时内不进食。一直以来，人们都认为，热量的摄入决定一个人的胖瘦。然而，潘达的实验出现了完全不同的结果：第一组小鼠变胖了，出现了脂肪肝、炎症和2型糖尿病的症状，而且变得嗜睡；第二组小鼠尽管被投喂相同热量的食物，但体重仍然正常，并且非常健康，很有活力，它们的肝脏很健康，消化能力较好，炎症指标下降了，胆固醇水平也下降了。第二组小鼠看上去更精神、更有活力。因此，胖瘦与否的关键不在于热量摄入的多少，而在于两餐相隔的时间。

除了这一突破性发现，潘达和其他研究者还有一个重要的发现：人体内的整个代谢、消化和能量转换过程都受到所谓的"时钟基因"控制，时钟基因受日光的影响，可以说，时间是另一个重要的新陈代谢控制因素。每天什么时间吃饭、两餐间隔多久就变得至关重要。潘达将间歇性断食称为"限时喂养"（Time Restricted Feeding）。但除了婴幼儿，大部分人都能自己吃东西，不需要喂养，因此我觉得"限时进食"（Time Restricted Eating）这个名称更合适。不过，以上动物实验的结论是否能完全应用于人类，还有待考证，持批判性态度的研究者认为，小鼠会"说谎"，动物实验还存在伦理问题，因此，研究者都对人类进行间歇性断食的最终研究成果翘首以盼。

间歇性断食有哪些方法？

治疗性断食形式单一，可以改变的只有断食的天数和饮食，而间歇性断食则有多种方法。断食者可以每周有一两天什么都不吃，或者每周有一两天只摄入每天所需膳食热量的30%，或者一天里只在限定的时间段内进食。

目前我们还无法判断哪种间歇性断食的方法最好。我的建议是，看看什么方法适合你，什么方法可以轻松融入你的日常生活，让你觉得舒服。与治疗性断食一样，你需要尝试，找到适合自己的间歇性断食方法。请试一试，你一定会发现物有所值，不要拒绝尝试。我经常遇到毫不犹豫就将间歇性断食或治疗性断食拒于千里之外的患者，他们给出的理由是，哪怕少吃一顿饭，他们都会产生虚弱感。他们甚至认为，如果肚子里空空如也，他们就会立刻"死掉"。但在尝试断食疗法之后，这些患者往往惊讶地发现，在克服了最初的"欲望期"后，断食对他们来说易如反掌。

隔日断食法

隔日断食法（ADF，Alternate Day Fasting）也被称为"吃—停—吃饮食法"（ESE，Eat-Stop-Eat Diet）或"进食日—断食日饮食法"（Up-Day，Down-Day）。隔日断食法指断食者在断食日只摄入日常所需膳食热量的25%，第二天正常饮食。这种断食法就是交替进行断食，一日进食，一日断食，循环往复。美国伊利诺伊大学的营养学家克丽斯塔·瓦拉迪（Krista Varady）是第一个研究人类进行隔日断食的研究者，她将自己的研究成果总结在《隔日饮食》（*The Every Other Day Diet*）一书中。

多项针对隔日断食法的小规模临床试验显示，这种方法的效果与限制每日热量摄入饮食法的效果一样，受试者体重减轻，甚至胰岛素水平也趋于正常，脂肪量也减少了。原因是，在进食日，因断食而损失的热量得不到补充，因为断食者做不到在进食日多吃一倍的食物。因此，摄入的总热量仍然减少了，长期来看，这也有助于减轻体重。相比实行限时进食断食法（第 186 页）的断食者，实行隔日断食法的断食者在几个月后减轻的体重更多。

隔日断食法是否还有其他益处还有待进一步研究。但必须要说的是，对大多数人来说，反复断食和进食并不容易，而且考虑到工作、家庭生活、节假日等各方面因素，这种断食法难以实行，接受度并不高。在一项关于隔日断食法的大型研究中，断食组中近 40% 的受试者退出实验。不过，在奥地利格拉茨大学正在进行的一项由弗兰克·马代奥主导的间歇性断食研究（Inter-FAST Study）中，100 名受试者成功地坚持进行隔日断食，并且他们都具有很高的积极性。

两日饮食法

在隔日断食法推出后，又出现了两日饮食法，这是 2011 年由英国南曼彻斯特大学医院的营养学家米歇尔·哈维（Michelle Harvie）和曼彻斯特大学的肿瘤学家托尼·豪厄尔（Tony Howell）共同发明的饮食法。二人希望能通过这种方法降低减肥的难度。两日饮食法最初是为乳腺癌患者发明的，它要求断食者在每周中连续两天进行断食，这两天每天摄入的膳食热量不超过600 kcal。在这两天中，饮食要以低碳食物，如乳制品、豆腐、鱼、蛋、蔬菜、水果为主；在其他几天中，断食者应实行地中海饮食法。

5：2 断食法

5：2 断食方法是英国医生和科学记者迈克尔·莫斯利（Michael Mosley）受到两日断食法的启发而提出的，并在他的畅销书《轻断食》（The Fast Diet）中大力推广。5：2 断食指在一周两个非连续的日子里每天只吃 600 kcal 食物，每天最好只吃两餐，每餐吃 300 kcal 食物。对大多数人来说，这种间歇性断食方法实行起来比较容易。莫斯利建议在断食日主要吃蔬菜和全谷物食品，同时多喝水。米歇尔·哈维除了对前面的两日饮食法进行研究外，还进行了不少关于 5：2 断食法的临床研究。她的研究证明，5：2 断食法的减肥效果与遵循 CRON 原则的饮食法的减肥效果相同，而且这个方法更容易实践，人们能更好地进行断食。

限时进食断食法

打乱每天的进食节奏对很多人来说是一个非常有吸引力的方法。然而，目前研究者仍不清楚两餐之间断食多长时间能收到最好的效果，他们推测在 24 小时内断食 14~16 小时（最多 20 小时）收到的效果最佳，因为糖原的储备量可能对断食的效果有至关重要的作用。相比男性，女性体内的糖原能够提供能量的时间更短，为 12~14 小时。人体内酮体的水平最早在断食 12 小时后首次上升（第 210 页）。

实际上，限时进食断食法就是将入睡后的断食时间延长，断食者要么不吃早餐（或者将早餐时间推迟），要么取消晚餐。例如，要想在早上 8 点吃早餐，前一天晚上 6 点前必须吃晚餐，只有这样才能保证在 24 小时内至少有连续 14 小时的进食休息时间。限时进食断食法也是比较容易实行的，因为断食者不必改变摄入的总热量。不过，临床研究表明，如果人们每天只吃两餐而非三餐，那么大多数人摄入的总热量都会减少，也有助于减轻体重。

你可以将晚餐提前并将第二天早餐推迟，也可以将晚餐推迟并在第二天不吃早餐。你应该根据自己的生活习惯、生物钟和社会生活自行调整进食节奏。如果晚餐对你的家庭来说是一天里最重要的一餐，你就没有必要调整晚餐的时间。但是，最晚要在睡前 3 小时吃完晚餐，因为随着夜幕降临，身体开始分泌睡眠激素褪黑素。

我通常不吃早餐，或者稍晚一点儿在上班时吃早餐。很多人早上并不饿，因此能很自然地实行限时进食断食法。不吃早餐不会有任何问题，早上可以喝不加奶和糖的咖啡或茶。

减食日

每周设置一两个固定的减食日（米饭日、水果日、燕麦日）可以帮助改善健康问题，如 2 型糖尿病和高血压。断食者在这几天只吃米饭、水果或燕麦（第 186~189 页）。

米饭饮食法和米饭疗法一直广为人知。2009 年，研究者进行了一项实验，对 113 名高血压患者进行研究，一组患者采取 DASH 饮食法（这是由 1995 年在美国实施的一项大型高血压防治计划 Dietary Approaches to Stop Hypertension 发展出来的饮食法），另一组患者接受综合降压治疗方案（CALM-BP，Comprehensive Approach to Lower Measured Blood Pressure）。第二组患者除了要采取更健康的生活方式外，还要吃素食和糙米。4 个月后，两组患者的血压都明显下降，但第二组患者服用降压药的频率更低。其他小型的研究也表明，吃米饭有很多好处，最明显的好处就是可以改善 2 型糖尿病患者的糖代谢过程，增加血管的柔软度，使血管更"年轻"。

米饭日

说到米饭饮食法，就一定要讲讲第二次世界大战时期移居美国的德国医生瓦尔特·肯普纳（Walter Kempner）的故事。即使在今天，美国几乎所有的高血压专家都知道"肯普纳饮食法"。肯普纳是肾脏内科方面的专家，肾脏疾病与高血压密切相关。他对肾脏疾病领域为数不多的治疗方案的效果感到失望，这些治疗方案大多通过降低血压来治疗患者，而当时只有少数种类的降压药。于是，他想到了一个治疗方法，它的生理学原理很简单：当肾脏不能正常工作时，体内的盐、水、酸等物质不能完全通过尿液排出体外，它们留在体内，导致血压升高，高血压进一步使肾脏无法正常工作，血压持续升高，心脏需要加大泵血力度，这就会引发心脏病。肯普纳想，既然这样，何不实行一种极端的低盐低蛋白饮食法来打破这种恶性循环，从而使肾脏功能恢复正常呢？

基于这一想法，肯普纳将盐含量极低的米饭和鲜榨果汁作为严重肾脏疾病患者的治疗方案。虽然他所提倡的治疗方案提供高达 2000 kcal 热量，也不属于断食法，但由于饮食中盐、蛋白质和脂肪的含量很低，这一方法也能产生类似断食的效果，且效果惊人。采用这种治疗方案数周后，许多患者的血压、血脂水平和血糖水平趋于正常，心脏功能也得到改善。尽管如此，肯普纳还是无法摆脱许多在常规道路之外开辟新天地的先驱者的命运，他的方法受到了大量批判，有人批评道，这种方法不可行，因为患者对通过饮食来治疗疾病的方法既没有兴趣，也缺乏自律性。但这种观点是错误的。米饭日可以作为治疗性断食后的补充疗法，有必要的话，我们医院的医生也会采取米饭饮食法为患者治疗。

2010 年前后，大米被发现含有砷，这一物质可能增大患癌症的风险。大米的砷含量的确是其他谷物的 10 倍左右，大米饼干、大米华夫饼、米浆等加工食品中砷的含量特别高。不过，你可以通过简单的方法降低大米的砷含量：在煮饭前将大米用清水连续洗 2 次，每次洗 2 分钟，洗完一次后将水倒掉，换清水再洗一次。在米饭日吃的米饭首选糙米饭，而非白米饭，糙米虽然含砷更多，但它含有更多膳食纤维，膳食纤维能阻止砷进入血液。此外，你可以选择砷含量较低的大米，如巴斯玛提大米等。

我建议每周只安排一个米饭日，不建议一周都实行米饭饮食法。米饭本来就口感单调，大多数人不可能一周只吃米饭。

燕麦日

燕麦日比米饭日更适合作为治疗性断食后的补充疗法。燕麦在几十年前就被用来治疗 2 型糖尿病，但这种食物逐渐被人们遗忘。燕麦在古希腊时期、古罗马时期以及中世纪被广泛种植，尤其是在北欧。即使是今天，世界上大部分的燕麦都来自北欧、俄罗斯和加拿大。燕麦有活血化瘀的作用，含有大量 β - 葡聚糖、多不饱和脂肪酸、维生素 B、铁和钙等营养素。燕麦中大量的 β - 葡聚糖有助于降低胆固醇水平和血压，改善糖代谢过程。它是肠道菌群的宝贵食物。可以说，燕麦是一种全能食物（第 95~96 页）。

不过，由于燕麦的降血糖效果非常好，你如果正在服用 2 型糖尿病药物，应该先向医生咨询。设置燕麦日是改善住院期间血糖水平的好方法。多年来，在大型风湿病专科医院，吃燕麦一直被视为一种效果显著的治疗手段。

米饭日或燕麦日示例

米饭日

你可以在进行治疗性断食之前安排一个米饭日，或者将米饭日作为治疗性断食结束之后的补充疗法。具体做法是：煮 150 g 米饭，不加盐；三餐各吃 50 g，可以搭配水果罐头或苹果酱（每天食用的水果罐头或苹果酱总量不可超过 200 g）食用。

燕麦日

最好连续 2 天安排燕麦日，早、中、晚均食用燕麦。具体做法是：将 80 g 全麦燕麦片用水或无盐的蔬菜汤煮熟；加入胡椒、咖喱、姜黄、肉桂、香草等调味。可以加入 1 茶匙杏仁片，还可以搭配生的蔬菜，如黄瓜或球茎甘蓝食用。

应该选择哪一种间歇性断食方法？

尽管通过研究，隔日断食法和 5 ∶ 2 断食法都有不错的效果，但我认为，这两种方法都很难在日常生活中实行。研究中受试者放弃实验的概率大也说明了这一点。考虑到个人生物节律或生物钟，我建议将限时进食断食法与减食日相结合：在实行限时进食断食法的同时，将减食日作为每周的固定仪式，也可以在一顿大餐或胡吃海喝后安排一个减食日。间歇性断食很简单，你只需要安排好时间！

间歇性断食的方法
隔日断食法
每周断食一天，进食一天，然后再断食一天，以此类推。
● 断食日：只吃平时食物量的 25% 或只摄入 500 kcal 膳食热量
● 进食日：正常进食，摄入 2000 kcal 膳食热量
● 断食日：只吃平时食物量的 25% 或只摄入 500 kcal 膳食热量
● ……

续表

两日饮食法 每周连续 2 天分别只吃 600 kcal 的低碳食物。 在剩下的 5 天里，实行地中海饮食法。
5：2 断食法 在一周内安排两个非连续的断食日，每个断食日只摄入 600 kcal 膳食热量（断食日最好只吃两餐，每餐摄入 300 kcal 膳食热量）。 示例 ●周一：吃两餐，每餐只吃蔬菜和全谷物食品（共 300 kcal），喝大量水 ●周二、周三：正常进食 ●周四：吃两餐，每餐只吃蔬菜和全谷物食品（共 300 kcal），喝大量水 ●周五、周六、周日：正常进食
限时进食断食法 在 24 小时内有连续 14～16 小时的进食休息时间，延长夜间断食的时间。最简单的做法就是不吃早餐，并将午餐时间提前。 示例 ●早睡早起型（第 203 页）：在早上 7 点至下午 3 点（最迟 4 点）之间，或在早上 8 点至下午 4 点（最迟 5 点）之间进食 ●晚睡晚起型（第 203 页）：在上午 10 点（最迟 11 点）至晚上 7 点之间，或在中午 12 点至晚上 8 点之间进食 ●折中型（第 203 页）：在上午 10 点至下午 6 点之间进食

但限时进食断食法的最佳断食时长应该是多少呢？应该取消早餐还是晚餐？应该像隆哥建议的那样，吃两顿半饭吗？类似的问题还有很多。事实上，关于这些问题，我们很难给出一个清晰准确的答案。在 2018 年的一次断食专家会议上，我与萨钦·潘达讨论了这个问题，我问他为什么他在动物实验中选择了 16 小时的断食时间和 8 小时的进食时间。他似乎想到了有趣的事，笑着看了看我，然后回答道："因为我的博士研究生只能在 8 小时内喂食。"这位博士研究生负责每天将实验动物从可以自由取食的笼子里转移到不能取食的笼子里。因为他刚当上父亲，每天只能工作 8 小时，因此他决定将动物的喂养时间限制在他工作的 8 小时内。人为因素有时能在很大程度上影响科学研究。

无论如何，根据最新的研究结果，你应该在起床的 1 小时后吃早餐，因为 1 小时后，褪黑素水平才会降到正常水平。由于胰岛素和褪黑素会相互影响，所以在起床后的这 1 小时内一定不能进食。研究还显示，碳水化合物（和蛋白质）在上午 10~12 点能在体内被更好地代谢。因此，我建议进行 16∶8 间歇性断食法，即在上午 10 点至下午 6 点之间进食，或者在中午 12 点至晚上 8 点之间进食，但无论选择哪个时间段，你都不宜在 12 点之后吃午餐或热量最高的一餐。

当然，科学家的任何观点都有一定的科学基础。例如，神经科学家马克·马特森指出，在断食期间人体生成的酮体对治疗神经系统疾病尤为重要，这些酮体只有在肝脏中的糖原消耗殆尽时才会生成。目前为止，没有人知道到底断食多长时间后才会出现这种情况。马特森认为需要断食 14~16 小时，我认为这个时长是合理的。同样的断食时长也适用于细胞自噬，细胞自噬也是在断食期间才会出现的过程。

不过，根据我的经验，我建议不要过于精细地计算断食时长。在我看来，断食成功与否，关键在于间歇性断食能否很好地配合断食者的日常生活节奏。断食 12 小时是一个好的开始，能断食 14 小时更好。如果更长的断食时间会给你带来压力，那么最好不要追求延长断食时间来折磨自己。同样的道理，应该取消早餐还是晚餐，也要根据断食者的实际情况来确定。

当萨钦·潘达设计他的开创性动物实验之前，他首先观察到，在美国加利福尼亚州很少有人有规律地进食。基于这一观察结果，他为一些没有进食规律的受试者安排了 14 小时的短期间歇性断食。在这个小型跟踪研究中，受试者可以根据自己的实际情况决定如何进行每天的断食。结果显示，16 周后，受试者的体重平均减轻了 3.5 kg，他们感觉更有活力，睡得更安稳。这种让断食者自行决定如何进行断食的做法比统一规定断食时间和进食时间的断食法更有效。

不过，有生理学研究者给出了明确的证据：在早上和中午，食物的代谢反应最佳。这种代谢反应能减少脂肪堆积，维持正常的血糖水平。捷克糖尿病专家和间歇性断食研究者哈娜·卡勒奥瓦（Hana Kahleová）在她的演讲中呼吁：要好好吃早餐，可以通过将晚餐时间提前或取消晚餐来进行间歇性断食。但是，我不想推荐任何死板的断食方法。如果像地中海国家的许多家庭一样，晚餐也是你家庭生活的重头戏，你就没有必要取消晚餐或推迟晚餐的时间。

几乎所有的传统医学（如阿育吠陀医学）都建议午餐要丰盛。阿育吠陀医学用"消化之火"（Agni，梵文）来解释这一观点，它认为，消化之火在中午时分最旺盛，这也是为什么午餐能被更好地消化。

2013 年的一项研究也证明了这一点。这项研究通过问卷调查来了解人们什么时候吃午餐、吃多少，并评估他们患肥胖症的风险。结果发现，通过午餐摄入的热量超过每日膳食热量 1/3 的人患肥胖症的风险最小，而倾向于在晚上大吃大喝的人患肥胖症的风险是前者的 2 倍。

另外，不要被媒体报道中的"不吃早餐不利于健康"的说法吓倒。媒体最常引用一项来自西班牙的研究，研究人员对不吃早餐的受试者进行了为期数年的跟踪调查。研究发现，他们患心血管疾病的风险较大。许多报纸都在头版头条刊登了这一研究结果，标题是"不吃早餐有害心脏健康"。但在仔细研究后，我和同事发现，与不吃早餐相比，这项研究中一些没有排除的参数，如精神压力大、经常吸烟和不健康的饮食习惯，能在更大程度上导致心血管疾病的患病风险增大。

间歇性断食的治疗功效与预防功效

肥胖

间歇性断食几乎能给所有断食者带来良好而持续的减肥效果。传统的减肥餐和瘦身计划并不能长期发挥作用，这就使间歇性断食的效果更为突出。一个令人印象深刻的研究是妇女健康倡议（Women's Health Initiative），研究者对 5 万名女性受试者进行了为期 7 年的研究。其中一组受试者实行低热量低脂饮食法，饮食中有大量谷物、水果和蔬菜，她们每天摄入的膳食热量比正常饮食提供的热量少 350 kcal 以上。同时，她们进行大量的体育锻炼。这组受试者中有 14% 的人严格遵守这些要求。另一组受试者保持以前的生活方式和饮食习惯。研究者预测，第一组受试者每年可减轻 16 kg。但是，最后的结果令人吃惊，准确地说，是令人震惊：两组受试者的体重几乎相同，第一组受试者甚至连 1 kg 都没有减轻，并且她们的腰围有所增加。

节食的缺点在于，节食者长期有轻微的饥饿感，身体会因进食减少而开启防御机制，有趣的是，间歇性断食并不存在节食的这个问题，因为身体的防御机制被间歇性断食"欺骗"了。一般来说，间歇性断食通常不会导致体重过轻（但遵循 CRON 原则的饮食法会导致这个问题），只会使体重减轻，越来越正常。此外，间歇性断食也比较容易进行，因为断食者在进食的时候不会受到限制，可以充分享受进食的快乐。断食者并不会挨饿，只是调整了进食时间和节奏，而且间歇性断食不会降低基础代谢率，因此间歇性断食非常适合用于减肥。

在介绍治疗性断食时，我特意没有将减肥作为一个话题，因为减肥不是治疗性断食的目的，而是它附带的一个令人开心的效果。断食者在治疗性断食结束后体重不反弹也与饮食习惯改变有密切关系。

间歇性断食则不同，在进行间歇性断食几周或几个月后，断食者的体重会明显减轻。一方面，他们的总进食量变少了；另一方面，他们体内的糖原被消耗完，脂肪燃烧机制开启，断食者摄入同样的热量，但生成更少的脂肪。间歇性断食的减肥效果与遵循 CRON 原则的饮食法的减肥效果相当。间歇性断食还有其他优点，比如肌肉量不会减少、肌肉功能增强。因此我认为，间歇性断食是最好的减肥方法。

限时进食断食法之所以奏效，是因为断食者只在 8 小时内吃两顿饭，所以摄入的热量更少，还是因为这种饮食节奏本身就会导致体重减轻？答案是：两者都对。进行间歇性断食的人摄入的热量的确较少。但间歇性断食本身也有特殊效果，例如它能对胰岛素分泌以及酮体的代谢产生影响。

当然，最好的减肥方法是在实行健康的饮食法的同时进行间歇性断食。这是一个无与伦比的组合！

一位患者的故事

德国索尔陶一家照相馆的老板迪特尔·P.（Dieter P.），65 岁。他通过每天进行 16 小时的间歇性断食，体重减轻了近 17 kg，血压也降低了，膝关节炎也得到了改善。

"间歇性断食……丰富了我的生活，对我来说是非常好的进食策略，而且我不必放弃任何喜欢的食物。"

我有很长一段节食减肥史，我几乎尝试过所有减肥方法，但体重总是反弹。自从结婚后，我的体重越来越重。你猜对了，我的老婆一直很苗条，我变胖都是因为她（她吃剩的食物都由我来吃）！我身高 1.72 m，体重最重时是 118 kg。

对我来说，节食法最糟糕的一点是，虽然我在某段时间内能坚持节食，但只要出现一次例外，之前的努力就功亏一篑。我会把"恢复之前的饮食"计划推迟到第二天、第三天、下周……2017 年的夏天，我看到了米哈尔森教授在电视节目中谈论间歇性断食，并且他说，断食者只要在一天内有 16 小时不进食就能减肥，无论他在剩余的 8 小时内吃什么。我认为他在胡说，于是想证明给他看，间歇性断食就是胡扯。

第二天，我就开始实行坚持至今的进食策略：早上 9 点吃早餐，中午 12 点吃午餐，下午 5 点吃晚餐，之后我就什么都不吃。除了注意午餐中的米饭或面食不超过 50 g，保证午餐有肉、鱼和很多蔬菜之外，我真的一直想吃什么就吃什么，直到吃饱为止，但我尽量不喝酒。当然，我也时常"违规"，比如我有时会在下午 5 点吃 2 根香肠和 1 块面包，但体重还是减轻了不少。最轻时我的体重是 101 kg！对我来说，间歇性断食是一种进食策略，而不是节食法，它最大的好处在于，我即使因为假期、圣诞节、生日或其他因素中途停止断食，也可以很容易地重新开始。只要我注意吃饭时间，保证每天有 16 小时的进食休息时间，我的体重就会持续减轻！

我的健康状况也在不断改善，我的血压不再是 140/100 mmHg，而稳定在 125/80 mmHg 上下。我的儿子和儿媳都是内科医生，他们对此也感到很惊讶。我之前一直服用两种降压药，现在，我已经停用其中一种，另一种药的剂量也减少了。我有膝关节炎，这是家族遗传病。如果我长时间开车，我的腿就会疼，晚上，我的腿经常肿胀，变得非常粗。因为疼痛，我不能做盘腿的动作，睡眠质量也不好。自从我进行间歇性断食后，晚上双腿肿胀的症状基本消失了。长时间开车时，我的腿也不再疼痛。我的膝关节炎虽然没有痊愈，但已经没那么严重了。

我将这个方法告诉了很多人，但并非所有人都能很好地接受，特别是女性。她们都反馈，这个方法只能使她们瘦一点儿。我认为，这可能取决于坚持的时间。对我来说，间歇性断食是一个惊喜，它丰富了我的生活，对我来说是非常好的进食策略，而且我不必放弃任何喜欢的食物。

2 型糖尿病

在对间歇性断食的研究中，最重要的实验之一是糖尿病专家哈娜·卡勒奥瓦对 54 名 2 型糖尿病患者进行的断食实验。第一组患者需要每天进食 6 次。另一组患者吃相同分量的食物，他们在早上 6 点至 10 点之间吃早餐，中午 12 点至下午 4 点之间吃午餐，不吃晚餐。也就是说，第二组患者每天断食 16 小时左右。几周后，所有患者接受检查，结果令人吃惊：断食组（即第二组）患者不仅血糖水平有所降低，脂肪肝有所缓解，血脂水平降低，而且与第一组患者相比，他们的体重减轻了。2 型糖尿病患者几十年来奉行的加餐的做法也因这个实验结果就此废止了。

神经科学家马克·马特森在接受采访时被提问，为什么一些糖尿病专家建议患者加餐。他简单而直接地回答："医生这么做可能是因为比较方便。有了加餐，患者就可以直接服用药物。"医生当然不希望患者在服用药物后出现低血糖的情况，加餐并服用药物就可以更安全地调节患者的血糖水平。但现在我们知道了，不停地进食会加重疾病。还有种说法是，为了避免吃垃圾食品，可以多吃几顿饭。这种说法听上去似乎也很有道理。但事实是，频繁地进食反而导致吃更多的垃圾食品！

为了避免低血糖，并且想要通过药物来调节血糖水平，那么患者确实应该在早上多吃一点儿。但如果在晚上也吃相同分量的食物，就往往会导致胰岛素水平出现问题。还有一点需要引起重视：这一结论只适用于 2 型糖尿病这一种疾病。

高血压

间歇性断食可以帮助大多数人降低血压。实验数据显示，断食能够防止心脏泵血功能出现问题，因此也起到预防心脏病的作用。然而，这一观点尚未在临床研究中得到证实。

一位患者的故事

英格丽德·B.（Ingrid B.），68 岁，是一位生活在德国不伦瑞克附近的退休老人，患有遗传性高血压和高胆固醇血症。经过多年的药物治疗，并进行治疗性断食和间歇性断食，她成功地战胜了疾病。

"善待自己，从现在开始改变，为时不晚！"

精神压力完全体现在我的血压上，压力一来，我的收缩压能飙升到 180 mmHg。高血压和高胆固醇刻在我的基因中，是与生俱来的。我的母亲在 72 岁时去世，我的姐姐患脑卒中后长期卧病在床，在 68 岁时去世，她去世的年龄和我现在的年龄一样。长时间以来，我都认为自己就像提线木偶一样，是听命于基因的奴隶。但事实并非如此，我最后摆脱了先天缺陷，只要关注健康、善待自己，从现在开始改变，为时不晚！

我因为血压问题，多年来一直服用各种 β 受体阻滞剂。药物带给我的副作用是哮喘、虚弱和疲惫。有一次，我发现另一种药物能对我的高血压起一些作用，但当我将它和降低胆固醇水平的药物同时服用时，我的身体似乎开始罢工了，我不得不寻找其他方法。我并不反对医学治疗，但我认为，将医学治疗与自然疗法结合能产生更好的效果。

在米哈尔森教授的诊所里，我进行了一次治疗性断食，第一天我就明显感觉好多了。第三天我有了饥饿感，喝了很多水后，饥饿感就消失了。为期 5 天的治疗结束后，我看着眼前的苹果就想："其实我现在还不需要吃苹果。"我感到身体更轻盈、更自由、更无拘无束。我以前经常说："我需要先喝杯咖啡，我太疲惫了。"但现在我发现，不，我不需要咖啡！

断食后，我的味蕾得到休整，味觉变得敏感，我借这个机会改变自己的饮食习惯。我没有像其他断食者那样完全吃素，因为我不想在每次聚会上都成为"有特殊要求的人"，但我尽可能不吃肉和乳制品。一开始，这对我来说并不容易，因为我不仅要给自己做饭，还要给爱吃肉的丈夫做饭。现在，我一般会做一道健康的蔬菜汤，丈夫有时候会和我吃相同的食物，有时候他会再吃一份牛排。我已经很多年没喝酒了，因为我发现它对我的伤害很大。

我现在正在进行间歇性断食，在 24 小时内断食 16 小时。因为晚餐对我和丈夫来说特别重要，我们会舒舒服服地坐在一起聊天，所以我选择不吃早餐，只喝 1 杯茶，然后"上早课"：穿过我们家附近的田野和小树林进行 5 千米的快走。我以前每天都和我的狗一起散步，可惜狗已经去世了，但沿着这条路线快走的习惯我保留了下来。反正吃得太饱也不适合散步，到家后，我会满怀期待做一顿可口的午餐，比如蔬菜烤饼配大豆奶油或汤，好好享受一番，每天的午餐都有很多好吃可口的菜肴。

间歇性断食和治疗性断食都能让我兴奋。我现在感觉很健康，大多数时候心情也很好，当我没有遵循喝茶、"上早课"的生活规律或打破了进食节奏时（比如在度假期间），我会感到有点儿不习惯。我的收缩压现在降到了 130 mmHg，而且我服用的一种降压药的剂量也减少了，并且我完全停用另一种降压药。我现在根本不需要通过吃药来降低胆固醇水平，因为我的低密度脂蛋白水平已经从 5.98 mmol/L 降到了 3.74 mmol/L。

当我起初面对所有这些需要改变的习惯时，我首先想到的是：我永远也做不到，太多了。但说实话，这些都只是懒惰的借口。我要对自己负责，自己的路必须自己走。如今，我认为这些改变不是一种负担，而是一种收获。

自身免疫性疾病

自身免疫性疾病（如多发性硬化症、风湿病、克罗恩病、多发性风湿病、1 型糖尿病等）的发病率近几年一直呈上升趋势，其原因尚不明确。然而，许多迹象表明，不健康的饮食、肠道菌群紊乱、精神压力过大可能与发病率上升有关。脂肪细胞能够合成并分泌白介素 -6（IL-6）和 TNF-α 等炎症介质。由于能准确阻断这些物质的新药（如 IL-6 阻断剂、TNF-α 阻断剂）的研发，如今这些自身免疫性疾病能得到更好的治疗。但是，药物只能缓解症状，却不能治愈疾病。如果患者因副作用出现而停药，疾病就会复发，有时症状甚至会加重。

除了脂肪，盐也能影响人体的自身免疫性炎症过程。因此，患者需要通过治疗性断食和 / 或间歇性断食来促进身体减脂排盐，断食加上健康的饮食——这个很好的组合治疗方案可以有效抑制体内炎症的发生。

肠道疾病

科学家观察到，在进行间歇性断食时，在断食者数小时不进食后，小肠会出现清洁反射（Housekeeper-Reflex）现象，开始进行自我清洁，这一过程对保持肠道健康非常有益。因此，间歇性断食对治疗肠道疾病也有积极作用。

保持健康长寿

科学家关于间歇性断食的许多宝贵认知来自对小鼠的研究。但是必须考虑的一点是，小鼠的寿命很短，和人类相比，以 24 小时为一个断食周期对小鼠来说太长了。因此，在断食结束后，相对人类来说，小鼠会减轻更多的体重，小鼠的体重甚至能减轻 25%~30%。不过，小鼠对断食的反应也比较快。因此，要想将针对小鼠的研究成果应用到人类身上，就必须考虑到这些因素。我认为，我们现在不需要更多动物实验了，而需要进行临床试验，对这些动物实验的成果进行检测和确认，继续优化断食疗法。

间歇性断食的实用方案

关于间歇性断食的几个重要问题

无论你选择哪种间歇性断食法，午餐都必须成为一天中热量最高的一餐。因此，午餐一定要吃得健康，你不仅要吃面包，还要吃蔬菜以及热乎乎的熟食。要从一开始就形成一个能坚持下去的进食节奏，只有这样，细胞中的线粒体才能通过这个节奏得到"训练"。

"节奏"是一个至关重要的词。计时生物学告诉我们，上丘脑核是脑的组成部分，决定我们的生物钟，其功能主要受昼夜节律的控制，即通过对明亮和黑暗环境的识别来发挥功能。人体所有的器官，甚至是血液细胞，都遵循生物钟的安排。此外，生物钟还在很大程度上受进餐时间的影响。你应该在开始进行间歇性断食之前的几周里就形成较为固定的进食节奏，这样细胞就不会出现混乱。

如果新的进食节奏可以很好地配合你的生活节奏，那么偶尔打破这个节奏也没有关系。这就意味着，你可以坚持在每周的工作日进行间歇性断食，在周末吃一顿丰富的早午餐，但是，你不应该经常打破这个节奏。那些要跨国出差一两天的人通常通过坚持自己正常的进食节奏，来避免出现时差。从这个意义上说，大幅度调整进餐的时间对身体来说就是"违背"昼夜节律，会使新陈代谢产生"时差"。

当然，形成新的进食节奏要基于你了解自己的生物钟。生物钟是我在德国柏林夏里特医学院的同事阿希姆·克拉默（Achim Kramer）的研究领域，他和他的同事测定了人类 2 万个基因在一天中的活跃度，确定了 12 个能可靠地反映个体生物钟的基因。

在未来，也许我们可以事先确定自己的睡眠类型，从而实现间歇性断食"个性化"。在一项研究中，我们根据睡眠类型个性化地调整受试者的间歇性断食方案，以探究这样做能否优化断食效果。你也可以确认一下自己的睡眠类型，是早睡早起型还是晚睡晚起型。晚睡晚起型的人不必强迫自己吃一顿丰盛的早餐，但早睡早起型的人则应该好好吃早餐。

我经常被问到的一个问题是：如果我不吃早餐，但在咖啡里加牛奶和糖，这样做会打破间歇性断食的节奏吗？我的回答是，这要看添加的牛奶和糖的量，加一点儿发泡牛奶不会打破断食的节奏，但你如果在 1 杯卡布奇诺中加 2 块方糖就会打破节奏。

晚上要避免喝高热量饮料。很多人会忽略酒，啤酒被称为"液体面包"不是没有理由的。要想晚上断食或者遵循睡前 3 小时不吃任何东西的规则，就应该避免喝酒。

谁不宜进行间歇性断食？

我认为正处于生长发育期的儿童和青少年不宜进行间歇性断食，他们尤其不应当不吃早餐。一顿丰盛的早餐对他们上课时能集中注意力至关重要。

自我测评

哪种间歇性断食方法最适合你？前面介绍的每一种间歇性断食的方法都没有已知的副作用，但如果你正在接受疾病的治疗，特别是如果你患有 2 型糖尿病，请务必将自己的情况告知你的断食医生。

回答下面的问题，找到最适合自己的限时进食断食法形式。

早上醒来后半小时，你觉得自己是否清醒？

1. 不清醒

2. 有点儿清醒

3. 比较清醒

4. 特别清醒

如果你需要在早上某个时刻起床，你对闹钟的依赖程度有多大？

1. 特别依赖

2. 比较依赖

3. 有点儿依赖

4. 不依赖，我可以自行醒来

你在醒来半小时后的食欲如何？

1. 没有食欲

2. 有一点儿食欲

3. 比较有食欲

4. 特别有食欲

你觉得自己早上起床容易吗？

1. 特别困难

2. 比较困难

3. 比较容易

4. 特别容易

你在晚上 11 点时的精神状态如何？

1. 特别清醒

2. 有点儿困倦

3. 比较困倦

4. 特别困倦

得分说明

序号即每个答案的分数，将所有分数相加。

▶ 14 分以及 14 分以上：你属于早睡早起型。建议在早上 7 点至下午 3 点（最晚 4 点）之间进食。

▶ 8 分以及 8 分以下：你属于晚睡晚起型。建议不吃早餐，吃一顿丰盛的午餐。

▶ 8~14 分（或者对以上问题都不确定）：你属于折中型。建议在上午 10 点至下午 6 点之间进食。

自我测评的结果只能帮助你进行粗略的判断。目前，美国国家卫生研究院正在进行一项大型研究，探究哪种限时进食断食法的形式更好，以及哪种形式对哪些人更有效。研究结果发布后，我们就能准确地知道哪种形式能给我们的健康带来更多的益处。

自我测评来源：德国柏林伊曼努尔医院

为间歇性断食做好准备——实用建议

间歇性断食前的 2 个准备阶段

▶ 准备阶段 1：两餐之间不吃零食，晚上不喝高热量饮料。只在进餐时饮酒。不在晚上吃薯片。你如果特别想在晚上吃东西，可以吃小红萝卜或黄瓜片。

▶ 准备阶段 2：将夜间断食的时间延长至 12 小时。选择一种间歇性断食法，一定要坚持实行 2~3 周之后再考虑要不要中断断食或换一种间歇性断食法，用 1~2 天调整进食节奏是没有问题的。

间歇性断食应当进行多长时间？

坚持进行间歇性断食 6 周之后再做决定，给间歇性断食一个机会。前 3~4 周是最困难的，之后你的身体就开始适应新的饮食节奏。马克·马特森将断食与运动做对比，并指出，断食与运动一样需要适应阶段。例如，刚开始跑步时，我们跑完第一圈就已经气喘吁吁，第二天肌肉酸痛，但坚持跑步 1 周后，我们就可以轻轻松松地跑 2 圈。通过持续训练，我们的身体会越来越强健，跑步也越来越轻松。断食也是如此。

6 周后，请问问自己：断食对我来说还困难吗？我感觉怎么样？睡眠怎么样？体重有变化吗？你如果觉得自己选择的间歇性断食法没有效果，可以尝试其他间歇性断食法，然后再实行 6 周。之后你就可以决定是否继续进行间歇性断食。

给运动员的提示： 如果经过 8~10 小时的夜间断食后，糖原已经消耗殆尽，你可以通过在早上进行 30 分钟的中等强度耐力训练，使身体快速进入基础代谢模式，于是酮体开始生成。根据我的经验，间歇性断食对运动员的成绩有一定的提高作用（主要是因为间歇性断食可以改善睡眠质量）。我建议运动员在吃早餐前进行一次锻炼。运动有抑制食欲的作用，这样一来，间歇性断食的时间就可以延长 1~2 小时。

一位患者的故事

弗雷德里克·K.（Frederic K.），27 岁，德国篮球甲级联赛球队维切塔队的教练，他利用间歇性断食改善睡眠，提高训练成绩。

"仅仅过了很短的时间，我就意识到，断食是有一定作用的！"

我必须承认，我曾经认为，断食是患病或肥胖的老年人（或者既身患疾病又有肥胖问题的老年人）会做的事。我听说过，放弃进食有助于治疗疾病和减肥，但我没有想到，这种用于治疗疾病的手段也可以为健康的人带来益处。这听上去有些不可思议，但事实就是如此！

我一开始在德国不伦瑞克做私人教练，当时我的老板是个瑜伽教练，她很关注整体健康。我因为这份工作第一次接触断食和阿育吠陀饮食。一开始我还对此持怀疑态度，我和女友一起尝试断食，作为新年的一项新计划，但 3 天后我们实在无法忍受饥饿，就放弃了。你如果像我一样每天都要运动，就一定明白，什么都不吃真的很难受。但经过了那次很短时间的断食之后，我发现我的跟腱和手肘处的慢性炎症明显好转了。断食是有一定作用的！

接下来，我尝试实行 6 ∶ 1 断食法，也就是 1 周里有 1 天不进食。但由于我每天都要训练几小时，所以哪怕断食 1 天对我来说都很难。我只能在早上训练，到了晚上，腹中空空，我感到头疼，心情也不好。但我发现，相比不断食的日子，在断食日的早上进行训练对我来说更容易。

之后，我在维切塔队任教练，并尝试进行间歇性断食，这才是真正适合我的断食方法！我在 1 天的 8 小时内进食，一般我会在下午 1 点至晚上 9 点之间进食，然后断食 16 小时。我不吃早饭，早上出门遛狗，呼吸新鲜空气，进行一些锻炼，然后去队里进行球队训练，之后再吃午餐。我可以吃任何我想吃的东西，有时是丰盛的午餐，有时是粥搭配大量水果和坚果，这些都能为我的身体提供能量。起初我因为实在太饿了，经常吃得太多，以至于感到不舒服，但过了一段时间，我的身体开始逐渐适应这个饮食节奏，我找到了一个很好的平衡点。晚上我会吃很多蔬菜和豆类。

开始进行间歇性断食后，我也开始尝试吃素。我现在几乎不吃肉（比之前少吃 80% 左右），不吃肉有助于防止我的肌肉量进一步增多，我现在在运动后几乎不会肌肉酸痛。在乳制品方面，我发现，如果我晚上喝蛋白奶昔，我的睡眠质量就不那么好，现在我晚上只喝水。改善睡眠是间歇性断食给我带来的一大益处！通过断食，我的肠胃功能似乎更好了，我能更好地入睡，睡眠时间更长，更容易进入深度睡眠，起床后感觉更有活力。早上，我喝 1 杯用 1 颗新鲜柠檬压榨的果汁（添加 1 汤匙苹果醋和 1 小撮喜马拉雅盐），它能促进消化、提神醒脑。

我保持这样的生活习惯已经 4 个月了，我的运动成绩越来越好。例如在仰卧推举时，我现在单手能举起 35 kg 重量，以前我的最好成绩是 27 kg。我在训练中会产生轻微的饥饿感，但这并不影响我，它反而激励我。我的一个队员说，这很好理解，因为狮子在饥饿的时候能更好地捕猎。

我一直在努力寻找能帮助我变得更好的方法，毕竟我负责一个团队的健康状况，要以身作则。在不伦瑞克，现在有 3 位专业运动员在我的影响下也开始进行间歇性断食。我还将间歇性断食推荐给 1 位受伤的维切塔队队员，帮助他更快地康复。目前，有几项关于断食和训练的研究正在进行之中，我相信，在未来，越来越多的运动员会尝试间歇性断食。

未来会出现"断食药物"吗？

研究者目前正在研究，是否有物质可以起到和断食一样的强大作用。弗兰克·马代奥已经锁定了一种可能与断食有相同功效的物质——亚精胺。它最早是在精子中发现的，但几乎存在于所有的细胞中，它在人体内的浓度随着年龄的增长而下降。在健康的百岁老人血液中，亚精胺浓度高得惊人。实验发现，亚精胺是一个斗志昂扬的全能卫士，可以促进遗传物质、线粒体和各种组织的修复和再生，具有抗炎抗癌的作用，并能促进细胞自噬。

更有吸引力的一点是，很多食物（如坚果、苹果、大蒜、柑橘类水果、小麦胚芽、蘑菇、纳豆、榴莲等）都含有亚精胺，因此，吃这些食物理论上可以促进细胞自噬，使人们更健康长寿。不过，关于这一点我还是持谨慎态度。

治疗性断食与间歇性断食的成功案例

瓦尔特·隆哥在他的《长寿饮食》（*Iss dich jung*）一书中提到，他曾满怀热情找到病理学家罗伊·沃尔福德，希望能在他的实验室工作 2 年。沃尔福德是"生物圈 2 号"实验的参与者之一，"生物圈 2 号"是 1991 年在美国亚利桑那州索诺兰沙漠建造的一个建筑群，这个实验的目的是打造一个可以自发运行的生态系统。在沃尔福德的带领下，实验团队在艰苦的条件下忍受 2 年的进食限制，所有参与者的热量摄入都减少了 30%。但实验结果并不乐观，隆哥在书中写道："生物圈 2 号"实验结束时，团队的所有成员瘦得惊人，并且这些人是我遇到过的最易怒的一群人。

虽然"生物圈 2 号"实验以失败告终，但实验结果以及隆哥从实验鼠和家鼠身上获得的有限知识，使他开始通过研究更简单的生物——酵母来探寻衰老的奥秘。在 1994 年之前，还没有人发现控制生物体衰老过程的基因。隆哥有两个简单但惊人的发现：其一，如果只给酵母提供很少的营养液，使它们变得饥饿，它们的寿命就能延长一倍；其二，如果给酵母供应大量糖，它们会加速衰老，因为 PKA（Protein Kinase A System，G 蛋白偶联系统的一种信号转导途径）和 RAS（Row Address Strobe，行地址信号）被激活了。

这一发现为断食研究打开了大门，美国越来越多的实验室开始研究断食。除了 PKA 和 RAS 外，显然生长激素也对衰老有负面影响。生长激素包括胰岛素和胰岛素生长因子 IGF-1，它们通过降低胰岛素水平，促进脂肪组织分解。降低体内胰岛素水平是断食的一个核心作用。通过断食，IGF-1 减少，从而减缓人体的衰老。隆哥用患有莱伦综合征（也被称为"侏儒症"）的实验鼠证明了 IGF-1 与衰老的关联，这些实验鼠体形矮小，由于基因缺陷，它们无法对 IGF-1 做出反应。研究显示，它们比普通实验鼠活得更久，如果限制患病实验鼠摄入的热量，它们的寿命甚至能延长 1 倍，比普通实验鼠多活 2 年。

在探索 IGF-1 是否也能对人类产生类似影响的过程中，隆哥在厄瓜多尔的一个村落里发现了 IGF-1 抗性的现象。这个村落的所有村民都患有莱伦综合征，他们身材矮小，平均身高不到 1.20 m。隆哥发现，尽管村民的卫生情况非常糟糕，饮食也不健康，但他们的确很少患 2 型糖尿病、癌症和其他老年病。根据隆哥的说法，从这一群体可以推断，对那些不缺乏 IGF-1 受体的人，也就是对我们大多数人来说，有两种营养素（即动物蛋白和糖）能够促进生长因子的合成和早衰基因的表达，动物蛋白能提高体内 IGF-1 和 mTOR 的水平，糖能提高 PKA 和 RAS 的浓度。

牛奶是动物蛋白的主要来源之一。当我和隆哥接触的时候，我发现他对牛奶的饮用量控制得非常严格，他的咖啡里不加一滴牛奶，只加豆浆。

关于断食的七大作用

断食具有惊人的保健功效，不仅持续数天的治疗性断食有利于身体健康，而且仅仅每天持续几小时的间歇性断食也能产生类似效果。这两种方法都能促进新陈代谢。我在这里整理了断食的作用。

1. 促进脂肪分解和调节激素水平

任何形式的断食都能促进减脂。减脂不仅使你有更好的形象，而且对整体健康有好处。经过多年的研究，科学家已经证实，肥胖会使心脑血管疾病、癌症、2 型糖尿病和炎性疾病的患病风险明显增大。减少脂肪，尤其是腹部的脂肪，能使我们更健康。脂肪不只是堆积在体内，脂肪细胞会分泌炎症介质，引发炎症和代谢问题。进行断食后，内脏、臀部、腹部和肌肉组织中的脂肪会显著减少，血液中炎症介质的浓度将大幅降低。

断食能调节我们体内与食物消化有关的多种激素的水平，并使我们体内相关控制系统得以休整。频繁且过度地进食会使激素和相关控制系统产生"抗性"，无法正常调节和控制体内各种生理反应。断食就像为身体按下重置按钮，使身体自动更新。

2. 促进酮体的产生

酮体是非常好的能量来源。断食能促进体内酮体的生成，它们对大脑和发生病变的神经元大有裨益，可能也对癌症患者的健康细胞有一定益处。此外，在断食期间，人体还能释放一种神经元的生长因子，这种生长因子有利于缓解慢性神经疾病。断食 12~16 小时后，酮体开始生成。除了断食外，不摄入碳水化合物和进行高脂高蛋白饮食都有助于酮体的产生。由于饮食中不含碳水化合物，能量则主要由食物中的脂肪酸和蛋白质提供。

肝脏中的糖原只能提供 700~900 kcal 热量，因为每个人的基础代谢率不同，糖原可为人体提供 10~16 小时的热量。当糖原耗尽后，血糖水平下降，基础代谢模式就被触发。脂肪细胞释放脂肪酸，肝脏将脂肪酸转化为替代糖的燃料，即酮体、ß- 羟基丁酸和乙酰乙酸。

口酸是 1 型糖尿病患者的典型症状，它就是脂肪酸分解生成丙酮所引起的。由于胰腺不再合成和分泌胰岛素，糖不能进入细胞，身体就会转而分解脂肪，产生酮体。进行治疗性断食时，断食者在断食数天后也会感觉到口中有酸味。这不是疾病的预警信号，而是断食正在进行、酮体正在生成的标志。

酮体对身体，尤其是大脑起重要的作用。神经生物学家一直猜测，酮体有助于治疗脑部疾病。许多脑部疾病对细胞造成巨大损害，以至于细胞不能再正常吸收和代谢糖。酮体更容易转化为能量，因此，对阿尔茨海默病、帕金森病、多发性硬化症等神经系统疾病患者来说，酮体极有可能是最佳的能量来源。当我们运动时，糖原消耗得更快，身体能够提前转换为由酮体提供能量的模式。早上起床后进行运动或者取消晚餐并在晚上做运动，都能优化断食效果。

3. 激活身体自愈力——毒物兴奋作用

每轮断食之初，断食者都可能因饥饿产生轻微的应激反应。饥饿应激激素水平迅速上升，使得身体朝减脂和修复模式转化。与不可控的持续性压力（Distress，指忧虑、悲伤、痛苦等负面压力）相比，可控的短时压力（Eustress，指正面、积极的良性压力）对身体起积极作用，能使身体更好地适应环境（运动也是一种短时压力）。断食期间，断食者心率稍微变慢，血压恢复正常，肌肉性能提高，因此我们就能理解，为何断食能像运动一样，使身体发生长期改变。身体利用短时压力不断进行自我更新，改善细胞功能。应激反应还能激活在细胞自我保护和自我修复过程中起关键作用的基因和蛋白质。从这一点来说，断食是对细胞的发电厂——线粒体的"训练"，通过断食，线粒体得以修复更新，且数量增加。

在断食之初，身体会释放应激激素，如肾上腺素、去甲肾上腺素以及皮质醇。有些人可能会感到惊讶，因为他们认为，压力对身体并无益处。但是每个急诊医生都知道，当发生心肌梗死或心源性休克时，患者心率变慢、血压过低，医生就需要为患者注射肾上腺素来提高血压，从而促使心脏跳动，使患者苏醒。在断食期间，断食者体内肾上腺素的水平会升高，但断食者会出现与注射肾上腺素的效果截然相反的情况：血压下降，心率减缓。但是他们的血液循环和心脏都很健康。

研究者还发现，虽然在断食期间大脑中会释放更多皮质醇，但与此同时，皮质醇受体会减少。以上情况与运动员进行训练时的情况类似。在训练一开始，运动员的大脑会释放很多肾上腺素，但经过一段时间的训练后，运动员反而心率减缓。这是身体保护心脏的机制，使身体能适应更大的压力。断食使身体产生的应激反应类似于毒物兴奋作用，这也是自然疗法中一种经典的刺激反应。

几乎所有关于断食的实验都证实，断食能保护心脏。神经科学家马克·马特森本身就是一个热爱跑步的人，他进行了多项实验，并尝试回答运动和断食是相互补充的还是相互排斥的这一问题。实验结果表明，运动和断食都对细胞有益（如有助于新的线粒体的形成）；断食和运动是对健康十分有益的组合，两者相结合，还能使老年人的肌肉力量得到增强。

此外，断食还能促进干细胞的形成，干细胞对维持器官和细胞功能至关重要。断食以及断食引发的细胞修复机制能为身体提供新细胞，断食对 2 型糖尿病的治疗效果就能说明这一点。2 型糖尿病与细胞衰老有密切关系，如果细胞通过断食得到更新，身体的新陈代谢就会恢复正常。

4. 促进细胞自噬

在最新的断食研究中，最令人惊讶的发现可能是断食能够"净化"身体，让人变得年轻。在几小时或几天的断食中，DNA、蛋白质和线粒体的修复能力得到增强。身体通过断食进行自我修复在临床研究中得到初步证实。马克·马特森和团队研究了受试者在采取迈尔断食法前后细胞修复 DNA 的能力。为此，他们抽取受试者的血液，用紫外线照射破坏其中的细胞，然后他们测量了受损细胞的修复成功率。实验表明，受试者进行断食后，细胞的修复能力确实有所增强。这种修复能力也许在治疗其他疾病（如癌症）中也能起积极的作用。但这仍是一个假说，没有得到证实。

在断食期间，不要给身体增加额外的负担，这一点很重要。例如，吸烟不仅与"净化"的目标相悖，还会给在断食期间变得格外敏感的身体带来负担。我们经常发现，由于断食期间血压下降，或发生的其他变化，有吸烟习惯的断食者出现了严重的循环系统问题，甚至循环系统崩溃。因此，断食期间断食者应停止吸烟。断食甚至可以作为戒烟的理想契机，这也是断食的一个很好的额外效果。

相比修复机制，科学界对细胞自噬的研究更加深入。该领域的学术领路人之一，自噬研究者弗兰克·马代奥深受自己的科研成果的影响，现在也开始进行严格的间歇性断食，他只在下午 5 点至晚上 8 点之间进食。但在这段短短的时间里，只要是他想吃的东西，他都会吃，直到吃饱为止。马代奥认为，人在不进食的情况下，只需 14~16 小时，细胞自噬就会被激活，旧的和受损的细胞成分会被清除，并被新的细胞成分所取代。细胞自噬的德文名称 Autophagie 来自古希腊语 autophagos 一词，它可以被翻译为"自我消耗""自我吞噬"，因此我认为德文名称非常贴切。在我们的一生中，受到饮食的影响，所有细胞中都会积累"微型废物"，它们是由变形或受损的蛋白质和细胞成分组成的。随着年龄的增长，这些废物会越积越多。断食能促进人体对这些废物的再利用，因为没有食物提供新的材料，细胞就会重新利用旧的材料。细胞会用生物膜覆盖有缺陷的蛋白质，从而得到一个自噬体，自噬体与细胞的"消化酶"连接。于是，有缺陷的蛋白质被切成"小块"，用来合成新的蛋白质。细胞自噬的关键是一个我们非常熟悉的物质——胰岛素。胰岛素水平高会抑制细胞自噬；胰岛素水平低（如在断食期间）能刺激细胞的"回收"过程开始。现在我们已经知道了，细胞自噬的减缓会导致衰老和引发阿尔茨海默病等。

细胞自噬是对抗感染和阻止衰老的基础。每天都能进行一定时长的断食对健康有益。或者正如马代奥所说的："只要感到饥饿就吃一点儿食物，从进化史角度看，这太荒谬了。"

5. 增强免疫力

断食有助于身体抵抗细菌和毒素，在癌症化疗期间，这点尤为重要。患者进行断食时，健康细胞会"冬眠"，这不仅可以保护身体不受化疗的影响，而且能使癌细胞对化疗更敏感（第 150~152 页）。

6. 平衡肠道菌群

最近的研究表明，断食会对肠道菌群产生积极影响。断食给肠道提供了一个恢复期，使肠道功能恢复正常。肠道内的益生菌可以在这段时间内再生，肠道菌群多样性提高。这对很多疾病的预防都具有重要意义。

断食对肠道菌群的积极影响说明，断食对自身免疫性疾病具有较好的疗效，这一效果可能首先体现在肠道功能方面。

此外，肠道菌群也有"作息"，但肥胖者的肠道菌群的"作息"是紊乱的。实验表明，间歇性断食可以使肠道菌群的"作息"恢复正常。有趣的是，断食还可以改善因肠瘘而导致的肠道通透性紊乱，从而减小身体产生炎症的概率。

7. 改善心理状态

断食对心理和情绪有非常积极的影响，断食能改善情绪，增强心理状态的稳定性，使人更自信。积极乐观的心理有助于断食者不断改善自己的健康状况，增强自我效能和克服"内在惰性"的力量。

根据神经生物学，断食能促进血清素、内啡肽和内源性大麻素（提升情绪的大麻类物质）的分泌。这就解释了为什么断食能够带来好心情，甚至使断食者达到断食兴奋的状态。

不再进食后，身体会怎么"想"？身体非常聪明，它不再把精力投入到生长或性生活上，因为在食物短缺的时候，这两件事不再重要。在远古时期，我们的祖先要想生存下去，并在采集和狩猎活动中有所斩获，就必须保持身体灵活和精神活跃，否则，他们会有生命危险。

Part 4 第四部分
通过断食疗法治疗疾病
使你恢复健康的治疗方案

蓝色地带之旅告诉我们，传统的饮食能使人健康长寿。

传统饮食指：

▶ 高纤维食物；

▶ 素食（含乳制品的素食或纯素食）；

▶ 大量蔬菜、豆类和香料；

▶ 大量水果（尤其是浆果）；

▶ 坚果；

▶ 超级食物（第 93~121 页）。

在第三部分中，我介绍了保持健康长寿的第二个秘诀——限制热量。无论是一年进行 1~2 次治疗性断食，还是每天进行间歇性断食，都有益于健康。

将进行健康的传统饮食与定期运动、减压（如冥想）、定期进行断食结合起来，对许多疾病（如高血压、心肌梗死、脑卒中、轻度抑郁症、糖尿病、脂肪肝、痛风、肠易激综合征、关节炎和胆囊病）都能起到治疗和预防作用。

在这一部分，我将介绍用健康的饮食和断食疗法治疗慢性疾病的方法，以及我对保持健康的具体建议。

肥胖

为什么所有节食法均以失败告终？

每年都会出现新的节食法和减肥法，关于瘦身的节食指南、烹饪书和电视节目令人眼花缭乱，但试图通过节食来减肥的人通通失败了。

制药厂不断开发新的、宣称有效的食欲抑制药物和减肥药，但往往因为有严重的副作用，这些产品在几年后不得不退出市场。然而，针对肥胖的医学治疗手段也日渐令人失望，每年接受减肥手术（胃带、气袋或切胃手术）的人越来越多。当然，在有些情况下，我也会建议一些超重者接受减肥手术。不过我发现，传统医学和营养学显然无法通过"温和"的方法和手段帮助数量不断增加的超重者。

人类从来没有像今天这样长寿，肥胖问题也从来没有像今天这样如此普遍。肌肉消耗的热量最多，然而 50 岁的人比 30 岁的人肌肉量更少，因此人在步入中老年后，消耗的热量更少，基础代谢率更低。如果 50 岁的人的食量和他在 30 岁时的食量相同，同时运动量减少，他就一定会发胖。

如果你一直有肥胖问题，随着年龄的增长，你需要更多的时间和耐心来减肥。我这么说并不是想打击你，但有耐心和设立切合实际的目标是成功减肥的关键。

在最短的时间内减掉较多体重肯定会导致出现悠悠球效应。如果断食者在进行治疗性断食期间很快减轻了好几千克，他一定非常开心，医生也一样。同时，断食者肯定希望能以相同的速度继续瘦下去，但这是不可能的，因为如果体重减轻得过快，身体就会发出警报，使出浑身解数防止体重进一步减轻。因为身体并不知道断食者是自愿进行断食的，也不知道断食是按照合理的时间表进行的。如果体重减轻得过快，身体就会减少能量消耗，调整食物的能量产出。因此，一定不要节食，不要给身体发出错误的信号。

间歇性断食对肥胖者特别有用，因为它可以增加身体的能量消耗，使减肥变得更容易。

这样减肥方可成功

实行植物性饮食法或亚洲式地中海饮食法

植物性饮食法或亚洲式地中海饮食法都有减肥的功效。你应当放弃饮酒，无论是昂贵的意大利葡萄酒，还是墨西哥啤酒，都有热量。

如果你想减肥，打算用禽类的肉代替猪肉，很遗憾，这不是一个有效的手段。在所有肉中，禽类的肉最有可能导致体重增加，原因在于，圈养动物更胖、体内激素的含量更高，饲料通常含有的有害添加剂也会进入动物体内。如果你不想放弃"鲜味"（第73~74页），可以在过渡期尝试用豆腐、羽扇豆、面筋或蘑菇制作素食肉排。

在前面的内容中，我提到过其他的饮食法，如阿特金斯减肥法、原始人饮食法、低热量饮食法，这些都是不健康的饮食法，因此我不推荐。如果你的胰岛素水平较高，比如你患有 2 型糖尿病，我会向你推荐低热量的植物性饮食法。如果你不确定自己是否应该进行植物性饮食，你可以要求医生测量你的胰岛素水平，并确认你是否出现胰岛素抵抗。

通过阅读第二部分，我们知道，碳水化合物和碳水化合物是不一样的。请注意，一定要吃含复合碳水化合物的高纤维食物，如全谷物食品。避免因摄入过量碳水化合物而增加体重的一个好办法是将煮熟的土豆、面食或米饭冷却后再食用。这样一来，食物中会生成抗性淀粉，抗性淀粉不会促进胰岛素的分泌。蛋白质能增强饱腹感，你应当摄入足够多的植物蛋白，但你要避免摄入动物蛋白，因为它们能够引发体内的炎症和加速衰老。

此外，你也应该避免摄入能增加体重的物质，如持久性有机污染物（POPs，Persistent Organic Pollutants），这类有机污染物包括早期在工业生产过程中使用的杀虫剂和二噁英，它们会在脂肪组织中堆积。这些污染物能随着食物链在生物体中不断积累，它们主要存在于动物产品中，尤其是鱼中。

制订切合实际的目标

每月减轻 1~2 kg 体重最为理想。

以下方法能抑制食欲，促进新陈代谢

各种茶叶、冲剂或药草广告铺天盖地，都在宣传产品的减肥功效，但这些广告声称的减肥功效都毫无科学依据。真正能起减肥作用的是以下饮食和方法。

▶ **苹果醋：** 一项研究表明，每天只要食用 1~2 汤匙苹果醋，3 个月后，体重就能减轻 2 kg。虽然这项研究是由一家制醋厂资助的，但由于醋对 2 型糖尿病和高血压有积极作用，所以我还是推荐在减肥时将苹果醋作为补充食物。你可以经常食用苹果醋，但也不能仅仅依靠它来减肥。

▶ **苦味素：** 苦味素是天然的脂肪燃烧器，它能刺激胆和胰腺分泌消化酶，消化酶可以分解脂肪。苦味素产生的苦味有助于更快产生饱腹感，对肠道菌群也有益处。遗憾的是，人们现在越来越少食用含有苦味素的天然食物。我建议每天吃红菊苣、玉兰菜、花叶生菜、橄榄、卷心菜、野菜（如蒲公英、羊角芹等），从中摄入一定量苦味素。要想吃巧克力，最好只吃黑巧克力。

> ▶ **坚果：**我总是不遗余力地推荐坚果，因为它们无比健康。虽然坚果的脂肪含量很高，但它们还是能起到减肥的作用。这是因为它们能带来很强的饱腹感，从而能减少正餐的食量。此外，"开心果原理"（第 104 页）有助于你更快地产生饱腹感。
>
> ▶ **饮水：**向你推荐一个实用的减肥小窍门——吃饭前喝 1~2 杯水。德国柏林夏里特医学院的迈克尔·博什曼和他的团队已经证实，这种做法有助于减肥，最佳的饮水时间是饭前 15~30 分钟。水不仅能使胃扩张，而且水本身也有助于新陈代谢。
>
> ▶ **运动和减压：**两者与饮食一样重要。要想长久地甩掉令人苦恼的肥肉，唯一的办法就是多做运动，增加能量消耗。同时还要尽量缓解精神压力，改变生活态度，更加关注自己的健康。

用断食疗法减肥

据目前的所有统计数据，间歇性断食法，尤其是限时进食断食法，可以减轻体重（第 186 页）。放弃晚餐或者将晚餐提前都可以保证每天有 16 小时的断食时间。如果这个方法不适合你，你也可以不吃早餐，或者晚点儿吃早餐。无论选择哪种方法，你都要尽量将一天之中热量最高的一餐安排在中午。

5：2 断食法同样有很好的减肥效果，但这种方法很难坚持。即便选择了这种方法，你也很有可能改用更简单、效果更好的限时进食断食法。

治疗性断食可以为减肥点燃第一把火。但真正重要的是在断食结束后彻底改变饮食习惯。如果经过几个月的治疗性断食后你的体重增加了（这种情况极少出现），那你应该放弃治疗性断食，至少不应当将其作为减肥的手段。你可以用间歇性断食代替治疗性断食来减肥。

治疗性断食结束后，你可以每周安排一个减食日（第 186~189 页）。

高血压

在德国，约有 2500 万人患有高血压，这是一个难以想象的数字。我们几乎可以这样说："谁没有高血压？"原因众所周知：一方面，近年来医学对高血压的界定指标逐渐降低；另一方面，我们习惯久坐不动，生活和工作压力过大，进食频繁且饮食不健康，这种现代生活方式不可避免地会引发高血压。

在蓝色地带之旅中，我提到了来自乌干达和肯尼亚的两项研究，这两者以及目前对亚马孙河流域居民的研究都证实了，"自然"的生活方式，即大量运动和进行健康的传统饮食，可以有效预防高血压这种老年病。

法国的一项大型研究分析了哪些因素对患高血压具有决定性作用。结果显示，富含盐、脂肪和动物蛋白的饮食能使高血压的患病风险增大 17%~30%；如果饮食主要包含水果、蔬菜、坚果、全谷物食品，即饮食富含植物蛋白、矿物质（钾、镁）和膳食纤维，那么高血压的患病风险可减小 15%~30%。

停药也是一种治疗方法

治疗高血压的特效药非常多，但很多患者已经对药物有了抗性，这些药物无法再起作用，或者药物的副作用令他们难以忍受。于是，患者开始尝试复杂的新型治疗手段，如当肾动脉中的神经因产生慢性应激反应而引发高血压时，患者可以接受肾动脉神经切割手术，以治疗高血压。

但是，我建议你在采取上述治疗方法之前，先尝试改变饮食习惯。

高血压患者通常要多摄入钾，少摄入钠（即少吃食盐）。几乎所有的植物都含有丰富的钾。我们的祖先从蔬菜、水果、坚果和种子中摄取的钾的量可能是我们现在的钾摄入量的 2~3 倍。现在，人类已经成为自然界消耗盐最多的物种。现在几乎每种食物中都会添加盐，这是不健康的。

此外，还有人说，香蕉富含钾。但是，每天吃十多根香蕉才能保证每日最低的钾摄入量。钾最好的食物来源是绿叶蔬菜、红薯、豆类和坚果。

关于高血压的饮食建议

► **少盐：** 你如果患有高血压，那么应该在几个月内尽量避免吃盐。在这段时间内，随时监测你的血压。盐的主要食物来源是面包、奶酪、薯条、禽类的肉、鱼、加工肉制品（如香肠）和方便食品。含盐量最高的食物是比萨，当然，薯片、饼干等加工食品的含盐量也位居前列。吃花生时要首选无盐花生。你可以改掉吃过多食盐的不良饮食习惯。其实你只是因为味觉迟钝，才会在饮食中添加很多食盐。治疗性断食的积极作用之一就是能够使你重新获得灵敏的味觉，使你的味觉"重启"。做饭时，尽量不要加食盐，可以尝试用香料代替食盐。也许一开始，你会觉得菜肴的味道很淡，或者因为味道改变而感到不适应，但坚持一段时间之后，当去餐厅吃饭时，你就会感到餐厅的菜太咸了。

► **不吃肉：** 进行植物性饮食是长期降低血压的理想方式。地中海饮食和 DASH 饮食也能降低血压。

► **吃全谷物食品：** 一项研究显示，每天吃 300 g 全麦面包的降压效果和服用降压药的降压效果是一样的。

关于高血压的其他建议

▶ 不要饮酒，酒精能使血压明显升高。

▶ 吃超级食物，它们的降压功效已经得到许多科学研究的证实。

▶ 吃亚麻籽和亚麻籽油（每天 25~30 g）。

▶ 吃核桃和无盐开心果（每天一把）。

▶ 喝木槿花茶或绿茶（每天 2~3 杯）。

▶ 喝不含酒精的红酒（只能偶尔饮用）。

▶ 喝甜菜根汁（每天 0.25~0.5 L）。

▶ 吃富含硝酸盐的蔬菜，如菠菜、芝麻菜、薯莜菜（每天约 100 g）。

▶ 吃橄榄油（每天都吃）。

▶ 吃黑巧克力（每天 10 g）。

▶ 吃水果，如石榴和蓝莓（每天一把）。

▶ 吃豆腐、豆豉等豆制品（每天 100~200 g）。

注意：在你改变饮食习惯期间，请监测你的血压。通常，在调整饮食后，你很快就能减少降压药的用药量。但是，务必要在咨询医生后才能减少用药量或换药，一定不能自行减少用药量或换药。

用断食疗法治疗高血压

我建议采取以下方法来防治高血压。

治疗性断食

通常，进行至少 7 天的治疗性断食有显著的降压效果。在进行治疗性断食期间，无盐无脂饮食能促进有降血压作用的激素分泌，同时使肠道的消化负担减轻、肠道菌群发生变化。在多种因素的综合作用下，血压会明显降低。

进行 14 天的治疗性断食的降压效果最好。如果你正在服用降压药，必须向医生咨询后再调整用药量。断食结束后，血压通常会小幅上升，但在之后的几个月内，血压通常仍低于进行断食前的血压。

治疗性断食是治疗高血压的好方法，你可以通过后续进行间歇性断食和健康的饮食持久地降低和稳定血压。断食模拟饮食法（第 153~154 页）也可以产生很好的降压效果。

间歇性断食

对很多人来说，将间歇性断食与长期减肥相结合也可以起到降低血压的作用。

在米饭日减少热量摄入、实行限时进食断食法，都可以明显降低血压。减食日可以很好地融入日常生活。

1 型糖尿病、2 型糖尿病和脂肪肝

1 型糖尿病多发于儿童和青少年时期，是一种自身免疫性疾病。胰腺中合成胰岛素的细胞被免疫细胞破坏，从而导致体内胰岛素水平低。目前，我们还不清楚免疫细胞这种错误的反应是如何发生的。有一种观点是，1 型糖尿病可能是由感染引发的，肠道菌群紊乱和婴幼儿时期的某些饮食可能引发 1 型糖尿病。与 2 型糖尿病相比，1 型糖尿病的医学治疗手段十分有限，但在许多情况下，借助于一些医疗手段，1 型糖尿病患者体内胰岛素的水平可以得到改善。

2 型糖尿病是最常见的糖尿病，曾被认为是一种老年病。近年来，它的发病率在世界范围内迅速上升，这引起医生和公共卫生政策制定者的极大关注。在德国，2 型糖尿病患者约占 10%，其中年轻患者的比例越来越高。2 型糖尿病主要与肥胖（腹部脂肪堆积）和缺乏运动有关，但其根本病因在于患者长期频繁进食和进行不健康的饮食引发胰岛素抵抗。

新型 2 型糖尿病药物为制药企业带来数十亿美元的利润。这些药物能有效降低血糖水平，缓解症状，预防继发性疾病。但它们的缺点是不能治愈 2 型糖尿病。

然而，改变饮食有可能治愈 2 型糖尿病。我发现，通过进行定期的治疗性断食、进行间歇性断食，以及优化饮食，我的 2 型糖尿病患者基本上都能痊愈。

如果你患 2 型糖尿病的时间不超过 10 年，那么通过改变饮食来治愈疾病的概率非常大。患病时间越长，治疗的难度就越大。如果你刚刚确诊 2 型糖尿病，最佳的治疗方法就是实行饮食疗法而非药物疗法。已有实验证明，植物性饮食法能够有效治疗 2 型糖尿病。对那些不想放弃动物产品的患者，我建议他们实行含乳制品的地中海饮食法，即在进行植物性饮食的同时吃少量奶酪和喝少量酸奶，并且所食用的乳制品都应该是有机产品。

现在我们知道，一些 2 型糖尿病药物不仅可以直接调节体内血糖和胰岛素水平，而且可以通过调节肠道菌群，达到调节血糖水平的效果。这也再次说明，富含膳食纤维的蔬菜有助于降低血糖水平，治疗 2 型糖尿病。

戒食甜食

2 型糖尿病患者一定要避免吃甜食。一些添加糖（如三氯蔗糖）会影响身体调节血糖水平的能力，甚至引发 2 型糖尿病。我不反对吃甜菊糖和赤藓糖醇（虽然我也不推荐它们），它们至少不影响糖在体内的代谢。

关于 2 型糖尿病和脂肪肝的饮食建议

▶ **醋：** 意大利巴萨米克醋、巴萨米克酱或者苹果醋都非常可口。2 型糖尿病患者应多食用醋。多项研究表明，醋有助于调节餐后血糖水平。但这一功效背后的机制尚未完全弄清。也许和甜菜根、芝麻菜和菠菜等含有硝酸盐的蔬菜一样，醋之所以可以调节血糖水平可能是因为它含有一氧化氮。因此，醋还能够降低血压。在施瓦本土豆沙拉中，冷却的土豆含有大量抗性淀粉，搭配富含植物营养素的洋葱以及醋，这道土豆沙拉具有降低血糖的功效。

▶ **水果：** 你可能会感到惊讶，为什么我建议通过吃水果来治疗 2 型糖尿病。2 型糖尿病患者虽然不应该吃糖果、甜品和果糖浓度高的糖浆，但应该有意识地吃些水果，水果通常都有较好的降血糖作用。首选浆果和苹果（苹果不要削皮，苹果皮中的槲皮素是非常有益的物质）。

还有一个有意思的发现。在一项实验中，健康的受试者每天要吃 2 kg 水果，持续数周。这个食用量非常之高，受试者的果糖摄入量自然也很高。然而，受试者的血糖代谢水平仍在正常范围内。

▶ **蔬菜：**治疗 2 型糖尿病最重要的药物二甲双胍能减慢肝脏中葡萄糖的合成，经证实，西蓝花所含的一种物质也有类似的作用。瑞典的研究者发现，西蓝花中的萝卜硫素能有效抑制肝脏中的葡萄糖合成，不过作用机制与二甲双胍的作用机制不同。

▶ **橄榄油和坚果：**经常食用橄榄油以及每天吃 30 g 坚果，可以预防 2 型糖尿病。研究证明，开心果和杏仁具有抗 2 型糖尿病的作用。杏仁还能降低血脂水平。

▶ **姜：**喝姜茶或吃 1 茶匙姜粉可抑制食欲，治疗脂肪肝。

▶ **燕麦：**燕麦具有抗 2 型糖尿病的作用。将燕麦粥作为早餐，或在减食日将燕麦作为食物，都能有效治疗 2 型糖尿病。减食日是一种较为"温和"的断食疗法，有助于糖的代谢。

▶ **亚麻籽：**亚麻籽能降低胆固醇和血压水平，对治疗 2 型糖尿病起到辅助作用。

▶ **豆类：**每日食用鹰嘴豆、扁豆等豆类可改善体内糖的代谢情况。

▶ **肉桂：**肉桂这种香料是经常被提及的、能够治疗 2 型糖尿病的食物，但认真研究后，我们发现肉桂存在一定的健康风险。肉桂有两个不同的品种：锡兰肉桂和决明属肉桂。决明属肉桂更便宜，因此使用更广泛，它确实具有抗 2 型糖尿病的作用。但它还含有香豆素，这是一种植物营养素，大量摄入对肝脏有害。要想通过食用决明属肉桂来治疗 2 型糖尿病，就必须大量食用，而其中的香豆素会损害健康。价格较高的锡兰肉桂虽然更易消化，且不含香豆素，但它对治疗 2 型糖尿病不起作用。

> ▶ **细嚼慢咽：** 细嚼慢咽有助于治疗 2 型糖尿病。如果你认真咀嚼食物，食物中的碳水化合物就能与唾液淀粉酶（尤其是 α‑淀粉酶）充分混合。淀粉酶在口腔中将多糖（淀粉）分解成单糖，此时，30% 的消化工作已经完成了。细嚼慢咽也能使饱腹感较快出现，胰岛素的合成和分泌也会减少。一项研究比较了 5 分钟内和 30 分钟内吃完一份冰激凌后体内的代谢情况。如果用 30 分钟吃完冰激凌，体内不利的代谢反应能减少 25%。因此，请慢慢享受美食，不要狼吞虎咽。

用断食疗法治疗糖尿病和脂肪肝

治疗糖尿病和脂肪肝有多种不同的方法，最好的方式是将不同的方法相结合。

治疗性断食

进行长时间的治疗性断食能有效治疗 2 型糖尿病，尤其是当患者同时患有脂肪肝时。经过持续 1~2 周的治疗性断食后，患者的血糖水平更接近正常水平，胰岛素抵抗的情况也得到明显改善，脂肪肝的症状也随之缓解甚至消失。我建议断食期间只喝蔬菜汁，因为果汁的果糖含量太高，会加重脂肪肝。

不过，你必须在医生的指导下进行治疗性断食。要注意的一点是，断食时要立即停止服用二甲双胍，因为它能抑制肝脏中糖的合成。在断食期间，糖的合成很重要，因为除了酮体外，细胞和大脑还需要从糖中获得能量。

治疗性断食能提高 1 型糖尿病患者体内胰岛素的水平。但患者的代谢情况通常较为复杂，所以在断食期间产生副作用的概率较大。因此，患者最好到专门治疗 1 型糖尿病的医院，并在医学监控下进行治疗性断食。

瓦尔特·隆哥带领的研究小组通过动物实验证明，1 型糖尿病可以通过断食模拟饮食法治愈。但这一研究成果还不能应用到人类身上。不过，根据我的了解，治疗性断食结束后，患者的新陈代谢的确得到了改善，患者对胰岛素的需求也降低了。

间歇性断食

间歇性断食对 2 型糖尿病有显著的治疗效果，在医学监护下，1 型糖尿病患者可以进行间歇性断食。我建议所有糖尿病患者都在间歇性断食期间不吃晚饭或者将晚餐时间提前。如果 2 型糖尿病患者在晚上进食，摄入的碳水化合物就会导致晚上的胰岛素分泌多于早上的，这可能是受到睡眠激素褪黑素的影响。

最理想的间歇性断食是白天吃两餐，早餐包含燕麦片、全麦面包、水果（如浆果），在下午 5 点之前吃完午餐。两餐之间不要进食。

1 型糖尿病患者必须在医生的指导下进行断食。

一位患者的故事

莱娜·H.（Lena H.），33 岁，来自德国吕纳堡的食品开发员，患有 1 型糖尿病和风湿病。她通过间歇性断食治愈了这两种疾病。

"断食的清洁作用对我的身体运转有很大的好处。"

我在 12 岁确诊了 1 型糖尿病。多亏医学的进步，我的病情实际上控制得不错。我有一个胰岛素泵，手臂上绑着一个血糖传感器，它时刻监控我的血糖水平。当然，我从来不喝可乐，也会注意我吃的是全麦面包还是牛角面包，但大体上，我对饮食没有太多限制。一旦吃了"禁忌"食物，我就注射胰岛素来调节血糖水平。

对我来说，更大的问题是在 2017 年初出现的风湿病。刚开始的时候，我只是脚痛，我以为这是跑步或者徒步时间太长所致的。但是当我的手开始肿胀时，我去看了医生，医生直接将我转到其他专家那里，并为我做了相应的血液检查。结果是风湿病，这并不是我这个年龄的常见病。医生给我开的药是氨甲蝶呤（MTX），它有导致恶心、头痛等副作用。服用后，我不能晒太阳、不能喝酒、不能怀孕。我虽然那时还没有强烈的生育欲望，但32岁就开始服用这样的药物，在我看来是很荒谬的。之后，我还尝试了一种效果较弱的药物。说实话，药物治疗的效果并不好，至少不是一直都好。

风湿病医生建议我去米哈尔森教授的医院。医院？起初我对它有抗拒心理，但当病情越来越严重，我好几天都无法下床时，我决定去试试。那时我已经没有力气再做任何事了。我早上起床，去上班，回家后，躺2小时，起来吃饭，然后又回到床上。我不知道自己这样是因为真的很疲劳，还是因为患有风湿病，抑或是因为药物的副作用，我想寻找其他的治疗方法。

我有点儿担心断食和1型糖尿病不"兼容"，因为我确实有一点儿低血糖，尤其是在晚上，但我喝了些苹果汁后，就没问题了。在去医院治疗之前，我必须先服用8周的可的松，断食的清洁作用对我的身体运转有很大的好处。我的关节问题得到了很大的改善，甚至在断食结束后的几周内风湿病都没有发作。不幸的是，风湿病后来复发了，但症状至少没有之前那么严重。

为了应对时常复发的风湿病，我现在正在进行间歇性断食，也就是一天连续16小时不吃饭。我如果晚上要和朋友出去吃饭，就不吃早餐，如果在周日想吃个悠闲的早餐，就不吃晚餐。这个方案进行得非常顺利。我还避免吃肉和乳制品，因为它们有可能引发炎症。我吃很多绿叶蔬菜、水果、燕麦片、扁豆、土豆和全麦面包。我的男朋友也跟着我这样吃（还好他不那么喜欢吃肉），但他偶尔会吃一块奶酪。冬天，我将黑胡椒、姜、姜黄、肉豆蔻和肉桂制成糊，再加一点儿油，每天早上舀一勺，用开水冲泡后饮用。姜黄有助于消炎，其余食物能为我增加体力。为了治疗关节疼痛，我已经下定决心，每年进行2次治疗性断食。

动脉粥样硬化、心肌梗死和脑卒中

现代心脏病学给动脉硬化症、心肌梗死和脑卒中患者带来了福音。现在，微创介入手术可以用于治疗心肌梗死，通过支架将阻塞的冠脉血管打通，从而使心肌恢复供血；心瓣膜病也可以通过微创手术来治疗。

通常，长达数年的动脉血管慢性疾病（如动脉粥样硬化）都会引发心肌梗死或者脑卒中。如果没有消除一些危险因素，如高血脂、高血压、肥胖、压力过大、吸烟等，动脉粥样硬化不但不会因为上述的手术治疗得以治愈，反而会继续加重。遗憾的是，患者通常高估药物治疗对心肌梗死或脑卒中的效果，他汀类药物保护心脏的效果也被高估了（比它的实际效果高 20 倍）。这就造成了非常严重的后果，大家都认为服用了某种药物就能万事大吉，也就没有那么大的动力去改变生活方式了——毕竟，只要能保持健康，采取什么方法都是一样的，何须那么费劲改变生活方式呢？

医学研究的成果和新药物的出现固然令人欣喜，但我们也应当清醒地认识到，世上并没有什么灵丹妙药，也没有可以一劳永逸解决所有问题的方法。对心血管疾病患者来说，相比于服用药物和接受手术，更重要的是养成健康的生活习惯。

防治心血管疾病的饮食

素食、低脂饮食和地中海饮食能非常有效地预防和治疗动脉粥样硬化。

相关研究表明，素食有助于消除血管钙化。美国科学家迪安·奥尼什（Dean Ornish）和考德威尔·埃塞尔斯廷（Caldwell Esselstyn）强烈呼吁，冠心病患者要尽可能进行低脂饮食。基于多项相关研究，我建议，冠心病患者应尽量进行素食饮食，但并不一定必须吃低脂食物，只要饮食中脂肪含量非常低即可。

关于心血管疾病的饮食建议

- **亚麻籽：**亚麻籽能降低胆固醇水平和血压。
- **浆果：**蓝莓、黑莓等深色浆果，以及印度鹅莓都能减小心脏病发作的风险。在阿育吠陀饮食中，有一种食物叫作"卡凡普拉西"（Chyavanprash），其主要成分就是印度鹅莓和芝麻油。
- **植物油：**橄榄油、菜籽油、亚麻籽油都有很好的预防作用。
- **大蒜和红洋葱：**这两种植物都有助于保持血管柔软。
- **坚果：**核桃、山核桃、巴西坚果和杏仁能降低胆固醇水平和血压，减轻体重。
- **姜：**这种健康的块茎类食物能够降低甘油三酯的水平。
- **姜黄：**姜黄能够降低胆固醇水平。
- **豆类：**豆类能大幅减小动脉粥样硬化的患病风险（无盐花生也有类似作用）。
- **L-精氨酸：**这种宝贵的氨基酸存在于南瓜子、杏仁、松子、豆类和花生中，能降低血压、软化血管。
- **甜菜根：**甜菜根和其他含硝酸盐的蔬菜（如菠菜、生菜、菾菜菜、芝麻菜等）对预防心脏病发作和脑卒中有一定效果。
- **石榴汁：**迪安·奥尼什的一项研究表明，每天喝 100 mL 石榴汁可以改善冠状动脉的血液流动情况。

用断食疗法治疗心血管疾病

导致冠心病和脑卒中的危险因素既能通过间歇性断食消除，也能通过治疗性断食消除。间歇性断食（如减食日）与保护血管的药物相结合对治疗心血管疾病能起很好的作用。

在心肌梗死或脑卒中发作后，患者在 3 个月之内不宜进行治疗性断食，因为其心脏功能还处于不稳定的状态。但是，在心脏功能不全的情况下，患者可以进行间歇性断食，因为断食的脱水作用正好可以对药物的作用进行补充，但患者必须在医生的指导下进行间歇性断食。

肾病

我们的肾脏每天都在高效地工作，在 24 小时内，它可以过滤 150 L 血液，并产生 1~2 L 尿液。

炎症、自身免疫性疾病或长期服用镇痛药都能够引发慢性肾病，并导致肾功能衰退，也就是所谓的"肾功能不全"。导致肾功能衰退的最常见因素其实是 2 型糖尿病、高血压等慢性疾病，而高血压是老年人肾功能衰退的主要因素。肾功能衰退会逐步恶化，最终引发肾功能衰竭，患者就需要定期接受透析。此外，心肌梗死和脑卒中对慢性肾病患者的生命也会造成很大的威胁。

遗憾的是，慢性肾病无法治愈，因此，如何阻止或减缓肾功能衰退格外重要。患者应当避免服用一切会损伤肾脏的药物，并对高血压、2 型糖尿病、高胆固醇等危险因素进行积极治疗。这也是饮食疗法的核心目标。因此，肾病患者的饮食与高血压、2 型糖尿病和动脉粥样硬化患者的饮食相似。不过，肾病患者的饮食还是有一些特殊之处。

关于肾病的饮食建议

▶ **低蛋白饮食：** 慢性肾病患者要避免摄入动物蛋白，肉和鱼会给肾脏的运作造成负担，也就是所谓的"超滤过"。除此之外，动物蛋白还会使肾脏酸负荷升高，因此肾病患者要避免摄入动物蛋白。但是，如果肾病发展到需要透析的程度，患者就可能需要更多的蛋白质，摄入多少蛋白质要听从医生的建议。在吃含钾蔬菜和水果方面，患者也应听从医生的建议。

▶ **碱性饮食：** 碱性饮食可以减缓肾病恶化。肉、鱼和乳制品是酸性食物（第61~62页），它们会损伤肾脏。

▶ **低磷饮食：** 和钙一样，磷也是一种重要的矿物质。磷酸盐通过食物进入人体，在体内转化为磷。正常情况下，过量的磷能通过尿液排出。但肾功能产生障碍时，患者血液中的磷酸盐含量可能升高，这种情况下摄入过多磷酸盐会产生危险。注意，相比素食中的磷，动物产品、面包、谷物或碳酸饮料中的磷更容易被吸收。食品添加剂中的磷酸盐有害健康。因此，不要购买任何含有含磷食品添加剂（如E338、E343、E413、E450、E452、E1410、E1412、E1414等）的产品，磷酸盐不仅会增加肾脏的酸负担，损伤肾脏，还会损伤心脏。

▶ **低盐饮食与喝水：** 肾病患者应当实行低盐饮食法。科学研究得出一个令人意外的结论，大量喝水对治疗肾病并非全无作用。相反，如果你患有肾结石或膀胱炎反复发作，则要大量喝水。如果你需要透析，请听从医生的建议喝水。

用断食疗法治疗肾病

在透析出现之前，肾脏专家会建议患者进行断食和实行口渴治疗法。这些方法都能改善肾脏状况，但效果不能持续很长时间。透析技术成熟之后，患者就不再需要通过断食进行治疗。现在甚至有人说，肾病患者绝不能进行断食，因为肾脏作为排泄器官起重要的作用，如果肾功能受损，在断食期间，患者有可能出现问题。

我完全反对这种说法。在我们医院，很多肾病患者通过断食成功地治疗肾病，并且没有出现严重的副作用。有的患者在断食结束后，肾功能甚至有所改善。绝大部分患者的高血压、高血脂和体内水分过多的情况都得到了改善。因此，断食无疑是一种有效的治疗手段，但患者只能在医院且在随时监控血液指标的情况下进行断食。

间歇性断食很适合用于治疗肾病，患者可以独自进行间歇性断食，最好实行限时进食断食法。对同时患有高血压的肾病患者，我建议每周安排 1~2 个低盐米饭日，同时减少热量摄入，或者实行连续几天的肯普纳饮食法（第 187~189 页），每天摄入的热量不能超过 2 000 cal。

关节炎

胎儿在母亲子宫内发育时，其所有的骨骼最初都是软骨。之后，胎儿的骨骼才完全骨化，软骨只作为"减震器"和"保护层"覆盖在关节表面。

关节炎与年龄有较强关联性。几乎没有 40 岁的人患关节炎，但 80 岁的人就不一样了，他们关节上的软骨更薄，这会导致关节边缘骨化。高强度的体力劳动导致的关节过度磨损和负荷过重如今不再是关节炎的主要病因，因为现在的人们大多对着电脑屏幕工作，只有运动员和一些从事繁重体力劳动的人才会因关节过度磨损和负荷过重而患有关节炎。

但即使关节炎是一种老年病（但手部关节炎具有一定遗传性），也有其他因素（如进行健康的饮食）可以使关节保持柔韧性，使我们免受疼痛的困扰。关节病的疼痛往往是由炎症引起的，因此许多研究者都在尝试借助用酶和抗体研制的新型药物来阻断炎症。关节炎患者经常服用的镇痛药（如布洛芬、双氯芬酸等）也有消除炎症的作用。疼痛并非软骨过薄所致，而是由软骨周围的黏膜、关节囊、肌腱和韧带损伤引发的。由于疼痛，患者往往会对关节过度保护，这样做反而会使症状加重。

控制体重

我建议关节炎患者首先解决肥胖问题。这并不容易，尤其是当因膝关节、髋关节或踝关节发生病变而不能很好地行走时，患者基本无法进行运动。因此，饮食疗法比物理治疗和疼痛治疗更适合他们，饮食疗法的效果将决定患者之后是否需要通过关节置换手术来进行治疗。肥胖不仅会增加关节（尤其是膝关节和髋关节）的负担，而且能导致肠道菌群释放炎性物质，从而损害关节软骨。

如今，新材料和新技术使关节置换手术有不错的效果，但这一治疗手段并不是在所有情况下都能成功的，也不适合所有的关节炎患者。置换髋关节这样结构相对简单的关节通常有很好的效果，但膝关节、踝关节和肩关节的解剖结构复杂，因此这些关节的置换手术的成功率就不那么高了。在这种情况下，患者就需要采取其他有效的治疗方法。

通过适度的体育锻炼、冷热治疗、物理治疗、放松治疗（如瑜伽）、断食和饮食疗法，患者的关节炎能够（至少在相当长的一段时间内）缓解，甚至症状完全消失。

关于关节炎的饮食建议

▶ **含乳制品的素食或纯素食：** 花生四烯酸是一种脂肪酸，它只存在于动物脂肪中。它随食物大量进入人体后，会合成具有致炎作用的炎症因子类二十烷酸。因此，避免食用肉、香肠、蛋、鱼和乳制品可以减少体内类二十烷酸的合成。

▶ **ω-3脂肪酸：** 它是类二十烷酸的"对手"，具有抑制炎症的作用。你可以通过吃亚麻籽、亚麻籽油、菜籽油、绿叶蔬菜、大豆、藻类以及坚果（如核桃）来补充ω-3脂肪酸。

▶ **碱性饮食：** 酸能软化骨骼和软骨，刺激结缔组织和关节周围组织产生炎症。素食属于碱性饮食，能够中和体内酸性物质。

▶ **面包和全谷物食品：** 面包和全谷物食品属于酸性食物，要注意食用量，但没有必要完全放弃这些食物。

▶ **能缓解症状的食物：** 一些研究初步证明，以下食物能够减轻原发性骨关节炎。

- 亚麻籽油
- 姜黄
- 姜
- 石榴

▶ **富含维生素 C 的蔬菜和水果：** 包括柑橘类水果、沙棘、野蔷薇果等。野蔷薇果只能做成果泥食用，加热后的野蔷薇茶没有明显的消炎效果。你也可以在市面上购买野蔷薇果食物补充剂。

▶ **混合香料：** 你可以食用小茴香、芫荽和肉豆蔻制成的混合香料，不过一定要加入姜黄和姜，这两种食材比另外三种食材能更有效地消炎。胡卢巴和小豆蔻也有消炎的作用。

涂敷（贴膏药）

在自然疗法中，涂敷能有效地治疗关节炎。你可以用卷心菜叶、胡卢巴或炼乳做成膏药贴在关节处。

菜叶膏药简单易制：取白菜叶或皱叶甘蓝 3 片，用擀面杖擀压（擀压能使具有消炎功效的硫代葡萄糖苷释放出来）；将膏药敷在关节或关节周围至少 2 小时，必要时可用纱布或绷带固定。

如患有手指关节炎，你需要用防水的手套（如医用橡胶手套）来制作膏药：将白菜或皱叶甘蓝做成思慕雪，放入手套中；然后戴上手套，至少戴 2 小时。

用断食疗法治疗关节炎

治疗性断食能使体重减轻，从而使关节炎迅速得到缓解。具有促炎作用的花生四烯酸断食期间几乎可以被完全排出体外。此外，治疗性断食还有特殊消炎作用。根据断食前的体重，患者可以进行 1~2 周的治疗性断食，最大限度地缓解疼痛。

间歇性断食没有或只有微弱的消炎作用。不过，在治疗性断食结束后，除了开始吃素食外，通过间歇性断食进一步减轻体重，也可以在一定程度上缓解疼痛。

类风湿性关节炎

类风湿性关节炎，此前亦称"多发性关节炎"，会导致关节肿胀和疼痛。如果患者没有得到最佳的治疗，类风湿性关节炎最后会导致严重的关节损伤。

这种疾病的病因是免疫系统对自身软骨组织的免疫反应。目前人们尚不清楚为什么免疫系统会以这种方式攻击自身组织。有人猜测，遗传和肠道菌群与类风湿性关节炎有关，而肠道感染、精神压力以及饮食习惯会改变肠道菌群的组成。

在几十年前，医生对类风湿性关节炎依旧束手无策。而现在，一些药物虽然不能治愈疾病，但是可以控制炎症，大大减轻炎症对关节的损伤。但抗药性和严重的副作用都可能令患者无法继续服用药物。在这种情况下，患者必须额外服用可的松，它的一些已知副作用包括体重增加、血压和血糖水平升高等。

关于类风湿性关节炎的饮食建议

▶ **植物性饮食：**由于花生四烯酸含量较低，因此这种饮食能最大限度地发挥抗炎作用。代表饮食是地中海饮食，它可以很好地治疗类风湿性关节炎。

▶ **排除饮食：**很多患者都有这样的经历，吃了某些食物（通常是肉和乳制品）后，他们的类风湿性关节炎会发作。你如果发现吃了特定食物后，经常出现疾病发作或症状加重的情况，就应该避免吃这些食物。但是，受到环境、年龄和精神压力的影响，这些反应会发生变化。为此，在放弃吃这些食物一段时间后，你可以尝试再吃这些食物，以检测身体的反应。

▶ **碱性饮食：** 体内 pH 值偏低（酸性偏高）会引起结缔组织和关节周围产生炎症。纯素食或含有少量乳制品的素食是碱性饮食，有助于调节体内 pH 值。

▶ **低盐饮食：** 德国柏林夏里特医学院的研究表明，盐可以引发自身免疫反应。

▶ **符合阿育吠陀饮食原则的食物：** 我经常发现，患者通过实行个性化的植物性饮食法后，病情能够得到持久性改善。这类饮食包括具有消炎作用的香料，食物以热菜为主。同时，患者避免食用番茄、茄子、辣椒、土豆等茄科食物。这些做法都符合阿育吠陀饮食原则。

注意：在"关节炎"一节中所提到的食物也有助于治疗类风湿性关节炎，并且患者应该保持一定的进食节奏。

用断食疗法治疗类风湿性关节炎

治疗性断食

营养医学中治疗类风湿性关节炎的最有效的方法是进行治疗性断食。治疗性断食的先驱奥托·布欣格尔在进行了为期 3 周的治疗性断食后，类风湿性关节炎得到了显著的缓解。由于当时的诊断技术并不像今天这样多样化，因此我们并不知道布欣格尔当时所患的是何种类风湿性关节炎。我们只知道，这种病对他的生活造成了很大影响。后来，他通过一次次的治疗性断食成功地治愈了他的类风湿性关节炎。

在医院里，我们同样观察到，仅在进行 7 天的治疗性断食后，患者的疼痛就得到缓解，关节肿胀得以消除，炎症参数也趋于正常。由此可见，布欣格尔断食法是缓解类风湿性关节炎的症状的最好的方法。

患者如果没有体重过轻的问题，就可以进行更长时间的治疗性断食。经过 2~4 天的断食后，患者的血压就能降低，但治疗类风湿性炎症的效果有时要经过 10~12 天的断食才能显现。

虽然治疗性断食在治疗类风湿性关节炎方面有这么好的效果，但如果之后不实行特殊的饮食法，疾病很快又会卷土重来。那么问题是，在治疗性断食结束后实行哪种饮食法能长久地保持治疗效果呢？

免疫学家延斯·谢尔德森-克拉格的研究证实，一份复杂的饮食计划能带来持续的健康。治疗性断食结束后的 4 个月内，患者要实行纯植物性和无麸质饮食法，此外，患者还要采取所谓的减食饮食法，即在治疗性断食结束后，每隔 2 天添加 1 种新食物。例如先只吃土豆，2 天后添加胡萝卜，再过 2 天添加苹果，以此类推，逐渐恢复正常饮食；如果添加 1 种新的食物后，症状加重，就马上放弃吃该食物，一段时间之后，再试着再添加这种食物，确认症状是否加重。通过这种方式，患者可以确定什么食物能引发类风湿性关节炎，从而将它从购物清单上划掉。但正如我所说的，这是一个"复杂"的方法。

根据其他研究数据和我的经验，我建议类风湿性关节炎患者在治疗性断食结束后，应当首先实行纯素食饮食法。在吃一段时间的素食之后，患者也可以尝试无麸质饮食，但戒食动物产品比戒食含麸质的食物更重要。一些正在进行的研究，包括在德国柏林夏里特医学院进行的研究，有望在几年后为类风湿性关节炎患者提出更精细的饮食建议。

间歇性断食

与治疗性断食相比，间歇性断食的抗炎效果并不显著。根据我的经验，断食模拟饮食法的疗效比布欣格尔断食法的差。

肠易激综合征

据估计，在工业国家，肠易激综合征患者的比例高达 20%，女性患者多于男性患者。最近的研究指出，肠易激综合征的病因包括肠壁极其脆弱、肠道菌群紊乱、肠道感染以及精神压力大。肠黏膜疼痛阈值降低，再加上消化功能紊乱，正常的肠道运动受限，使腹泻、便秘、胀气等症状出现。

肠易激综合征患者的肠黏膜常有轻微炎症，而炎性肠病（溃疡性结肠炎和克罗恩病）患者肠黏膜的炎症更严重。迄今为止，针对肠易激综合征的传统医学治疗方法只有一种，即 FODMAPs 饮食法（第 90 页）。患者要避免吃一切会导致胀气和消化不良的食物。FODMAPs 主要存在于糖果、面包、谷物和卷心菜等食物中。患者要坚持实行 FODMAPs 饮食法至少 8 周，并且要检测自己对每一种食物的耐受度。然而，FODMAPs 饮食法非常复杂，而且限制了患者的饮食多样性。虽然它的疗效已经得到证实，但它无法长期起效。要想通过这种饮食法来治疗肠易激综合征，最好寻求专业营养学家的帮助。

肠易激综合征患者面临两难的困境：一些食物（如富含胰岛素的根茎类蔬菜、豆类或全麦面包等）一开始会使症状加剧，但同时，它们对肠道内的益生菌十分重要，能为益生菌提供养料，确保它们的生长繁殖。这些食物只有长期食用后才能显现效果，因此我建议，即便有些食物最初会引发不适，患者也应当尝试食用（至少应当少量食用）。

注意食物的质量、制作方法（有些香料能缓解胀气），并且细嚼慢咽。

如果在结肠镜检查后确诊为肠易激综合征，你应该通过呼气实验来测定自己是否对特定食物不耐受，如乳糖不耐受或果糖不耐受。然后，你可以通过戒食乳制品或含果糖的食物来改善症状。如果你症状严重或者有急性症状，应当尝试实行 FODMAPs 饮食法。

原则上，要首选清淡健康的饮食，制作方法以蒸、煮、炖为主，你可以简单地炒一下蔬菜，尽可能避免吃生的食物。亚洲饮食是清淡健康的饮食的代表，且易于被胃肠道消化。

如果前面提到的方法都无法缓解症状，我一定会向肠易激综合征患者推荐阿育吠陀饮食。

吃饭时一定要细嚼慢咽。通过与唾液充分混合，含碳水化合物的食物能在一定程度上被预先消化，进入肠道之后，能被肠道更好地消化吸收。

进食期间不要喝饮料，尤其是冷饮。过量的液体会使胃壁扩张，导致食物过早地进入小肠，造成不适。

在感到紧张或疲劳时不要进食，而应该先休息或者进行一些放松活动。只有在身心平静的时候才可以进食，因为只有这样胃肠道才可以"安心"地工作。

避免饮酒，因为酒精能刺激肠黏膜，引发炎症，并且会加重肠瘘，导致肠黏膜对食物成分或其他肠道内容物的渗透性增强，从而加重炎症。正常情况下，这些物质都会被肠黏膜阻拦。

为肠道菌群提供优质的养料，多进行富含益生菌的饮食，如酸菜、面包发酵饮料或者开菲尔酸奶。

如果你没有乳糜泻的问题，但担心自己对麸质不耐受，建议你进行自我测试，比如戒食面食数周，然后看看肠道状况是否有所改善。

关于肠易激综合征的饮食建议

- ▶ 姜黄粉（每天 1~2 茶匙，与胡椒粉混合；也可以服用姜黄素补剂）
- ▶ 姜
- ▶ 各种草药茶：浆果叶片茶、茴香茶、兰芹茶、八角茶、洋甘菊茶、蜜蜂花茶、艾草茶（非常苦）
- ▶ 含有苦味素的食物或 Amara 滴剂（此为德国维蕾德品牌旗下的一款治疗消化道不适的草药滴剂）
- ▶ 车前子、亚麻籽或亚麻籽粥
- ▶ 蓝莓（蓝莓干或鲜榨蓝莓汁）

用断食疗法治疗肠易激综合征

我建议肠易激综合征患者进行 7~10 天的治疗性断食，它可以改善患者肠道菌群的组成。布欣格尔断食法和迈尔断食法有助于治疗肠易激综合征。特别是迈尔断食法中推荐的细嚼慢咽已经被证明是针对肠易激综合征的有效措施。

一位患者的故事

蕾娜塔·S.（Renate S.），66 岁，来自德国柏林的护工。她因过度劳累而患上肠易激综合征。实行阿育吠陀饮食法后，她的消化系统恢复了正常。

"我又可以和我的肠道'和睦相处'了。……我感觉很好！"

我的工作给我的胃肠道健康造成严重的影响。我在护理行业工作了 45 年，经常轮班工作。在 8 小时的工作中，我无法坐下来安稳地吃一顿饭，也无法上厕所。在过去的几年里，我的身体状况非常糟糕，我有时整整一周都便秘，有时又出现持续数小时的严重腹泻，两种情况交替出现，还伴有严重的胃灼热症状。

退休后，为了负担房租，我不得不打零工，因此也无法好好休息。但我觉得自己必须开始改变了，因为无论我怎么调整饮食，我的肠胃都一直折磨着我。后来，我在电视上看到了米哈尔森教授的节目，发现他描述的症状我都有。我去找我的家庭医生，问他，米哈尔森教授提到的治疗方法是否适合我的疾病。但我的家庭医生并不认为这些症状是由肠易激综合征引发的，还给我开了质子泵抑制剂作为治疗药物。于是，我直接给米哈尔森教授所在的医院打了电话，医院告诉我，目前有一个正好适合我的实验需要受试者，但现在已经没有名额了。不过，过了几周，医院又打来电话，说我可以参加这项实验。

我进行了一次初始面试，称了一下体重，体重秤显示 80.7 kg，对身高只有 1.64 m 的我来说，这个数字实在太大了。在接下来的几周里，我记录每天的食物、进食时间以及我的排便情况。几周后，医生向我介绍了阿育吠陀饮食法，它是一种自然疗法。医生还对我说，我需要调整饮食，要吃得更好、更健康。例如，我经常吃鸡胸肉和沙拉，因为我认为它们很健康。这些食物的确很健康，但并不适合我。按照阿育吠陀医学，我是一个火型体质的人，我需要降火。医生为我制订了饮食方案：早上吃面糊或水果燕麦片粥；中午吃古斯面（Couscous，一种用粗麦粉制成的食物）或布格麦，搭配扁豆、红薯、绿叶蔬菜和蒙哥豆；晚上吃用亚麻籽、豆腐或面筋煮成的汤。我每天应该吃 3 次热的食物，不应该吃沙拉等凉的食物，两餐之间不能吃任何东西，包括零食。如果我想吃甜食，在午饭后可以吃肉桂粉和葡萄干蒸水果。我要在固定的时间吃饭，如早上 7 点吃早餐，中午 12 点吃午餐，晚上 6 点吃晚餐。

一开始，我以为自己无法坚持下去，因为我每天都要做 3 次饭，但做饭使我找到了新的兴趣。切水果和蔬菜能使我沉下心来，我认识了很多新的食物，如油莎豆、大豆素肉片等。因为医生建议我不吃辛辣的食物，现在我不用胡椒或辣椒调味，而经常用和兰芹、茴香、芫荽、姜黄等香料做饭。我曾经特别爱吃鸡胸肉，但经过一段时间的治疗，我对鸡胸肉的欲望很快就消失了。我现在已经不需要像以前那样吃那么多肉和鱼了。

我家里没有体重秤，所以直到为期 3 个月的实验结束后，我才发现体重减轻了不止 8 kg！我的脂肪含量从 44.5% 下降到 35.3%；在进行康复运动后，我的肌肉含量从 23.9% 增加到 28.5%。现在我的 BMI 从 30 降为 27，腰围从 112 cm 减少到 89 cm，腹围从 118 cm 减少到 109 cm，这些都是值得骄傲的成果！更重要的是，我又可以和我的肠道"和睦相处"了。现在，我几乎没有任何的胃肠道不适，既不会腹泻，也不会便秘，同时不会感到胃灼热。我每天只需要吃 1 粒家庭医生开的药片。我感觉很好！

我还学会了给自己放假。我不再打零工，为了缓解经济压力，我搬到了房租更便宜的地区，这极大地减轻了我的压力。我现在做义工，陪老人散步或逛街，这既锻炼了我的身体，又帮助我拓展了人脉、有更积极的生活态度，因为我可以在帮助别人的同时照顾好自己。

炎性肠病

溃疡性结肠炎和克罗恩病统称为"炎性肠病"，患者基本可以采取与肠易激综合征患者相同的饮食建议。由于炎性肠病患者的炎症经常反复发作，所以他们只能吃几种性质温和的食物。我建议患者一开始只吃米饭、土豆、酱汤、粥和白面包，不吃或少吃高纤维食物。

要想通过治疗性断食来治疗炎性肠病，患者必须在医院进行断食。在治疗过程中，患者要小心谨慎，不建议进行灌肠，它对肠道的刺激性太强。

便秘

很多人都有便秘和／或腹胀问题。健康自然离不开有规律地排便（每天 1~2 次）。然而，便秘对健康的影响远没有人们通常所认为的那么大。通常来说，摄入的膳食纤维越多，排便就越通畅、越有规律。膳食纤维缩短了食物的转运时间，提升食物在体内的代谢及其最终产物以粪便的形式排出的速度。最理想的食物转运时间为 1~2 天。因此，素食主义者的排便情况通常更好，因为肉在胃肠道中的时间比蔬菜长得多。

你可以通过食用甜菜根来了解你的胃肠道的工作速度。食用甜菜根后，你可以观察，经过多长时间之后，你会排出红色大便。如果时间在24~48 小时内，说明你的胃肠道很健康、运转得很好。

皮肤病

我们医院治疗了许多皮肤病患者，包括银屑病、神经性皮炎和酒渣鼻患者。他们在进行了治疗性断食并改变饮食习惯后，病情得到显著改善，很多患者的皮肤病最后成功治愈。

> 治疗性断食对皮肤病至少有两方面作用：一方面，它可以减轻人体新陈代谢的负担，尤其是减轻肝脏负担，减轻神经系统压力，"安抚"自主神经；另一方面，断食能减缓心率、降低血压和呼吸频率。

银屑病

银屑病的特征是皮肤出现炎症，有红色的鳞状斑块，炎症使皮肤细胞加速更新，皮肤变厚。银屑病常累及指甲，甚至是关节。健康的皮肤细胞的更新周期是4周，而银屑病患者皮肤细胞更新周期仅为数天。虽然银屑病有明显的遗传倾向，但通过研究，较大的精神压力和错误的饮食等也会引发疾病并使症状加重。肥胖问题、摄入过多饱和脂肪酸和酒精极易引发银屑病。

患者应避免饮酒、吃富含饱和脂肪酸和花生四烯酸的食物（如肉、香肠、鸡蛋和乳制品）。乳糜泻患者更容易患银屑病，因此也有研究人员提出，无麸质饮食有可能缓解银屑病。我建议，患者如果血液中乳糜泻抗体呈阳性，可以尝试无麸质饮食法。虽然乳糜泻抗体呈阳性并不一定代表麸质不耐受，但实践证明，乳糜泻抗体呈阳性的银屑病患者在实行无麸质饮食法后，症状有所缓解。

关于银屑病的饮食建议

► 姜黄

► 亚麻籽油、亚麻籽、核桃（富含 ω-3 脂肪酸）

► 藻类

► 绿茶

► 小麦胚芽油、黑种草籽油

► 琉璃苣（法兰克福绿酱中就含有琉璃苣）

► 石榴

► 姜

► 含有槲皮素的食物，如苹果、刺山柑、红葡萄、洋葱、西蓝花、甘蓝、浆果和沙棘

► 高纤维食物（银屑病患者往往肠道菌群失衡，可通过摄入膳食纤维使菌群恢复平衡）

此外，进行含盐量为 6% 左右的盐浴可缓解皮肤病的症状。

用治疗性断食治疗银屑病

进行 7~10 天的治疗性断食可使大多数银屑病患者的皮肤和／或关节症状得到明显改善。研究表明，减肥也有助于治疗银屑病。治疗性断食结束后，患者可通过进行间歇性断食和改变饮食习惯使体重长期保持正常水平。

一位患者的故事

莫娜·N.（Mona N.），48 岁，德国柏林一家大型汽车公司的销售经理，几十年来一直饱受银屑病的困扰。在彻底改变自己的饮食习惯后，她的病情有所好转。

"对我来说，这里开启了我的新生活。"

我站在销售大厅，因为手没有力气，一个装着车漆选色卡的文件夹从我手中掉了下来，这一瞬间我就知道，我的病情已经很严重了。在汽车这样一个男性主导的领域，我作为一名女性领导者，这个程度的病情使我感到恐慌。我患银屑病已经30多年了，因为长期涂抹可的松药膏，我的皮肤薄如纸张。23年前，我又被诊断为银屑病关节炎，也就是说，病症不只发生于我的皮肤表层，还累及皮肤深层，也就是关节和结膜。我身上的鳞状皮肤非常痒、非常疼，我的关节也很疼，甚至我的双手都僵硬得无法握住任何东西。

多年来，我一直在看不同的医生，寻找不使用药物的治疗方法。我从12岁就开始吃素食，我自己都没有意识到，这是一件特别幸运的事，因为肉会加剧我体内的炎症。通过一个好朋友，我知道了位于柏林万湖的自然疗法诊所。对我来说，这里开启了我的新生活。

治疗性断食是诊所的固定治疗项目，它对我非常有效。我体验到了早有耳闻的断食兴奋，疼痛也大大缓解了。但一位医生告诉我，不要高估治疗性断食的作用，治疗性断食结束后疾病仍有可能复发。我通过治疗性断食改变了自己的饮食习惯，也改变了自己对疾病的态度。之前，我一直认为疾病是我的敌人，是我必须对抗的东西。通过练习瑜伽，我意识到，银屑病是我的一部分，我要重视它，也要关注我自己，我不需要与疾病做抗争，只需要为自己做一些事情，善待自己。我听从米哈尔森教授的建议，尽量吃纯素食。本着更关注自己的原则，我没有把注意力放在我不能做的事情上，而将其放在尝试新食谱上，我尝试不同的食谱，我对此感到很兴奋，而且这些食谱对我也很有效。

此外，我还遵循阿育吠陀饮食原则，例如，我在两餐之间不吃零食。以前我经常在下午吃水果，现在我在午饭后就直接吃水果，这个做法也使我的肠道有放松的时间。我遵循的第三个建议是，不吃青椒、番茄或土豆等茄科蔬菜，它们所含的凝集素也有可能引发炎症。

当我出院后，我将我的饮食调整计划告诉了丈夫和7岁的女儿，他们一开始有些不适应，但很快他们就喜欢上了我做的各种食物。当然，我的丈夫在单位或和朋友聚餐时偶尔会吃一块上好的牛排，我的女儿在学校的食堂里会喝酸奶和吃奶酪，但在晚上，我们会一起吃一些健康的素食。每当丈夫打开门，说他闻到了晚餐诱人的气味时，我真的很兴奋。前几天，我做了绿豆面，我的家人都没有意识到这不是"真正"的面条。你有没有试过菠菜拌温热的扁豆沙拉呢？这绝对是道可口的菜肴！

对我来说，新的饮食的最好地方在于，它不仅能带来很多乐趣，而且对我的健康大有裨益。除了极个别情况外，我的关节疼痛基本消失了，皮肤上只有零星皮屑块，30多年来，我的病情第一次得到了显著改善。现在，我辞去高薪的工作，有更多的时间陪伴家人，我重新规划自己的未来，准备参加医士[①]培训。有谁能比一个亲身体验过一种疗法并且健康状况得到极大改善的患者更适合激励其他患者去尝试同样的疗法呢？我已经开始了我的新事业——为其他患者提供素食烹饪课程。

神经性皮炎

神经性皮炎比银屑病更难治疗。虽然许多患者在治疗性断食期间症状有所减轻，但在断食结束后，疾病往往复发，且症状加重。因此，我建议所有患者在进行治疗性断食后实行减食饮食法。很多患者都表示，如果他们尽量不吃含果糖的食物，皮肤状况就会有明显的改善。

目前的研究数据表明，摄入有益于肠道菌群的益生元有助于治疗神经性皮炎。因此，我推荐患者吃富含膳食纤维的发酵食品，如酸菜、面包发酵饮料、豆豉或有机酸奶。在许多情况下，γ-亚麻酸（一种 ω-6 脂肪酸，存在

---

① 在德国未经国家考核但持有开业执照的行医者。——中文版编者注

于月见草油、黑加仑子、琉璃苣中）和植物性 ω-3 脂肪酸（多存在于亚麻籽油中）也对治疗神经性皮炎有积极作用。

根据阿育吠陀饮食原则，银屑病和神经性皮炎等皮肤病患者应避免食用茄科植物，如番茄、茄子、土豆和辣椒。虽然如今成熟的茄科植物中可能存在的毒素并不会影响健康，这些蔬菜也非常健康，但根据我的经验，有些患者戒食了这些蔬菜后，皮肤状况有了很大的改善。因此我的建议是，与其研究它们的科学原理，不如直接实践。

玫瑰痤疮

玫瑰痤疮又称"面部玫瑰痤疮"或"酒渣鼻"，它的特征与皮肤过敏的症状有些相似，患者面部潮红、毛细血管扩张，鼻子和脸颊多出现红色斑点，细小的皮肤毛细血管清晰可见，就像脸部中间有一道红色条纹。玫瑰痤疮的病因可能是鼻子和脸颊的血管神经紊乱。压力、极端的温度、阳光照射、酒精和辛辣的香料等都会引发或加剧玫瑰痤疮。

目前尚无确凿数据能证实饮食疗法能够治疗玫瑰痤疮。但我经常看到，患者在进行治疗性断食和间歇性断食之后，病情有所改善。在治疗性断食期间，通常在开始的几天，患者皮肤泛红的情况会轻微加剧，但从第 3 天或第 4 天开始，皮肤状况就会有所改善。在 1 周或 2 周的治疗性断食结束后，患者应继续进行间歇性断食和实行地中海饮食法或植物性饮食法。

过敏与哮喘

    过敏、花粉症、过敏性哮喘等免疫系统疾病的发病率多年来一直呈上升趋势。一项针对超过14万名儿童的大型观察研究发现，过敏率的上升与大量食用快餐，摄入过量饱和脂肪酸有关，而水果和蔬菜能够保护免疫系统。其他研究表明，地中海饮食和植物性饮食可以减小过敏和哮喘的患病风险。母亲在孕期实行以上两种饮食法能够使孩子在出生后有较强的免疫力。肠道菌群紊乱和精神压力过大是过敏进一步的诱因。

    身体对免疫系统有很多要求：一方面，免疫系统应该能迅速有力地打击"敌人"；另一方面，它不能伤害身体。过敏性休克是免疫系统过度反应的一个典型例子，免疫系统无法维持平衡，对触发因素（如蜂毒）做出极端反应，在这种情况下，免疫反应就可能致命。

    目前已知的几种能刺激免疫系统，但同时又能避免免疫系统过度反应的食物并不多，啤酒酵母和燕麦是其中的两种，它们都含β-葡聚糖（第95~96页）。在过敏高发的季节里，患者可以将酵母或燕麦添加在食物中。它们提供的膳食纤维也有益于维持肠道菌群平衡。患者应当少吃全谷物食品，尤其是少吃全麦面包。

    大多数过敏患者对早熟植物的花粉（如桦树花粉等），或在夏季对草和黑麦花粉过敏。你如果对花粉过敏或患有花粉症，就要注意可能出现的交叉过敏的情况。例如，如果你对桦树花粉过敏，那么核果以及胡萝卜也可能使你出现过敏症状；如果你对艾属植物的花粉过敏，那么芹菜也可能导致你出现过敏症状。不过，尽量不要过多地限制饮食，尤其如果你是过敏性哮喘患者，你应当实行富含蔬菜和水果的饮食法，它有助于缓解症状。

针对食物过敏有一个很有意思的新观点：能引起严重过敏反应的食物通常是牛奶、蛋清和花生。过去，广受认可的应对策略只有两个：其一，避开过敏原；其二，携带应急包。现在有专家建议患者就像治疗花粉和尘土过敏一样，进行脱敏治疗。可以说，这种疗法是使患者与过敏原进行可控的"邂逅"。然而，由于可能出现副作用，脱敏治疗只能在经验丰富的专业医生的指导下进行，患者绝不能单独进行。

尤其在英国和美国这种人们普遍对花生过敏的国家，脱敏治疗是最好的方法。在这些国家，一些家长会定期让孩子吃少量花生。但是在德国，孩子从小就过着"优渥"的生活，饮食十分健康，食材丰富多样，这能降低孩子对食物的敏感度。

用断食疗法治疗过敏和哮喘

在我们医院，许多过敏患者在治疗性断食结束后，病情有所好转，因此我们在这方面有很好的经验。治疗性断食的效果之所以如此显著，是因为它对肠道菌群有积极的影响。

也有患者向我反映，在进行了间歇性断食（限时进食断食法）后，他们的过敏问题也得到了改善。实践证实，在进行治疗性断食之后继续进行间歇性断食，对治疗过敏性哮喘特别有效。

偏头痛

偏头痛往往无法引起患者的足够重视，它是一种非常痛苦的疾病，也是一种让患者饱受折磨的疾病。在针对偏头痛非常有效的曲坦类药物推出后，患者不再像过去那样对这种极具攻击性的头痛束手无策。但是，这些药物并不能根治偏头痛，相反，如果患者长期密集地服用药物（每月 10~12 片），这些药就会像其他镇痛药一样，使病情加重。在专业术语中，这种情况被称为"镇痛剂引发的头痛"或"药物过度使用性头痛"。

偏头痛有遗传倾向。但是毋庸置疑，生活环境和生活方式也对它有决定性作用。这就解释了为什么在如今这个快节奏的社会里，偏头痛患者的数量在近几十年来急剧增加。重要的病因是睡眠不足、精神压力大、激素紊乱和不健康的饮食。

很多偏头痛患者应该都对下面的情况非常熟悉：吃了某种食物后，偏头痛马上就会发作。患者可以试着找出哪些食物能引发你的偏头痛。写"头痛日记"可以帮助患者解决这个问题。不过，我建议患者不仅要避免食用这些诱发性食物，并且要实行能够改善偏头痛的饮食法。

关于偏头痛的饮食建议

▶ 避免食用会引发偏头痛发作的食物。

▶ 避免含组胺的饮食，如奶酪（硬奶酪）、烟熏食品、罐头鱼、豆类、巧克力、可可和红酒（及含酒精的饮品）。食物越新鲜，所含组胺就越少。

► 避免食用含酪胺的食物。酪胺和组胺一样，是一种生物胺，它对负责分解组胺的二胺氧化酶（DAO）有抑制作用。应当在避免食用含组胺食物的同时，将下列食物纳入你的食谱：柑橘类水果、香蕉、草莓、牛油果、坚果、酵母、汤块、酱油等调味品。

► 咖啡有可能引发偏头痛。

► 实行素食饮食法，确保你的饮食富含膳食纤维和碳水化合物。

► 避免食用添加糖（糖果、糖浆）、甜食和用白面粉制成的面食。摄入过多碳水化合物以及由此导致的胰岛素水平变化有可能引发偏头痛。

► ω-3脂肪酸有助于缓解偏头痛，建议多吃亚麻籽油、菜籽油、大豆油和核桃。

► 镁有预防偏头痛的作用，建议多吃豆类、坚果、谷物的胚芽，多喝富含镁的矿泉水。

► 叶酸能有效治疗偏头痛。叶酸存在于绿叶蔬菜和其他许多蔬菜中。

► 首选有机产品，它们几乎不含或完全不含食品添加剂（如防腐剂和增味剂），食品添加剂也能引发偏头痛。

偏头痛发作时，可以这样做

► 姜的提取物具有类似曲坦类药物的效果。偏头痛发作时，你可以喝一杯浓浓的姜茶（将姜切成1~2 cm厚的片，然后用热水冲泡）。

► 在传统的自然疗法中，吃含苦味素的食物或服用苦味素补剂可以治疗偏头痛。

► 热水足浴也可以用于治疗偏头痛。

用断食疗法治疗偏头痛

治疗性断食

长达 14 天的治疗性断食可明显改善偏头痛。虽然目前还没有相关的大型研究能证实这一点，但几乎所有断食医生都在实际治疗中有过这样的临床经验。在进行治疗性断食之初，患者有可能偏头痛加重，可以采取一些辅助手段（如自然疗法）度过这个阶段，缓解症状。患者在断食初期最好不要在灌肠前吃芒硝，可以吃一点儿泻盐。在断食期间补充足够的水分尤为重要。

我建议偏头痛患者每年定期进行 1~2 次治疗性断食。通过断食，大多数患者的偏头痛发作频率降低，头痛强度有所减弱。在治疗性断食结束后，患者要改变饮食习惯，避免吃一切可能引发偏头痛的食物。

间歇性断食

到目前为止，还没有数据显示间歇性断食能够防治偏头痛，但很多患者都说，自从他们开始进行间歇性断食后，他们的偏头痛都有所改善。

根据我的经验，偏头痛和慢性紧张性头痛一样，主要是由精神压力过大引发的。所以说，除了饮食之外，患者一定要注意放松。

抑郁症

在德国，每 5~6 个人中就有 1 个人因患有轻度或中度抑郁症而需要看医生。在所有工业国家，抑郁症患者数量都在增加，其原因是多方面的。

在传统医学中，抑郁症的治疗方法包括心理治疗和药物治疗（如使用三环类抗抑郁药和血清素再摄入抑制剂）。但是，对照实验表明，药物的疗效并不显著。不过，对重度抑郁症患者来说，药物治疗仍必不可少。

轻度抑郁症可以通过自然疗法（如食用圣约翰草）、运动和热疗来治疗。抗抑郁药的一个常见副作用是体重大幅增加，因此，我推荐将饮食疗法作为治疗抑郁症的一个重要方法。事实上，饮食的确可以治疗抑郁症，饮食疗法已在精神疾病的治疗中应用多年。

在抑郁症患者的大脑中，使人产生积极情绪的重要物质（如血清素或多巴胺）会被单胺氧化酶分解。因此，单胺氧化酶抑制剂被用作治疗抑郁症的处方药。

天然的单胺氧化酶抑制剂存在于水果（如浆果、葡萄、苹果）和蔬菜（如洋葱）中，也存在于绿茶和香料中。澳大利亚的研究者将中度及重度抑郁症患者分为两组。第一组患者实行地中海饮食法，第二组患者接受小组形式的心理治疗。3 个月后，第一组患者的症状得到明显改善，32% 的患者症状甚至消失了。在第二组患者当中，只有 8% 的患者病情有所改善。我强烈建议轻度抑郁症患者实行地中海饮食法或植物性饮食法。

重要提示： 抑郁症患者不要擅自停药！必须事先咨询主治医生。饮食疗法可以作为药物治疗或心理治疗的补充疗法。

关于抑郁症的饮食建议

▶ **番茄：** 一项观察研究表明，经常食用番茄可使患抑郁症的风险减小 50%。这有可能是因为番茄中含有丰富的番茄红素，它是一种植物营养素。一些科学研究数据表明，植物营养素能对我们的情绪和心理产生积极影响。

▶ **藏红花：** 世界上最昂贵的香料之一。藏红花中的成分能够抑制大脑中某些与抑郁症相关的受体。

▶ **辣椒和姜：** 辛辣的调味料能够刺激血清素和内啡肽的分泌，两者能改善情绪，使心情愉悦。

▶ **色氨酸：** 色氨酸是合成血清素的重要物质，由于大脑中存在血-脑屏障，色氨酸不能直接进入大脑，而血清素则可以穿过这一屏障。血清素存在于核桃、可可、大豆、腰果和牛奶中。

我建议抑郁症患者为自己制订一套健康的饮食方案，可以食用本书中提到的超级食物。

用断食疗法治疗抑郁症

断食疗法能改善断食者的情绪，甚至使其产生断食兴奋。这很可能是由于大脑中的血清素和神经递质的水平有所升高。

抑郁症患者往往会感受到疼痛或出现代谢综合征的症状。而断食疗法可以有效缓解疼痛，提高生活质量，从而对情绪产生积极影响。

神经系统疾病

多发性硬化症

多发性硬化症是一种慢性自身免疫性疾病，通常反复发作。这种疾病症状非常多样化，因此也被称为"千面疾病"，这也使医生的诊断有一定难度。多发性硬化症和其他自身免疫性疾病一样，在工业国家的发病率越来越高。目前它的病因尚不清楚，但有科学家认为，这种疾病很有可能与饮食和肠道菌群有关。近年来，新的抗体疗法和生物制剂（即运用生物技术制备的药物）在治疗多发性硬化症方面取得了很大的进展，但多发性硬化症暂时还无法治愈。

到目前为止，关于通过饮食治疗多发性硬化症的大部分研究成果都来自实验室。实验数据表明，地中海饮食和植物性饮食有较好的预防多发性硬化症的效果，但是对多发性硬化症患者没有明显的治疗效果。

我经常听到患者告诉我，他们用生酮饮食法成功治疗多发性硬化症。进行生酮饮食后，身体进入类似断食代谢的模式，酮体能为身体长期提供热量，酮体主要来源于肉和乳制品。我更推荐另一种以素食为主的生酮饮食法，不过它实行起来较为复杂。但由我们进行的关于生酮饮食法的研究证明，患者连续几个月实行以素食为主的生酮饮食法后，生活质量显著提高，这和治疗性断食的效果相同。

另一种宣传了几十年的、可以治疗多发性硬化症的饮食疗法是埃弗斯饮食法。美国医生约瑟夫·埃弗斯（Joseph Evers）将多发性硬化症的病因归咎于环境因素，并发明了一种生食饮食法。但是我建议不要采用这种饮食法，因为生的食物难以消化，会给患者身体带来额外的负担。

关于多发性硬化症的饮食建议

要避免或少吃以下食物：

▶ 含饱和脂肪酸和花生四烯酸的食物（如肉、香肠和奶酪）；

▶ 牛奶和乳制品（它们含有不利于健康的脂肪酸，被认为有可能引发多发性硬化症）；

▶ 盐（德国柏林夏里特医学院的一项研究表明，盐的摄入量与多发性硬化症存在相关性）。

应多吃以下食物：

▶ 富含膳食纤维的全谷物食品和蔬菜；

▶ 富含益生菌的食物，如菊苣、根茎类蔬菜、菊芋、发酵食品；

▶ 富含 ω-3 脂肪酸的食物（如亚麻籽油、菜籽油、核桃）；

▶ 富含长链 ω-3 脂肪酸的藻类；

▶ 姜黄；

▶ 覆盆子；

▶ 西洋蓍草（伊朗的一项研究显示，西洋蓍草提取物具有惊人的疗效，在传统的自然疗法中，这种植物被当作缓解痉挛的药物，还能治疗胃肠道疾病和缓解月经疼痛）；

▶ 熏香（根据德国柏林夏里特医学院的一项研究，它的提取物可作为治疗多发性硬化症的辅助治疗手段）；

请注意，服用西洋蓍草和熏香提取物之前一定要与医生商议。

用治疗性断食治疗多发性硬化症

神经科学家马克·马特森进行了多项实验，研究断食（尤其是间歇性断食）对慢性神经系统疾病的预防作用。他发现：间歇性断食能有效预防神经退行性疾病（如多发性硬化症、帕金森病和阿尔茨海默病）。但动物实验的结果不一定能适用于人类。

然而，我们医院进行的一项关于治疗多发性硬化症的饮食比较研究表明，在 3~6 个月内实行生酮饮食法，或者在治疗性断食结束后的 3~6 个月内实行地中海饮食法，能够提高患者的生活质量。

注意：治疗性断食只能在医生指导下进行。

用间歇性断食治疗多发性硬化症

除了治疗性断食外，间歇性断食也对多发性硬化症有一定疗效。断食 12 小时后，体内酮体含量增加，这对发生病变的神经元有一定益处。我们现在正在进行一项规模较大的研究，其目的是探究治疗性断食、间歇性断食、地中海饮食法和生酮饮食法对多发性硬化症病灶（脑部）的影响。

帕金森病

帕金森病患者脑黑质中的神经元发生病变，脑黑质是产生多巴胺的地方，由于多巴胺不断减少，患者出现运动障碍、震颤、动作不灵活、活动缓慢的症状。

肠道菌群的变化和环境毒素常被认为是帕金森病的诱因。为该病命名的英国医生詹姆斯·帕金森（James Parkinson，1755—1824）注意到，早在典型症状出现之前，他的患者有便秘等消化系统问题。长期以来，人们一直怀疑，肠道菌群紊乱能引发帕金森病。来自德国马尔堡的神经科学家现在已经证明，在帕金森病患者粪便中微生物组成的变化早在发病的 10 年前就能观察到。

有趣的是，在我们的"腹部大脑"，也就是肠道中，也存在致病的多巴胺能神经元，科学家可以在肠道细胞中检测出帕金森病特有的细胞变异体，即所谓的"路易体"。由此看来，帕金森病似乎最先引起肠道病变，然后才影响大脑。此外，将连接大脑和胃肠道的迷走神经切断（在胃溃疡手术时迷走神经会被切断）能有效减小帕金森病的患病风险。

如果说"帕金森病从肠道开始"，这就能解释科学家在对帕金森病的研究中发现的一个奇特之处：早年曾切除阑尾的人患帕金森病的风险非常小。科学家发现，一种名为 α - 突触核蛋白的变异蛋白质在帕金森病患者的盲肠和黑质中大量聚集。一种解释是，这种蛋白质能从阑尾转移至大脑，并破坏脑神经元，而在神经毒素（如农药中的化学成分）的作用下，脑神经元进一步遭到破坏。我们就可以理解，为什么对农民来说，切除阑尾能有效地预防帕金森病，因为农民更容易受到农药的危害（除非他们从事有机种植）。美国的研究者还发现，多吃素食也可以减小农药对农民的危害，减小他们患帕金森病的风险。不过，最好的预防方法是不使用过多的农药，大力发展有机农业。

农药中的化学成分（如二噁英、砷）和重金属（如铅、汞）等都是神经毒素。这些都是有损健康的物质。

帕金森病患者一定要少吃含神经毒素的食物，最简单的方法是避免吃鱼、肉、蛋和乳制品。我在第二部分中解释了有害物质对加工肉制品的污染（第68~72 页）。牛等畜类在宰杀之前能吃掉 1~2 t 植物性饲料，饲料中的杀虫剂在动物体内累积，使肉制品受到污染。

预防帕金森病的饮食建议

▶ 咖啡（咖啡中的咖啡因可以预防帕金森病，但科学家尚不清楚咖啡因是否能治疗帕金森病）

▶ 茄科植物

▶ 浆果和苹果

用断食疗法治疗帕金森病

可参考第 262~264 页中针对多发性硬化症的治疗方法。

阿尔茨海默病

阿尔茨海默病是最常见的认知障碍疾病。世界范围内，阿尔茨海默病发病率最低的地区是印度的农村，那里的饮食以素食为主。越来越多的科学文献强调饮食对预防阿尔茨海默病的积极作用。

胆固醇水平与阿尔茨海默病的患病风险呈正相关。阿尔茨海默病的另一个诱因是酒精。研究证明，每天只饮用约 100 mL（不到 1 杯）酒就能损伤大脑，尤其能损伤海马，这是大脑中负责将短期记忆转移到长期记忆的区域。研究还发现，阿尔茨海默病能导致语言能力下降，这也是阿尔茨海默病发病的特征之一。

含大量蔬菜和水果的地中海饮食对预防阿尔茨海默病特别有效。一项研究表明，专门为防治阿尔茨海默病而发明的 MIND 饮食法（Mediterranean-DASH Intervention for Neurodegenerative Delay，即对神经退行性延迟进行干预的地中海 –DASH 结合饮食法），可使阿尔茨海默病的患病风险减小 50% 以上。MIND 饮食法指一天三餐都吃全麦食品搭配蔬菜沙拉。

你如果发现自己或熟人的记忆力和专注力随着年龄的增长而下降，即出现认知障碍时，就可以实行地中海饮食法或纯素食饮食法，两者都可以改善认知能力。一项研究显示，每天吃 3 份浆果（蓝莓或草莓）以及经常喝蔬菜汁可以显著减缓大脑功能退化。

藏红花也能显著缓解阿尔茨海默病的症状。一项比较研究显示，在缓解症状方面，藏红花甚至可以媲美多奈哌齐（一种阿尔茨海默病药物），但多奈哌齐的疗效也并不突出，而且有副作用，但藏红花没有什么副作用，只是价格昂贵。

我推荐患者食用有机食品。这些产品不含杀虫剂，重金属含量也较少。这两种神经毒素都是引发阿尔茨海默病的危险因素。此外，患者还要避免食用海鱼，因为海鱼含有较多重金属。

提高认知能力的饮食建议

▶ **苹果：**果皮中的有效成分槲皮素可预防阿尔茨海默病和记忆力下降。

▶ **黑巧克力：**可可豆中的植物营养素能提高认知能力。

▶ **绿茶：**含有的抗氧化剂表没食子儿茶素没食子酸酯可以防止记忆力下降和神经元损伤。

▶ **核桃：**含有的抗氧化剂可以防止大脑中的蛋白质沉积，大脑中出现蛋白质斑块是阿尔茨海默病的典型症状。

▶ **蓝莓：**能刺激负责认知、运动和学习的大脑区域。

▶ **藏红花：**有助于增强记忆力。

▶ **西蓝花：**西蓝花中的活性物质磺胺素有助于治疗阿尔茨海默病。

用断食治疗阿尔茨海默病

断食既能够治疗轻度阿尔茨海默病，也能够预防阿尔茨海默病。德国柏林夏里特医学院的阿尔茨海默病研究者阿格内斯·弗里奥（Agnes Flöel）和他的团队在一项小型临床研究中发现，肥胖者的轻微记忆障碍可以通过一种改进的断食疗法（将食用流体食物和减肥相结合的饮食法）得以改善。断食后，神经营养因子的释放增加。此外，大脑出现蛋白质斑块是阿尔茨海默病的典型特征，断食有可能促进斑块分解。重度阿尔茨海默病患者则不应该进行断食。

癌症

不同的癌症有不同的风险因素、病因和病程。但所有癌症都有一个共同点——癌细胞不受控制地增殖。

某些癌症的诱因是不健康的生活习惯，如吸烟。也有些癌症（如白血病或脑瘤）与生活方式无关。不健康的饮食也是癌症的诱因之一，不过它与癌症的相关性低于它与心肌梗死或高血压的相关性。当然，这不代表我们可以忽视不健康的饮食的致癌作用。据估计，在所有的癌症中，不健康的饮食引发的癌症约占30%。

在蓝色地带，特别是践行地中海饮食的地区，人们患癌症的风险也较小。临床研究也表明，地中海饮食可以减少癌症发病率。这并不奇怪，因为摄入过量动物蛋白能引发癌症。除动物蛋白外，肉和香肠还含有其他致癌物质，如亚硝胺或AGE，AGE一般在烧烤中产生。还有研究表明，牛奶有可能引发前列腺癌（第65页）。

健康的饮食对癌症的预防作用已经得到科学证明，健康的饮食尤其能预防结肠癌、前列腺癌和乳腺癌等最常见的癌症。实行低脂饮食法和吃大量蔬菜、水果可以预防乳腺癌，还可以防止乳腺癌复发。

避免吃肉并增加膳食纤维的摄入可以预防结肠癌。根据最近的研究数据，大肠癌患者通过补充膳食纤维和吃坚果能显著减小复发风险。

前列腺癌患者最好实行纯素食饮食法，如果做不到，至少应该不吃鸡蛋和禽类的肉。一项研究表明，每周吃3~5次禽类的肉能刺激前列腺癌细胞的生长。

避免饮酒或限制酒精饮品的饮用量可以显著减小患所有癌症的风险。由于红葡萄皮含有白藜芦醇，红葡萄酒不容易致癌。我更建议直接吃红葡萄，葡萄籽的营养价值最高，但是很少有人吃葡萄籽。

饮食中抑制癌症的物质可以强化免疫系统，增强其抑制癌细胞的能力。加拿大的研究者理查德·贝利沃（Richard Béliveau）和丹尼斯·金格拉斯（Denis Gingras）在 2017 年出版了畅销书《抗癌食物百科》（*Krebszellen mögen keine Himbeeren*）。在书中，他们整理了一份抗癌食物清单，其中有洋葱、番茄等。"仅通过多吃洋葱、番茄或甜橙就能预防癌症"听起来很美好，但我们必须注意，任何食物如果单独食用，都不会成为"防癌利器"。迄今为止，我们看到的大部分关于预防癌症的结论都来自实验室，但这些结论是否代表这些食物在现实生活中也能起到预防癌症的作用，还有待考证。不过，因为大部分抗癌食物对很多其他疾病也有防治作用，所以我还是推荐多吃这些食物。

预防癌症的饮食

我极力推荐下列抗癌食物，它们所含的植物营养素能减缓甚至阻止体内微型肿瘤的生长。微型肿瘤会自发生长，免疫系统的任务就是减缓它们的增殖，通常，我们的免疫系统能很好地完成这个任务。

▶ 十字花科蔬菜（如西蓝花、西蓝花芽、羽衣甘蓝、球芽甘蓝、花椰菜、萝卜）

▶ 绿茶

▶ 红葡萄和葡萄汁

▶ 大蒜和洋葱（尤其是红洋葱）

▶ 菌类（如灰树花、香菇、牡蛎菇、洋蘑菇）

▶ 亚麻籽（富含木脂素，对肠道菌群有益）

▶ 橄榄油和橄榄

▶ 姜黄

▶ 浆果（如蓝莓、黑莓、醋栗）

▶ 大豆制品

▶ 欧芹

▶ 咖啡

▶ 坚果

▶ 全谷物食品

▶ 带皮的苹果和梨

用断食疗法治疗癌症

治疗性断食和间歇性断食有延年益寿和预防老年病的功效，所有的老年医学研究都得出了这个结论。随着年龄增长，人的免疫能力变弱，这就使老年人更容易患癌症。

几乎所有关于癌症和断食的研究数据都来自细胞组织实验和动物实验。不过，大多数研究者认为，定期进行断食是预防癌症的有效手段，一些临床研究也证实了这一点。研究证明，断食能够使刺激癌细胞生长的关键性生长激素和相关物质减少，同时促进重要的保护因子的合成和分泌。

通过断食来防治癌症的关键不是确定两餐间隔的时长，而是确保身体能够有效利用断食。一项大型观察研究显示，有乳腺癌病史的女性只要每天进行 13 小时的间歇性断食，就能使癌症复发的风险减小 30%。目前大量实验数据能够证明，断食与防治癌症存在关联性，我会向接受了肿瘤切除手术的患者推荐间歇性断食（如限时进食断食法）。但是治疗性断食或模拟断食是否也能减小癌症复发风险，目前尚不清楚。

在化疗期间进行断食

在化疗期间进行断食能否改善病情、减小药物副作用、提高治疗成功率，目前还没有定论。迄今为止最大规模的、由我们的研究小组进行的实验表明，在化疗前48~36小时至化疗后24小时内实行布欣格尔断食法有助于提高患者的生活质量。然而，现在就下定论还为时过早，研究还在继续，我们还需更多的实验数据。

在化疗期间进行断食是比较困难的，应避免患者体重减轻过快或者体重过轻。因此，在研究中，我们只让患者从化疗前一晚到化疗当晚进行24小时的断食。

	间歇性断食或治疗性断食	模拟断食	生酮饮食（无糖）
方法	布欣格尔断食法（喝含糖量很低的蔬菜汁）	断食模拟饮食法	生酮饮食法
每日摄入热量	250~500 kcal	700~1100 kcal	无限制
食物	蔬菜汁（或蔬菜汤）、纯素食	纯素食、低糖饮食	高脂高蛋白饮食
时长	化疗前48小时至化疗后24小时	化疗前48小时至化疗后24小时	长期

我也推荐患者在化疗期间实行断食模拟饮食法，从化疗前48小时开始，到化疗后24小时结束。断食模拟饮食法是一种低热量（700~1100 cal）的纯素食低糖饮食法。患者在此期间不能吃添加了蔗糖或果糖的食物，但可以吃水果。但为什么化疗后的24小时内还要继续实行这种饮食法呢？因为在这段时间内，化疗药物还存在于血液中，健康细胞一旦再次变得活跃，就会受到药物的损害。

许多患者都和我讨论生酮饮食（第147~148页），因为有证据表明，这种饮食对治疗大脑疾病和癌症有积极作用。然而，大多数科学家认为它的效果没有断食的效果好。如果你想尝试生酮饮食，那么不要吃或少吃动物产品，这可能不容易做到，但不摄入或极少摄入动物蛋白能够防止癌细胞生长。

老年病学研究中的新发现

　　1546 年，卢卡斯·克拉纳赫（Lucas Cranach）在他的画作《青春之泉》（*Der Jungbrunnen*）中描绘了人类对长生不老和永远美丽的渴望。在近 500 年后，准确地说是在 2013 年，谷歌公司成立了加利福尼亚生命公司（California Life Company），这是一家生物技术公司，主要研究人类的衰老过程以及如何延缓衰老，目前已投入近 10 亿美元进行研究。研究将结合大数据技术，探寻抵抗衰老的神奇药方。尽管谷歌公司是一家很成功的企业，但我不认为它可以找到"青春之泉"。

　　身体是高度复杂的系统，数十亿个信号在短短几微秒内在细胞间来回传送。在这个时刻发生信息交流的奇妙的机体中，衰老从出生时就开始了。我认为通过超分子获得永生的想法很天真。我们只有使生活方式与身体运转保持和谐一致，才能健康长寿。最好的方法就是通过健康的饮食和断食来获得健康。健康是老年人具备自主性和行动力的保障，使老年生活更有质量，更有乐趣。

亚精胺

　　在健康的百岁老人的血液中，亚精胺浓度非常高。精氨酸能促进遗传物质、线粒体和各种组织修复和再生，有抗炎和抗癌的作用，能够促进细胞自噬。此外，一项观察研究和一项临床研究证明，亚精胺能够延长寿命，提高记忆力。

很多超级食物都含有亚精胺：

- 苋菜；

- 苹果；

- 西蓝花和花椰菜；

- 用香料调味的完全发酵的奶酪；

- 菌类（如香菇）；

- 生菜；

- 大豆及豆制品；

- 全麦产品；

- 小麦胚芽。

当我们的肠道细菌"吃"了大量膳食纤维时，它们也会产生亚精胺。

绿色和黄色蔬菜能使人保持年轻

科学家观察到，常食用绿色和黄色蔬菜的人鱼尾纹较少。酸奶也有类似的功效。

β-胡萝卜素使水果和蔬菜（如胡萝卜、番茄、红薯等）呈现绿色和黄色。β-胡萝卜素能使皮肤更健康、精神状态更好。这虽然不是抗衰老效果，但绝对是一个令人愉快的效果。

激瘦饮食法

断食具有延长寿命的功效，这一认识催生出许多饮食法，如激瘦饮食法（Sirtfood Diet）。Sirt 是 Sirtuin（去乙酰化酶）的缩写，这种物质是一种蛋白质，它能减缓细胞代谢，降低细胞活跃度，从而达到抗衰老的目的。断食能促进人体内去乙酰化酶的分泌。

即使不进行断食，食用含有乙酰化酶的食物也能达到相同效果。含有乙酰化酶的食物包括：绿茶、羽衣甘蓝、苹果、柑橘类水果、刺山柑、浆果、姜黄、辣椒、黑巧克力、红葡萄等。因此，你不需要花钱购买乙酰化酶补剂。但是，断食对全身的积极作用是食物无法媲美的。

结　语

　　我们今天对饮食的了解比以往任何时候都多。我们如果能更好地规划自己的饮食，吃得更好，并且进行断食，就为自己的健康贡献了一份力量，健康的饮食和断食疗法可以帮助我们有效地对抗各种疾病，使我们保持健康。

　　当然，断食疗法在一定程度上依然存在不可预知性，因为并非所有的事情都能如我们所愿。美国棒球界的传奇人物劳伦斯·彼得·贝拉（Lawrence Peter Berra，1925—2015）曾说过一句非常有道理的话："预测十分困难，尤其是对未来的预测。"

　　但是，如果你能将我在本书中提到的自然疗法、研究成果和健康建议付诸实践，改变饮食习惯，制订属于自己的断食方案，你就向健康迈出了最重要的一步。你一定能体会到饮食和断食对健康发挥多么大的作用。

　　健康的饮食和断食疗法相辅相成、完美互补，是我们健康长寿的关键所在。如果你问我：是否可以通过健康的饮食和断食相结合的方式来保持健康、延长寿命？我的回答是：当然可以！

参考文献

DeCasien AR et al. Brain size is predicted by diet but not sociality. Nature Ecology & evolution, 27. März 2017.

Ford ES et al. Healthy living is the best revenge: findings from the European Prospective Investigation Into Cancer and Nutrition-Potsdam study. Arch Intern Med. 2009 Aug 10;169(15):1355–62.

Fung J und Moore J. Fasten. Das große Handbuch. München: Riva; 2018.

Ganten D. Die Steinzeit steckt uns in den Knochen. Gesundheit als Erbe der Evolution. München: Piper; 2011.

Klotter JC. Einführung in die Ernährungspsycholgie. PsychoMed Compact Band 2860. Stuttgart: UTB; 2011.

Liebscher D. Religiöses Fasten im medizinischen Kontext. Essen: KVC Verlag; 2013.

McLean MH et al. Does the microbiota play a role in the pathogenesis of autoimmune diseases? Gut. 2015;64:332–41.

Rotschuh KE. Konzepte der Medizin in Vergangenheit und Gegenwart. Hippokrates 1978.

Sinclair U. The fasting cure. Scholar Select 2015.

Stange R, Leitzmann C. Ernährung und Fasten als Therapie. Berlin: Springer; 2010.

Zmora N, Suez J, Elinav E. You are what you eat: diet, health and the gut microbiota. Nat Rev Gastroenterol Hepatol. 2018 Sep 27.

Aboul-Enein BH et al. Ancel Benjamin Keys (1904–2004): His early works and the legacy of the modern Mediterranean diet. J Med Biogr. 2017 Jan 1:967772017727696.

Buettner D. The Blue Zones: Lessons for Living Longer From the People Who've Lived the Longest. National Geographic Books 2008.

Campbell TC. The China Study. Revised and extended edition. Benbella books 2016.

De Lorgeril M et al. Mediterranean diet, traditional risk factors and the rate of cardiovascular complications after myocardial infarction: final report of the Lyon Diet Heart Study. Circulation. 1999;99:779–785.

Donnison CB. Blood pressure in the African native. Lancet 1929213:6–7.

Estruch R et al. Primary prevention of cardiovascular disease with a Mediterranean diet. New Engl J Med. 2013, 368:1279–1290. Eaah4477.

Fraser GE, Shavlik DJ. Ten years of life. Is it a matter of choice? JAMA Intern Med. 2001,230:502–510.

Kalm LM, Semba RDF. They Starved So That Others Be Better Fed: Remembering Ancel Keys and the Minnesota Experiment. J. Nutr. 135:1347–1352, 2005.

Kaplan H et al. Coronary atherosclerosis in indigenous South American Tsimane: a cross-sectional cohort study. Lancet. 2017; 389(10080):1730–1739.

Kurotani K et al. Japan Public Health Center-based Prospective Study Group. Quality of diet and mortality among Japanese men and women. BMJ. 2016;352:i1209.

Leitzmann C, Keller M. Vegetarische Ernährung, Stutttgart: Verlag Eugen Ulmer; 2010.

Murphy M et al. Whole beetroot consumption acutely improves running performance. J Acad Nutr Diet. 2012; 112:548–52.

Swaminathan A et al. Nitrites derived from Foneiculum vulgare (fennel) seeds promotes vascular functions. J Food Sci. 2012;77:H273-9.

Thomas WA et al. Incidence of myocardial infarction. A geographic study based on autopsies in Uganda, East Africa and St. Louis, U.S.A. Am J Cardiol. 1960 Jan;5:41–7.

Trichopoulou A et al. Definitions and potential health benefits of the Mediterranean diet: views from experts around the world. BMC Med. 2014 Jul 24;12:112.

Visoli F et al. Olive oil and prevention of chronic diseases: summary of an international conference. Nutrition, Metabolism and Cardiovacular disease. 2018;28.649–56.

Zhao L et al. Gut bacteria selectively promoted by dietary fibers alleviate type 2 diabetes. Science. 2018;359:1151–6.

Barnard ND et al. A low-fat vegan diet and a conventional diabetes diet in the treatment of type 2 diabetes: a randomized, controlled, 74-wk clinical trial. Am J Clin Nutr. 2009;89:1588S-1596S.

Burr Ml et al. Is fish oil good or bad for heart disease? Two trials with apparently conflicting results. J Membr Biol. 2005;206:155–63.

Dehghan M et al. Prospective Urban Rural Epidemiology (PURE) study investigators. Lancet. 2017;390:2050–2062.

Esselstyn CB Jr, Gendy G, Doyle J, Golubic M, Roizen MF. A way to reverse CAD? J Fam Pract. 2014;63:356–364.

Fodor JG, Helis E, Yazdekhasti N, Vohnout B. »Fishing« for the origins of the »Eskimos and heart disease« story: facts or wishful thinking? Can J Cardiol. 2014; 30:864–8.

Gbinigie O et al. Effect of oil pulling in promoting oro dental hygiene: A systematic review of randomized clinical trials. Complement Ther Med. 2016 Jun;26:47–54.

Jenkins DJ et al. Effects of a dietary portfolio of cholesterol-lowering foods vs lovastatin on serum lipids and Creactive protein. JAMA. 2003;230:502–510.

Khaw KT et al. Randomised trial of coconut oil, olive oil or butter on blood lipids and other cardiovascular risk factors in healthy men and women. BMJ Open. 2018;8:e020167.

Kwok CS, Umar S, Myint PK, Mamas MA, Loke YK. Vegetarian diet, Seventh Day Adventists and risk of cardiovascular mortality: a systematic review and meta-analysis. International Journal of Cardiology. 2014;176:680–6.

Ludwig DS: Dietary fat: From foe to friend? Science 2018; 362: 764–770

Ornish D et al. Intensive lifestyle changes for reversal of coronary heart disease. JAMA. 1998;280:2001–2007.

Rodriguez-Leyva D et al. Potent antihypertensive action of dietary flaxseed in hypertensive patients. Hypertension. 2013;62:1081–9.

Wu A et al. Curcumin boosts DHA in the brain: Implications for the prevention of anxiety disorders. Biochim Biophys Acta. 2015;1852:951–61.

Bäckhed F. Meat-metabolizing bacteria in atherosclerosis. Nature Medicine. 2013;19:533–5.

Feskanisch D et al. Milk consumption during teenage years and risk of hip fractures in older adults. JAMA Pediatr. 2014;168:54–60.

Fontana L, Partridge L. Promoting health and longevity through diet: from model organisms to humans. Cell. 2015;161:106–18.

IARC Working Group on the Evaluation of Carcinogenic Risk to Humans. Red Meat and Processed Meat. Lyon (FR): International Agency for Research on Cancer; 2018.

Le Coûteur DG et al. New Horizons: Dietary protein, ageing and the Okinawan ratio. Age Ageing 2016;45:443–7.

Levine ME et al. Low protein intake is associated with a major reduction in IGF-1, cancer, and overall mortality in the 65 and younger but not older population. Cell Metab. 2014;19:407–417.

Li XS et al. Gut microbiota-dependent trimethylamine N-oxide in acute coronary syndromes: a prognostic marker for incident cardiovascular events beyond traditional risk factors. Eur Heart J. 2017;38:814–824.

Lorenz M et al. Addition of milk prevents vascular protective effects of tea. Eur Heart J. 2007;28:219–23.

Michaëlsson K et al. Milk intake and risk of mortality and fractures in women and men: cohort studies. BMJ. 2014; 349:g6015.

Nguyen DD et al. Formation and Degradation of Beta-casomorphins in Dairy Processing. Crit Rev Food Sci Nutr. 2015;55:1955–67.

Pietrocola F, Madeo F, Kroemer G. Coffee induces autophagy in vivo. Cell Cycle. 2014;13:1987–94.

Remer T, Dimitriou T, Manz F. Dietary potential renal acid load and renal net acid excretion in healthy, free-living children and adolescents. Am J Clin Nutr. 2003;77:1255–60.

Shim HS, Longo VD. A protein restriction-dependent sulfur code for longevity. Cell. 2015;160:15–17.

Solon-Biet SM et al. The ratio of macronutrients, not caloric intake, dictates cardiometabolic health, aging, and longevity in ad libitum-fed mice. Cell Metab. 2014;19:418–30.

Song M et al. Association of Animal and Plant Protein Intake With All-Cause and Cause-Specific Mortality. JAMA Intern Med. 2016;176:1453–1463.

Viguiliouk E et al. Effect of replacing animal protein with plant protein on glycemic control in diabetes; systematic review and meta-analysis of randomized trials. Nutrients 2015;7:9804–24.

Aaron DG, Siegel MB. Sponsorship of national health organizations by two major soda companies. Am J Prev Med. 2016:1–11.

Aune D et al. Whole grain consumption and risk of cardiovascular disease, cancer, and all-cuse mortality. BMJ. 2016;353:i2716.

Cantley L. BMC Biology. 2014;12:8.

Hoch T et al. Fat / carbohydrate ratio but not energy density determines snack food intake and activates brain reward areas. Sci Rep. 2015;5:10041.

Keenan MJ et al. Role of resistant starch in improving gut health, adiposity, and insulin resistance. Adv Nutr. 2015;6:198–205.

Reig-Otero Y et al. Amylase-Trypsin Inhibitors in Wheat and Other Cereals as Potential Activators of the Effects of Nonceliac Gluten Sensitivity. J Med Food. 2018;21:207–214.

Seidelmann SB et al. Dietary carbohydrate intake and mortality: a prospective cohort study and meta-analysis. Lancet Public Health. 2018 Sep;3(9):e419–e428.

Softic S et al. Role of Dietary Fructose and Hepatic De Novo Lipogenesis in Fatty Liver Disease. Dig Dis Sci. 2016;61:1282–93.

Romo-Romo A et al. Sucralose decreases insulin sensitivity in healthy subjects: a randomized controlled trial. Am J Clin Nutr. 2018;108:485–491.

Wojcicki JM et al. Increased Cellular Aging by 3 Years of Age in Latino, Preschool Children Who Consume More Sugar-Sweetened Beverages. Child Obes. 2018;14:1.

Amalraj A et al. Novel Highly Bioavailable Curcumin Formulation Improves Symptoms and Diagnostic Indicators in Rheumatoid Arthritis Patients: J Med Food. 2017;20:1022–1030.

Aune D et al. Nut consumption and risk of cardiovascular disease, total cancer, all-cause and cause-specific mortality. BMC Med. 2016;14:207.

Axxelson AA et al. Sulforaphane reduces hepatic glucose production and improves glucose control in patients with type 2 diabetes. Science Transl Med. 2017;9.

Di Y et al. Flaxseed Lignans Enhance the Cytotoxicity of Chemotherapeutic Agents against Breast Cancer Cell Lines MDAMB-231 and SKBR3. Nutr Cancer. 2018;70:306–315.

Fadelu T et al. Nut Consumption and Survival in Patients With Stage III Colon Cancer: Results From CALGB 89803 (Alliance). J Clin Oncol. 2018;36:1112–1120.

Fiolet T et al. Consumption of ultra-processed foods and cancer risk: results from NutriNet-Santé prospective cohort. BMJ. 2018;360:k322.

Forouhi NG. Consumption of hot spicy foods and mortality-is chilli good for your health? BMJ 2015;351:h4141.

Greger M. How not to die: Discover the Foods Scientifically Proven to Prevent and Reverse Disease. Macmillan 2015.

Hooper L et al. Effects of chocolate, cocoa, and flavan-3-ols on cardiovascular health: a systematic review and meta-analysis of randomized trials. Am J Clin Nutr. 2012;95:740–51.

Mills CE et al. It is rocket science–why dietary nitrate is hard to ›beet‹! Part II: Br J Clin Pharmacol. 2017;83:140–151.

Park E et al. Effect of Avocado Fruit on Postprandial Markers of Cardio-Metabolic Risk: A Randomized Controlled Dose Response Trial. Nutrients. 2018;10(9).

Rodriguez-Mateos A et al. Intake and time dependence of blueberry flavonoid-induced improvements in vascular function. Am J Clin Nutr. 2013;98:1179–91.

Schwingshackl L et al. Food groups and risk of all-cause mortality: a systematic review and meta-analysis of prospective studies. Am J Clin Nutr. 2017;1051:462–1473.

Ukhanova et al. Effects of almonds and pistachio consumptions on gut microbiota composition in a randomized cross-over study. Br J Nutr. 2014;111:2146–52.

Wolever TM. Second-meal effect Am J Clin Nutr. 48:1041–47. Zeevi D et al. Personalized Nutrition by Prediction of Glycemic Responses. Cell. 2015;163:1079–1094.

Boschmann M et al. Water-induced thermogenesis. J Clin Endocrinol Metab. 2003;88:6015–9.

Clark WF et al. Effect of Coaching to Increase Water Intake on Kidney Function Decline in Adults With Chronic Kidney Disease: The CKD WIT Randomized Clinical Trial. JAMA. 2018;319:1870–1879.

Global Burden of Disease Alcohol Collaborators. Alcohol use and burden for 195 countries and territories, 1990–2016: a systematic analysis for the Global Burden of Disease Study 2016. Lancet. 2018;392:1015–1035.

Hooton TM et al. Effect of Increased Daily Water Intake in Premenopausal Women With Recurrent Urinary Tract Infections: A Randomized Clinical Trial. JAMA Intern Med. 2018;178:1509–1515.

Loftfield E et al. Association of Coffee Drinking With Mortality by Genetic Variation in Caffeine Metabolism: Findings From the UK Biobank. JAMA Intern Med. 2018 Aug 1;178(8):1086–1097.

Poole R et al. Coffee consumption and health: umbrella review of meta-analyses of multiple health outcomes. BMJ. 2017 Nov 22;359:j5024.

The Lancet. Alcohol and cancer. Lancet. 2017;390:2215. doi:10.1016/ S0140–6736(17).

Topiwala A et al. Moderate alcohol consumption as risk factor für adverse brain outcomes. BMJ. 2017;357:j2353.

Wilck N et al. Salt-responsive gut commensal modulates T(H)17 axis and disease. Nature. 201;551:585–589.

Brandhorst S et al. A Periodic Diet that Mimics Fasting Promotes Multi-System egeneration, Enhanced Cognitive Performance, and Healthspan. Cell Metab. 2015;22:86–99.

Buchinger O. Das Heilfasten und seine Hilfsmethoden als biologischer Weg. Stuttgart: Georg Thieme Verlag; 2005.

Cahill G et al.The consumption of fuels during prolonged starvation. Advances in enzyme regulation. 1968;6:143–50.

Choi IY et al. A Diet Mimicking Fasting Promotes Regeneration and Reduces Autoimmunity and Multiple Sclerosis Symptoms. Cell Rep. 2016;7:2136–2146.

Di Francesco A et al. A time to fast. Science 2018;362:770–775.

Fond G, Michalsen A. Fasting in mood disorders: neurobiology and effectiveness. Psychiatry Res. 2013;209: 253–258.

Fontana L, Partridge L. Promoting health and longevity through diet: from model organisms to humans. Cell. 2015;161:106–118.

Goldhamer A et al. Medically supervised water-only fasting in the treatment of hypertension. Journal of manipulative and physiological therapeutics. 2001;24:335–9.

Huether G et al. Long-term food restriction down-regulates the density of serotonin transporters in the rat frontal cortex. Biological psychiatry. 1997;41:1174–1180.

Li C et al. Metabolic and psychological response to 7-day fasting in obese patients with or without metabolic syndrome. Res Compl Med. 2013;20:413–20.

Longo VD, Panda S. Fasting, Circadian Rhythms, and Time-Restricted Feeding in Healthy Lifespan. Cell Metab. 2016 Jun 14;23(6):1048–1059.

López-Otín C, Galluzzi L, Freije JMP, Madeo F, Kroemer G. Metabolic Control of Longevity. Cell. 2016;166:802–21.

Matt K et al. Influence of calorie reduction on DNA repair capacity of human peripheral blood mononuclear cells. Mech Ageing Dev. 2016;154:24–9.

Mattson MP, Arumugam TV. Hallmarks of Brain Aging: Adaptive and Pathological Modification by Metabolic States. Cell Metab. 2018;27:1176–1199.

Michalsen A, Li C. Fasting therapy for treating and preventing disease – current state of evidence. Res Compl Med. 2013;20(6):444–53.

Michalsen A et al. Incorporation of fasting therapy in an integrative medicine ward: evaluation of outcome, safety, and effects on lifestyle adherence in a large prospective cohort study. JCAM. 2005;11:601–7.

Michalsen A. Prolonged fasting as a method of mood enhancement in chronic pain syndromes: a review of clinical evidence and mechanisms. Current pain and headache reports. 2010;14:80–87.

Muller H, de Toledo FW, Resch KL. Fasting followed by Vegetarian diet in patients with rheumatoid arthritis: a systematic review. Scandinav J Rheumtol. 2001;30:1–10.

Remely et al. Increased gut microbiota diversity and abundance of Faecalibacterium prausnitzii and Akkermansia after fasting: a pilot study. Wiener klinische Wochenschrift. 2015;127:394–8.

Walford RL et al. Calorie restriction in biosphere 2: alterations in physiologic, hematologic, hormonal, and biochemical parameters in humans restricted for a 2-year period. The Journals of Gerontology Series A: Biological Sciences and Medical Sciences. 2002;57(6):B211–B24.

Wei M et al. Fasting-mimicking diet and markers/risk factors for aging, diabetes, cancer, and cardiovascular disease. Sci Transl Med. 2017;9(377).

Wilhelmi de Toledo F et al. Fasting therapy – an expert panel update of the 2002 consensus guidelines. Forschende Komplementärmedizin/ Research in Complementary Medicine. 2013;20:43443.

Wilhelmi de Toledo F et al. Safety, health improvement and well-being during a 4 to 21-day fasting period in an observational study including 1422 subjects. PLoS One 2nd Jan 2019.

Bauersfeld SP et al. The effects of short-term fasting on quality of life and tolerance to chemotherapy in patients with breast and ovarian cancer: a randomized cross-over pilot study. BMC Cancer. 2018;27:476.

Carter S. Effect of intermittent compared with continuous energy restricted diet on glycemic control in patients with type 2 diabetes. JAMA Network open 2018;e180756.

Catterson JH et al. Short-Term, Intermittent Fasting Induces Long-Lasting Gut Health and TOR-Independent Lifespan Extension. Curr Biol. 2018;28:1714–1724.

Chaix A et al. Time-restricted feeding is a preventative and therapeutic intervention against diverse nutritional challenges. Cell Metab. 2014;20:991–1005.

Cignarella F et al. Intermittent Fasting Confers Protection in CNS Autoimmunity by Altering the Gut Microbiota. Cell Metab. 2018;27:1222–1235.

Dewey E. The no-breakfast plan and the fasting cure: Meatville 1900.

Gill S und Panda S. A Smartphone App Reveals Erratic Diurnal Eating Patterns in Humans that Can Be Modulated for Health Benefits. Cell Metab. 2015;22:789–798.

Harvie MN et al. The effects of intermittent or continuous energy restriction on weight loss and metabolic disease risk markers: a randomized trial in young overweight women. Int J Obes. 2011;35:714–27.

Kahleova H et al. Eating two larger meals a Day is more effective than six smaller meals in a reduced-energy regimen for patients with type 2 diabetes. Diabetologia. 2015;58:205.

Longo VD et al. Interventions to Slow Aging in Humans: Are We Ready? Aging Cell. 2015;14:497–510.

Madeo F et al. Spermidine in health and disease. Science. 2018 Jan 26;359(6374).pii:eaan2788.

Marinac CR et al. Prolonged Nightly Fasting and Breast Cancer Prognosis. JAMA Oncol. 2016;2:1049–55.

Martinez-Lopez et al. System-wide Benefits of Intermeal Fasting by Autophagy. Cell Metab. 2017;26:856–871.

Mattson MP, Longo VD, Harvie M. Impact of intermittent fasting on health and disease processes. Ageing Res Rev. 2017 Oct;39:46–58.

Mattson MP et al. Intermittent metabolic switching, neuroplasticity and brain health. Nature Reviews Neuroscience. 2018;19:63–80.

Nencioni A et al. Fasting and cancer: molecular mechanisms and clinical application. Nat Rev Cancer. 2018;18:707–719.

Patterson RE, Sears DD. Metabolic Effects of Intermittent Fasting. Annu Rev Nutr. 2017;37:371–393.

Raffaghello L et al. Starvation-dependent differential stress resistance protects normal but not cancer cells against highdose chemotherapy. PNAS 2008;105::8215–20.

Schübel R et al. Effects of intermittent and continuous calorie restriction on body weight and metabolism over 50 wk Am J Clin Nutr 2018;108:933–945.

Sutton EF et al. Early Time-Restricted Feeding Improves Insulin Sensitivity, Blood Pressure, and Oxidative Stress Even without Weight Loss in Men with Prediabetes. Cell Metab. 2018;27:1212–122.

Wirth M et al. The effect of spermidine on memory performance in older adults at risk for dementia: A randomized controlled trial. Cortex. 2018;109:181–188.

Kapitel 4: Mit Ernährung und Fasten heilen Chen L und Michalsen A. Management of chronic pain using complementary and integrative medicine. BMJ. 2017;357:j1284.

Cheng CW et al. Fasting-Mimicking Diet Promotes Ngn3-Driven β-Cell Regeneration to Reverse Diabetes. Cell. 2017;168:775–788.

Global BMI Mortality Collaboration et al. Body-mass index and all-cause mortality: individual-participant-data meta-analysis of 239 prospective studies in 4 continents. Lancet. 2016;388:776–86.

Huber R, Michalsen A. Checkliste Komplementärmedizin. Stuttgart: Thieme/Haug; 2014.

Jacka FN et al. A randomised controlled trial of dietary improvement for adults with major depression (the ›SMILES‹ trial). BMC Med. 2017;15:23.

Klemmer P et al. Who and what drove Walter Kempner? The rice diet revisited. Hypertension. 2014;64:684–8.

Kiechl S ez al. Higher spermidine intake is linked to lower mortality: a prospective population-based study. Am J Clin Nutr. 2018;108:371–380.

Killinger BA et al. The vermiform appendix impacts the risk of developing Parkinson's disease. Sci Transl Med. 2018 Oct 31;10(465).pii:eaar5280.

Kjeldsen-Kragh J et al. Controlled trial of fasting and one-year vegetarian diet in rheumatoid arthritis. Lancet. 1991;338:899–902.

Kokkinos et al. Eating slowly increases the postprandial response of the anorexigenic gut hormones, peptide YY and glucagon-like peptide- 1. J Clin Endocrinol Metab. 2010;95:333–7.

Lean ME et al. Primary care-led weight management for remission of type 2 diabetes (DiRECT): an open-label, cluster-randomised trial. Lancet. 2018;391:541–551.

Lelong H et al. Individual and Combined Effects of Dietary Factors on Risk of Incident Hypertension: Prospective Analysis From the NutriNet-Santé Cohort. Hypertension. 2017;70:712–720.

Michalsen A. Fasten und Ernährung bei Multipler Sklerose. Zschr Komplmed. 2017;5:1–7.

Michalsen A, Stange R. Naturheilkunde und Komplementärmedizin bei Herz-Kreislauf-Erkrankungen – Teil 1 und Teil 2: Bluthochdruck. Zschr Komplmed. 2018;5:12–17.

Michalsen A. Anti-Aging durch Heilfasten. Zschr Komplmed. 2015;6:26–29.

Shishehbor F et al. Vinegar consumption can attenuate postprandial glucose and insulin responses; a systematic review and meta-analysis of clinical trials. Diabetes Res Clin Pract. 2017;127:1–9.

Sotos-Prieto M et al. Association of changes in diet quality with total and cause-specific mortality. New Engl J Med. 2017;377:143–53.

Uzhova I et al. The Importance of Breakfast in Atherosclerosis Disease: Insights From the PESA Study. J Am Coll Cardiol. 2017;70:1833–1842.

Zhang X et al. The oral and gut microbiomes are perturbed in rheumatoid arthritis and partly normalized after treatment. Nat Med. 2015;21:895–905.

Ziv A et al. Comprehensive Approach to Lower Blood Pressure (CALM-BP): a randomized controlled trial of a multifactorial lifestyle intervention. J Hum Hypertens. 2013;27:594–600.

致　谢

首先，我要感谢我的妻子伊莱妮（Ileni），感谢她对我们家庭的付出以及在我编写本书时提供的莫大支持。

感谢德国柏林伊曼努尔医院自然疗法的医生和治疗师团队，尤其感谢协助我完成本书第二和第三部分的乌尔苏拉·哈克迈尔（Ursula Hackermeier）医生、克里斯蒂安·凯斯勒（Christian Kessler）博士、芭芭拉·科赫（Barbara Koch）医生、苏珊·弗兰克（Susanne Frank）医生和克里斯·冯·沙伊特（Chris von Scheidt）博士。

非常感谢亚历山德拉·弗吕斯（Alexandra Früβ）对本书的断食时间表和食物清单进行审订并提出意见。

感谢达妮埃拉·利布舍尔博士、米夏埃尔·杰利基尔（Michael Jeitler）博士、尼科·施特克汉（Nico Steckhan）博士和其他研究者与我的研究团队在断食和营养领域的通力合作。

感谢德国柏林夏里特医学院的同事和柏林其他医院及诊所的医生在断食和营养方面进行的合作。

感谢德国布欣格尔·威廉米医院和断食专家弗朗索瓦丝·威廉米·德托莱多多年来对断食疗法的创新性研究。

感谢瓦尔特·隆哥、弗兰克·马代奥、萨钦·潘达、拉斐尔·德卡博（Rafael de Cabo）、米夏埃尔·博什曼、米歇尔·哈维、克丽斯塔·瓦拉迪对断食的不懈研究，他们积极推动学术交流，并提出许多颇有启发性的见解。

感谢治疗性断食和营养医学会对断食疗法研究数十年如一日的投入和支持，尽管在早期断食疗法受到了很多人的质疑和批判。

感谢德国柏林伊曼努尔医院和伊曼努尔–阿贝丁尼教会集团公司的管理层对自然疗法科和自然疗法中心的长期支持。

感谢所有为断食研究和植物性饮食研究提供资金支持的赞助人和基金会。

感谢克劳斯·莱茨曼教授数十年来在植物性饮食领域的创新性研究。感谢植物营养科学大会的所有发起人、组织者和支持者。

特别感谢艾尔玛·斯塔佩尔菲尔德（Elmar Stapelfeldt）。感谢普罗维植国际植物性饮食协会，以及来自绿色食品学院基金会的赖纳·普卢姆（Rainer Plum）。植物营养科学大会极大地促进了健康饮食的发展！

感谢我的患者，他们通过进行断食和改变饮食习惯所获得的成功时刻激励着我，他们是我在断食和饮食研究中最重要的推动力。

最后，我要感谢本书的编辑弗里德里希–卡尔·桑德曼（Friedrich-Karl Sandmann），他构建了本书的主要框架，并负责本书的整个出版流程，为此他花费了很多心血。同时，我要感谢桑德曼的团队工作人员，包括苏珊·基施纳–布龙斯（Suzann Kirschner-Brouns）博士、伊娃·勒默尔（Eva Römer）、雷吉娜·卡斯滕森（Regina Carstensen）、弗洛里安·弗罗恩霍尔茨（Florian Frohnholzer）和维多利亚·凯泽（Viktoria Kaiser）等。